断陷盆地油气相—势控藏作用

——以济阳坳陷东营凹陷为例

王永诗　郝雪峰　著

石油工业出版社

内容提要

本书从油气藏地质要素及其相互作用的基本认识出发，以物理模拟及现代测试技术为手段，以油气成藏过程研究为核心，开展地质历史时期储层物性及流体场动力演化及恢复研究，建立油气相—势控藏作用理论模式；通过对济阳坳陷东营凹陷成藏机理深入分析及成藏要素关系统计，形成成藏期地质要素恢复方法，建立基于多种成藏动力条件的油气成藏量化表征、评价方法，实现油气成藏要素评价描述向“历史、动态、系统、定量”研究的跨越。

本书可供从事油气田勘探开发的科研人员及大专院校相关专业师生参考阅读。

图书在版编目（CIP）数据

断陷盆地油气相—势控藏作用：以济阳坳陷东营凹陷为例 / 王永诗，郝雪峰著 .—北京：石油工业出版社，2020.10

ISBN 978-7-5183-4223-5

Ⅰ . ① 断… Ⅱ . ① 王… ②郝… Ⅲ . ① 断陷盆地 – 构造油气藏 – 研究 – 济阳 ② 断陷盆地 – 构造油气藏 – 研究 – 东营

Ⅳ . ① P618.130.2

中国版本图书馆 CIP 数据核字（2020）第 173228 号

出版发行：石油工业出版社

（北京安定门外安华里 2 区 1 号　100011）

网　址：www.petropub.com

编辑部：（010）64253017　　图书营销中心：（010）64523633

经　　销：全国新华书店

印　　刷：北京中石油彩色印刷有限责任公司

2020 年 10 月第 1 版　2020 年 10 月第 1 次印刷

787 × 1092 毫米　开本：1/16　印张：13

字数：330 千字

定价：100.00 元

（如出现印装质量问题，我社图书营销中心负责调换）

前言 /PREFACE

目前，我国东部陆上各陆相断陷盆地已经陆续进入了中高勘探程度阶段，勘探难度不断增大。世界上一些较高勘探程度盆地的勘探实践表明，随着勘探程度的提高，发现的隐蔽油气藏比例愈大，最终探明储量可占总储量的 30%～40%。陆相断陷盆地由于其构造复杂性、储层多样性决定了寻找更多隐蔽圈闭和油气藏的可能性，但也决定了寻找隐蔽油气藏的难度。因此，开展精细勘探，寻找隐蔽油气藏，强化成藏机理研究，是胜利油区乃至整个中国东部油区稳定、持续发展的必由之路。“十五”以来，在借鉴国外研究的基础上，地质学家结合中国东部断陷盆地的实际地质情况，从隐蔽圈闭储集岩的形成、油气输导体系的构成和分布、油气成藏的相—势关系等方面，系统对陆相断陷盆地隐蔽油藏形成和分布机制进行了总结，逐渐形成了以断—坡控砂、复式输导、相—势控藏等认识为主体的隐蔽油气藏勘探理论框架和配套的勘探技术，有力支撑了胜利油田连续 23 年年探明油气地质储量 1 亿吨和油气产量的稳定。实践经验表明，大力发展新的勘探理论和评价技术，是实现中国东部老油区效益与品质勘探、维持油区可持续发展的有效保障。

一、断陷盆地油气成藏研究存在的主要问题

陆相断陷盆地特有的复杂性造成了油气藏形成、分布的复杂和多样特点，决定了油藏预测与评价的难度，也对目前较为流行的相—势控藏理论提出了挑战。目前存在的主要问题有以下三个方面。

1.“相”“势”研究的片面性

油气成藏作为地质演化过程中特定的地质历史事件，能否成藏及成藏效率如何取决于成藏时期的储层物性及流体势场的历史表征，而与现今油藏储集性能及流体势场没有直接关系。目前“相”“势”研究由于缺乏科学的准确恢复方法和技术，往往用现今油藏储集性能和近似古流体势场代替成藏期的储层和势场特征，没有考虑储层及

势场演化是一个历史的动态过程，研究当中的片面性致使对很多成藏个例的差异性缺乏合理的解释，造成勘探部署中的盲目性。

2. 物理模拟实验手段的局限性

受手段和条件的限制，以往成藏过程模拟实验仅限于常温常压下的一维、二维物理模型，仅能开展单一要素分析的简单充注模拟，这同地下情况相差甚远，实验结果只能建立成藏过程要素的相对、近似关系，而地下温压条件下成藏要素量化关系无法得到证实。

3. “相”“势”耦合缺乏量化表征

为了刻画隐蔽油藏成藏规律，开展有效的勘探目标预测，先后提出了“三元”成藏、相—势控藏理论，但是观点的表述仅限于油气成藏与诸要素之间统计规律基础上的定性描述，无法揭示成藏过程内在的必然联系。成藏动力学模型基础上的“相”“势”耦合控藏量化表征是实现油气成藏真正意义上的定量评价与预测的必由之路。

在现有的油气藏研究中由于缺少动态的、历史的、定量的分析，因而对勘探目标预测评价的精度不够。近年来，虽然隐蔽油气藏成藏理论有了较大的发展，但总的说来，还仅仅是以概念模型和静态模型为主，对油气成藏定性的、静态的表征研究较多，成藏过程动态的、定量的分析较少，解决这些实际问题，必须加强隐蔽油气成藏动态过程要素间量化关系的研究，不断完善和深化适合今后勘探发展需求的隐蔽油气藏精细预测和评价的理论与技术。

二、解决问题的主要思路与方法

油气成藏的过程同时也是流体及能量的交换过程，受到圈闭内岩相阻力和圈闭外烃类流体动力的耦合控制，其间的量化关系成为油气成藏研究的主要方向之一。因此，在研究过程中，以探井、人工地震、实验室资料为基础，以现代模拟技术、测试技术、典型油藏解剖为依托，抓住陆相断陷盆地隐蔽油气藏预测理论体系中的相—势关系这一关键环节，以机理分析、量化分析为手段，探讨油气成藏诸要素的贡献及其量化关系，发展和完善隐蔽油气藏的成藏模式和预测方法。主要的研究内容一般应该包括：（1）地质历史时期储层物性参数演化研究；（2）主要油气成藏时期古流体势场的量化研究；（3）相—势控藏物理模拟实验；（4）相—势演化规律与成藏机制；（5）成藏过程量化研究与含油气评价。

主要的分析思路为：以相—势关系及其作用历史为核心，分别开展现今油气分布规律及地质历史中成藏动力环境、储集空间演化、油水交换机制研究，探讨油气成藏诸要素的贡献及其相互之间的量化关系，以之为基础构建隐蔽圈闭含油气性预测和评价的主要技术方法。此外，解剖已发现的典型隐蔽油气藏，分析已发现油气藏分布特点，实现对理论成果的再认识。具体的技术路线如图 0-1 所示。

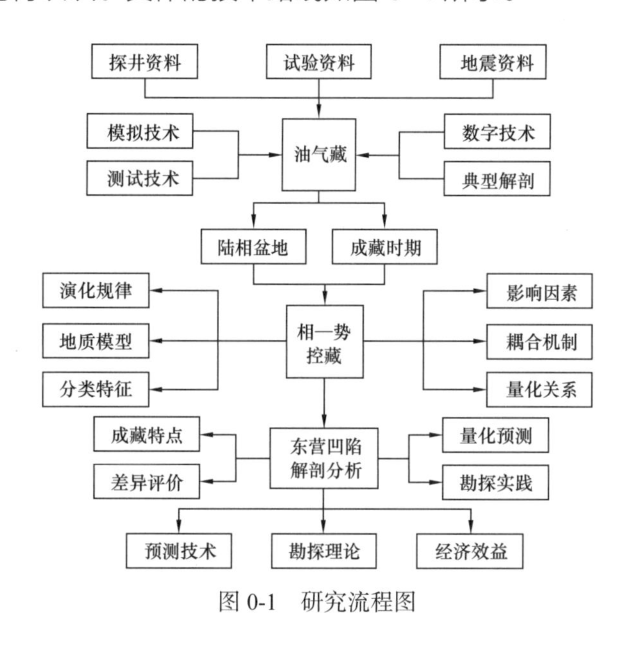

图 0-1　研究流程图

三、取得的创新性成果和认识

本书以东营凹陷为目标区，采取上述研究思路与方法，取得了以下的创新性认识与成果：

（1）提出济阳坳陷储层物性演化的三种模式——优劣叠加型、缓慢变差型、持续变差型，结合模拟实验建立储层物性演化过程的正反演恢复方法，形成五种主要沉积体系类型储层物性恢复图版。

（2）确定东营凹陷三个主要油气充注时期，通过古流体压力恢复的 $pVT(x)$ 方法，完成东营凹陷主要成藏期的古压力场、古流体势场主要参数恢复，恢复东营凹陷沙三段中亚段古压力场和古油势场。

（3）开展油藏属性统计与系统油气运聚模拟实验，明确不同沉积储层类型、不同地质层次油气藏相—势耦合成藏特征，从模拟实验的角度建立系统的相—势耦合成藏定量模型和图版。

（4）明确四种流体能量类型、作用方式及相势均一量化表示形式，分析相—势控藏作用的地质特征，建立相—势控油气作用的基本模式，提出断陷盆地控藏量化评价指标（FPI），探索基于流体能量类型与分布规律的断陷盆地相—势控藏理论模式。

（5）建立一套依据优相和低势耦合机理的有效储层预测与油气藏成藏概率的评价技术。

本书是胜利油田在隐蔽油气勘探理论方面探索的成果之一，集成了多年来东营凹陷油气成藏的研究成果和“十二五”“十三五”国家科技重大专项“渤海湾盆地精细勘探关键技术（三期）”项目（2016ZX05006）的研究成果。在成书过程中，中国石油大学（北京）庞雄奇教授、纪友亮教授等多位同仁给予了帮助和支持，在此一并致以最诚挚的感谢。由于笔者水平所限，书中不妥之处在所难免，恳请各位专家批评指正。

目录 /CONTENTS

绪 论

目前，我国东部陆上各陆相断陷盆地已经陆续进入了中高勘探程度阶段，隐蔽油气藏在剩余资源中占有举足轻重的地位。世界上较高勘探程度盆地的勘探实践表明，随着勘探程度的提高，发现的隐蔽油气藏比例增大，最终探明储量可占总储量的30%～40%，陆相断陷盆地的固有特点决定了其复杂程度更高、勘探难度更大、隐蔽油气藏的数量更多，勘探前景十分广阔。因此，加强油气成藏机理研究，开展精细勘探，是胜利油区乃至整个中国东部油区稳定、持续发展的必由之路。进入“九五”以来，在勘探程度不断提高的前提下，胜利油田加大了油气成藏研究和勘探力度，大力发展油气成藏理论和评价技术，实现了油气藏的高效勘探，保持了油区勘探的稳定发展。

中国东部陆相盆地的勘探实践表明，每次油气地质科技的重要进展都迅速带动了其他地区油气勘探的进展。由于中国东部陆相断陷盆地的共性特征，以胜利油区东营凹陷为主要对象开展的攻关研究，在解决其自身问题的同时，还可以推广应用于中国东部其他油区或断陷盆地的油气勘探工作，具有广泛的社会效益。

一、国内外油气成藏研究现状

油气藏成藏机制和预测评价技术一直是国内外研究的焦点。总的看来，在20世纪80年代之前，研究重点在于以构造控制为主的油气藏和油气分布状态的静态描述，没有从成因机制上开展系统的研究工作。20世纪80年代后期发展成熟起来的低熟油、含油气系统、超压体系及压力封存箱、幕式排烃等理论为隐蔽油气藏的成藏分析提供了新的依据。一些地质、地球物理预测描述技术迅速发展，取得了较好的勘探效果。20世纪90年代以来，隐蔽油气成藏逐渐成为油气勘探技术研究的重要内容。油气生成、排出和进入隐蔽圈闭的动态过程，已经成为隐蔽油气藏研究的关键问题，实验室分析技术的发展为研究工作提供了重要支撑。

胜利油区自20世纪80年代开始有目的地研究和勘探隐蔽油气藏，20世纪90年代以来，以储层预测为主要内容的隐蔽油气藏勘探技术得到了长足发展，同时形成了以构造岩相带、低位扇、坡折带等为代表的一些理论认识。

1. 国内外成藏研究的主要进展

近年来国内外成藏研究的主要进展体现在三个方面。

1）成藏机理及成藏过程

Catalan（1992）、Selle（1993）、曾溅辉（1999，2000）等国内外学者依据不同的介质模型建立了相关物理模拟模型研究油气二次运移的条件、动力及过程，提出了一些有益的观点，有代表性的有：未知重力运动机制下，少数流体分子的个别特性控制岩性油藏油气聚集；源内透镜体以孔隙作为运移通道，在毛细管力的作用下油气替换透镜体中的孔隙水，源外透镜体以裂隙作为通道，流体压力差使油气首先沿着裂隙向砂岩透镜体中运移、聚集和成藏（张云峰等，2000）；差异突破作用使砂岩透镜体成藏，油藏主要形成于超压体系，大多在封存箱内（王捷，1999；曾溅辉，2000）；自内向外的毛细管力能够引导透镜体油气聚集成藏（庞雄奇等，1999）。

2）油气成藏的物理和数值模拟实验

针对隐蔽油气藏这一特殊油藏类型成藏机理的研究，越来越多的学者通过物理模拟试验来寻找研究证据。目前，物理模拟试验已经从二维物理模型、正常温压环境、单一要素分析、简单充注条件向三维物理模型、高温高压、多要素模拟、多相态充注发展，成为油气成藏研究的重要手段（陈章明等，1998；曾溅辉等，1999，2000）。

数值模拟从一维模拟发展到三维模拟，模型的建立日趋完善，包括成藏过程的各要素及各种作用，尤其是与古热流紧密结合。此外更强化了二维三相模拟（Lerche，1995）和准三维非稳定流运移动力学模型系统（Person，1993；查明，1995）模拟油气运聚及成藏机理。

3）油气成藏机理的研究

通过对成藏过程的解释，学者们提出了不同介质条件下、不同油气藏类型的三相交替过程及油气聚集成藏机理，应用成藏化石记录的历史定性分析成藏期，应用烃类流体—水—岩石相互作用定量分析成藏期（Worden，1998）。Magoon（1992）则提出了较定性化的含油气系统概念及评价方法。

“十五”以来，胜利油田分公司的石油地质科研人员则从隐蔽圈闭储集岩的形成、油气输导体系的构成和分布、油气成藏的相—势关系等方面，系统对陆相断陷盆地隐蔽油藏形成和分布机制进行了总结，逐渐形成了以断—坡控砂、复式输导、相—势控藏等认识为主体的隐蔽油气藏勘探理论框架和配套的勘探技术。断—坡控砂阐述了断裂坡折带对沉积储层的控制作用，断陷盆地不同时期在不同构造部位发育的不同断坡类型控制了不同的沉积体系。复式输导提出了网毯式、T型、阶梯型和裂隙型输导体系及其空间构成的复式输导关系，断陷盆地不同阶段、不同构造部位发育不同类型的输导体系，它们共同组成了断陷盆地复式输导体系网络。相—势控藏揭示了相、势在油气成藏中的作用及耦合关系，在富油盆地中，充注条件（流体势）、接受条件（岩相）是控藏的主要因素，无论何种储集体类型，只有当其相—势耦合有利时，才能成藏。隐蔽油气藏成藏理论的发展为陆相断陷盆地隐蔽油气藏研究和勘探开辟了新的空间。

2. 油气成藏研究存在的主要问题

陆相断陷盆地特有的复杂性造成了油气藏形成与分布复杂、多样的特点，决定了油藏预测与评价的难度。目前成藏研究中存在的主要问题有以下三个方面。

（1）相、势研究的片面性。油气成藏作为地质演化过程中特定的地质历史事件，能否成藏及成藏效率如何取决于成藏时期的储层物性及流体势场的历史表征，而与现今油藏储集性能及流体势场没有直接关系。目前相、势由于缺乏科学准确的恢复方法和技术，往往用现今油藏储集性能和近似古流体势场代替成藏期的储层和势场特征，没有考虑储层及势场演化是一个历史的动态过程，研究当中的片面性致使对很多成藏个例的差异性缺乏合理解释，造成勘探的盲目性。

（2）物理模拟实验手段的局限性。受手段和条件的限制，以往成藏过程模拟试验仅限于常温常压下的一维、二维物理模型和仅能开展单一要素分析的简单充注模拟，这同地下情况相差甚远，实验结果只能建立成藏过程要素的相对、近似关系，而地下温压条件下成藏要素量化关系无法得到证实。采用地层温压环境下的三维物理模型，开展多要素模拟、多相态充注实验是提高成藏物理模拟的关键。

（3）相、势耦合缺乏量化表征。为了刻画隐蔽油藏成藏规律，开展有效的勘探目标预测，先后提出了三元成藏、相—势控藏理论，但是观点的表述仅限于油气成藏与诸要素之间统计规律基础上的定性描述，无法揭示成藏过程内在的必然联系。成藏动力学模型基础上的相、势耦合控藏量化表征是实现油气成藏真正意义上的定量评价与预测的必由之路。

综上所述，现有的油气藏研究缺乏动态的、历史的、定量的分析，因而对勘探目标预测评价的精度不够。近年来，虽然隐蔽油气藏成藏理论有了较大的发展，但总的来说还仅仅是以概念模型和静态模型为主，对油气成藏定性、静态的表征研究较多，成藏过程动态、定量的分析较少。解决这些实际问题，必须加强隐蔽油气藏成藏动态过程要素间量化关系的研究，不断完善和深化适合今后勘探发展需求的隐蔽油气藏精细预测和评价的理论与技术。

目前，国内外油气成藏理论和含油气评价技术的研究正处于迅速发展阶段，盆地成藏动力系统的详细解剖和成藏机制的物理模拟等一系列重要研究成果将为含油气圈闭的精细预测和评价提供更加充分的理论根据与更为有效的技术手段。

从定性分析到定量模拟，从要素表征描述到过程的历史恢复，从静态研究到动态解剖，是油气成藏研究发展的必然趋势。油气成藏过程要素定量研究瞄准了断陷盆地油气地质的前沿和关键问题，将有效地带动断陷盆地油气勘探理论和关键技术的进步，促进行业人才发展和技术储备。

二、国内外油气成藏研究发展趋势

当前，油气成藏研究的主要方向可归结为三个方面。

1. 成藏动态过程和主要机制的研究

一方面，地质历史时期成藏作用的分析才具有油气预测实际意义。油气成藏动态过程和主要机制一直是石油地质学家不断研究和期望取得突破的领域。从静态描述到动态过程，成藏要素历史或动态的分析是成藏研究的难点和发展方向。

另一方面，成藏机制是不同成藏要素的相互作用和内在关系，其研究不仅要注重不同要素的分析，更要注重有机整体的分析。目前国内外学者对油气藏成藏的微观机理和动力机制的认识还存在着很大分歧。近年来，成藏机制的解释正逐渐沿着由单要素到多要素、再到系统和全面分析的道路发展。随着现代测试技术和计算机模拟技术的发展，以及油气成因、运移与油气藏地质特征研究的不断进步，油气成藏动力学机制的研究将更加成熟。

2. 油气藏成藏过程的定量研究

定量研究是石油地质学发展的重要方向，也是石油地质学中的一个难点问题，更是实现油气定量预测的前提。定量研究已经得到了石油地质学家的充分重视，并不断发展。根据目前实验技术和计算机技术发展的现状，对油气藏成藏进行特定方面的定量化研究已经成为可能，如成藏主控因素的成藏贡献、成藏临界条件等。

目前的油气成藏定量研究主要包括油气成藏要素及其作用的定量描述、量化的油气成藏模式、量化的油藏预测和评价方法等。随着计算机技术和数值模拟技术的发展，以及油气成藏数学模型的研究进展，成藏过程和控制要素的研究将逐渐由定性走向定量。

3. 物理模拟和数值模拟实验技术

实验模拟是现代科学发展的一个重要支柱，也是现代油气成藏理论研究一个极为重要的手段。目前关于油气成藏的模拟实验主要集中于解决成藏动力学机制问题，但关于油气聚集机理、围岩临界含油饱和度、砂体临界物性条件、运移输导系统的研究目前还未从实验的角度加以证实。因此，透镜体成藏实验模拟的研究内容将不断深入，对成藏机理的模拟将由动力学模拟向成藏过程模拟研究深入，由单纯的机理研究向为数值模拟研究提供所需的各种参数方向发展。实验方法将由宏观向宏观和微观相结合的方向迈进，实现实验模拟和数值模拟相结合、机理模拟和过程模拟相结合的目标。

总之，油气成藏研究的主要目的就是力求找到准确预测油藏的科学方法，面对今后越来越复杂的勘探对象，相关的理论认识和技术方法需要不断地完善和发展。结合国内外油气成藏研究进展和胜利油区油气勘探实际，可以认为，通过成藏要素量化关系的探索，逐渐建立量化的油气藏预测和评价技术，是胜利油区油藏研究和勘探的主要努力方向。因此，成藏过程及要素的量化研究既是油藏研究的关键所在，也是今后勘探的必然要求。

三、研究思路及主要创新认识

油气成藏过程同时也是流体及能量的交换过程，受到圈闭内岩相阻力和圈闭外烃类流体动力的耦合控制，其间的量化关系成为油气成藏研究的主要方向之一。本书以探井、地震、实验室资料为基础，以现代模拟技术、测试分析技术、典型油藏解剖为依托，从断陷盆地油气相—势控藏的基本认识出发，以方法建立为手段，建立量化模式，探讨油气成藏关键要素相—势控藏机制，发展和完善油气成藏模式和预测方法，使油气藏评价逐渐从定性走向定量，从而指导勘探实践。

一方面，以相—势关系及其作用历史为核心，分别开展现今油气分布规律及地质历史中成藏动力环境、储集空间演化、油水交换机制研究，探讨油气成藏诸要素的贡献及其相互之间的量化关系，构建隐蔽圈闭含油气性预测和评价的主要技术方法。

另一方面，以东营凹陷整体到典型油藏的解剖分析为主要手段，在凹陷地质结构和发展历史中，考察隐蔽油气成藏和油气分布特点，资源总量和剩余资源潜力分布规律，并通过勘探实践，实现对理论成果的再认识。

研究成果取得的主要创新性成果和认识体现在以下五个方面：

（1）总结了东营凹陷古近—新近系主要储集体类型及不同类型储层物性变化规律，结合储层物性演化模拟实验，建立基于成岩过程反演回剥的储层物性恢复方法，形成不同沉积类型储层物性恢复成果图版。

（2）在东营凹陷现今压力场精细建模和主要油气充注时期确立的基础上，建立以流体包裹体测得温压数据为约束的古流体压力恢复方法，明确东营凹陷主要成藏期的古压力场、古流体势场参数变化。

（3）通过地下温压条件物理模拟实验，研究储集岩中油气充注过程及其主控要素，明确储集物性和成藏动力等因素对油气充注的影响，从模拟实验的角度建立相—势控藏定量模型和图版。

（4）分析相控、势控作用的地质特征、作用模式及类型，提出相—势控藏作用模式和定量表征（FPI）方法、探讨相—势控藏作用机制，建立基于流体能量类型与分布规律的断陷盆地相—势控藏理论模式。

（5）建立东营凹陷相—势控藏定量模型，提出相—势控藏有利勘探区预测方法和步骤，在控藏模式分析的基础上，以东营凹陷典型区带为例，说明相—势控藏模式的应用效果。

第一章　东营凹陷地质概况

第一节　盆地基础地质

济阳坳陷位于渤海湾盆地东南隅，是渤海湾盆地的一个次级盆地和渤海湾油气区的重要组成部分（图 1–1）。盆地东面邻近郯庐断裂，西北以大型基岩断裂与埕宁隆起相接，南邻鲁西隆起区，由西向东展开，西窄东宽，面积 25510km^2。

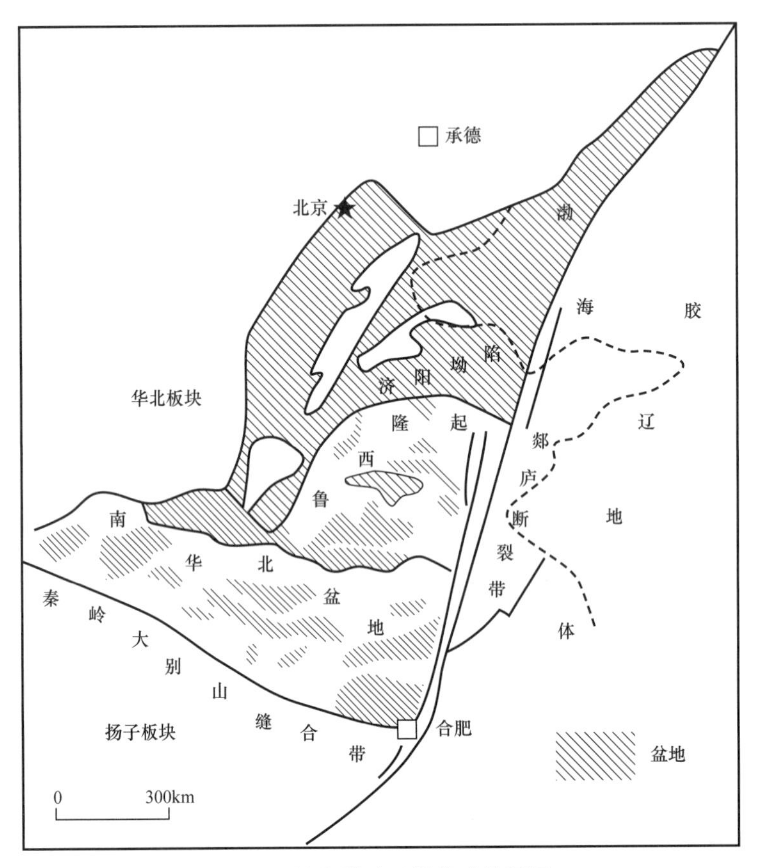

图 1–1　济阳坳陷区域构造位置图

济阳坳陷是一个中生代—新生代断陷—坳陷复合型盆地，古近纪断陷期形成凹凸相间的结构，新近纪形成统一的坳陷。古近纪自南而北发育了东营、惠民、沾化、车镇四个次级凹陷和众多更次一级的洼陷，其间为青城、滨县、陈家庄、无棣、义和庄、孤岛等凸起分隔，在地貌上表现为“群山环湖、群湖环山”的景观。凹（洼）陷呈“北断南超、北深南浅”的箕状结构，其北部边界为长期活动的同沉积断层。

东营凹陷是济阳坳陷内次级大型宽缓的箕状凹陷，东西长 90km，南北宽 65km，面积

5700km²。其西以青城凸起、林樊家构造为界与惠民凹陷毗邻，北以滨县凸起、陈家庄凸起为界与沾化凹陷为邻，南向鲁西隆起、广饶凸起呈超覆关系，东与青东凹陷沟通，是一个四周有凸起环绕的古近纪裂谷盆地（图 1–2）。

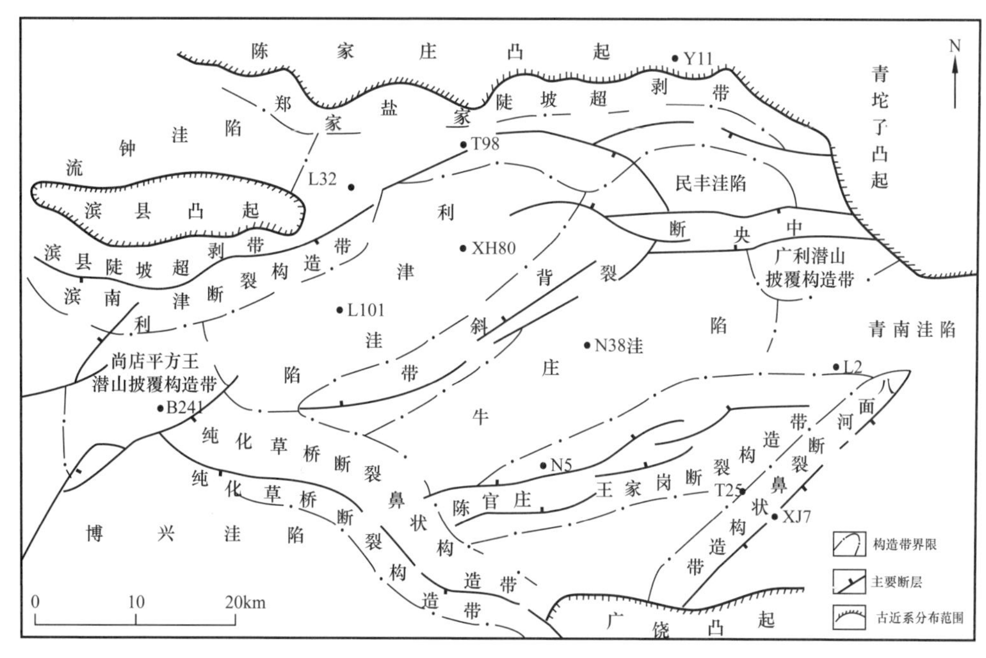

图 1–2 东营凹陷主要构造单元图

一、构造演化特征

受喜马拉雅运动的幕式活动控制，济阳坳陷及东营凹陷发育与演化具明显的阶段性，根据构造活动的特点，可划分为“三期四幕”。三期，即初始断陷期（初始断陷早期和晚期）、断陷深陷期和萎缩期共三个断陷期；四幕，即Ⅰ幕——孔店组（Ek）沉积时期、Ⅱ幕——沙河街组四段（Es_4）沉积时期、Ⅲ幕——沙河街组三段—沙河街组二段下亚段（Es_3—$Es_2{}^{下}$）沉积时期、Ⅳ幕——沙河街组二段上亚段—东营组（$Es_2{}^{上}$—Ed）沉积时期共四个断陷幕（图 1–3）。

初始断陷期由Ⅰ幕（Ek）和Ⅱ幕（Es_4）组成，分别相当于初始断陷早期和晚期。初始断陷期的盆地充填和沉积、沉降中心明显受控于北西西向的边界断裂活动，明显表现出对中生代构造活动的继承性，该时期的应力场表现为北北东—南南西方向的拉伸作用，整个东营凹陷表现为两个相对独立的沉积单元，即东营北部半地堑式断陷和博兴地堑式断陷，近断裂部位地层厚度大、粒度粗，冲积扇发育。凹陷主体部位发育了一套干旱气候条件下的浅湖相、滨湖相灰色泥岩夹粉细砂岩、红色泥岩、盐岩、石膏和冲积环境下的砂砾岩夹红色泥岩。

断陷深陷期（Ⅲ幕），即沙三段—沙二段下亚段沉积时期。东营凹陷的边界大体呈北东东向弧形展布于陈家庄凸起和滨县凸起的南坡，陈南断裂已不再控制沉积，滨南—利津断裂带和胜北断裂带控制了沙三段至沙二段下亚段。博兴洼陷与东营北部的利津、民丰等洼陷合为一体，东营凹陷的沉降中心也由东部的民丰洼陷向西迁移至利津洼陷。这一时期，控制东营凹陷沉积的主断裂处于活动高峰期，造成盆地沉降幅度大、扩展速度快，并在沙三段沉积早期达到最大沉降速率，高达500m/Ma以上，沉降中心位于盆地中北部。沙三段沉积中早期，裂谷盆地在快速拉张背景下基底强烈、持续沉降，沉降速率明显大于沉积物供给速率，在气候潮湿、汇水量充分的条件下深水湖盆发育，发育了一套深湖相深灰色泥岩、油页岩与不同成因类型的深水重力流沉积建造。在凹陷边缘发育冲积扇、扇三角洲、近岸水下扇、深水浊积扇等砂砾岩扇体，该期凹陷内火山活动强烈，主要发育橄榄拉斑玄武岩。

构造层序	地层层序			地震标志层	绝对年龄(Ma)	沉积速率(mm/ka)	三级层序	火成岩特征	断层及褶皱几何学	构造演化阶段
顶构造层	Kz		Qp		2.0	225		以霞石碱玄岩为主，次为碱性玄武岩，局部安山岩	断层活动弱，披覆背斜发育	坳陷阶段
			Nm	T_0	5.1	335				
			Ng	T_1	24.6	45				
上构造层			Ed			129	6	以碱性玄武岩为主，次为霞石碱玄岩、拉斑玄武岩	北东、东北东、北西、西北西、南北和东西向断层及其组合断层带发育，断层带内滚动背斜、同沉积褶皱、调节地垒、走向斜坡及调节背斜发育。早期北东向断裂带伴有南北向逆冲断层	扭张断陷阶段；断陷Ⅳ幕
		Es	Es_1	T_2			5			
			Es_2上							
			Es_2下	T_3	37.0	237	4			断陷Ⅲ幕
			Es_3	T_4			3			
							2			
				T_6	42.0		1			断陷Ⅱ幕
			Es_4	T_7	45.0					
下构造层		Ek	Ek_1	T_8		260		以拉斑玄武岩为主，次为碱性玄武岩	以北西向负反转断层为主，间以南北向左旋扭张断层，局部地区可能存在东北东向压性构造（如逆冲断层）	负反转阶段；断陷Ⅰ幕
			Ek_2		54.9					
			Ek_3	T_R	65.0					
	Mz		K_2		100	?		以钙碱性玄武岩为主，次为拉斑玄武岩及碱性玄武岩等		
			K_1		135	<30				
			J_3		149					
			J_{1+2}		190				以北西向负反转断层为主	
底构造层			T			0		中、酸性侵入岩	北西向逆断层及褶皱	逆冲造山阶段
	Pz		C+P	Tg_1	350	<10			一般认为没有大规模断层和褶皱作用	被动大陆边缘
			€+O	Tg_2	570					
	Az		ART					基性及中、酸性侵入岩	北西向逆断层及褶皱	安第斯造山阶段

图1-3 济阳坳陷构造层与沉积层序简图（据宗国洪等，1999）

断陷萎缩期（Ⅳ幕），即沙二段上亚段至东营组沉积时期。沙三段沉积末期，东营凹陷有轻微隆升，沉积趋于萎缩，但沙二段上亚段、沙一段沉积时期，盆地再次进入扩张沉降时期，但扩张沉降的幅度明显弱于断陷深陷期，形成浅断陷湖盆，以浅湖相灰色泥岩、油页岩、生物灰岩夹细砂岩为特征；东营组沉积时期济阳坳陷沉积中心向北迁移至沾化凹陷，而东营凹陷由于断陷作用减弱，总沉降速率只有 50m/Ma，主要位于利津洼陷南部，标志着盆地进入断陷萎缩期。沉积地层以河流冲积相细砂岩，含砾砂岩夹灰色、灰绿色及紫红色泥岩为主。该期火山活动趋弱，火山岩以橄榄玄武岩为主。Ⅳ幕晚期，东营凹陷随全区整体抬升而受到剥蚀。

通过穿越全区的密集三维地震网络的解释和分析，结合测井及录井、火山岩等资料，以区域性大构造网络剖面的编制为基础，揭示了盆地的总体构造格架特征，阐明了盆地构造的空间组合和分布及其演化特征，具体如下：

（1）东营凹陷古近—新近系由两个不同结构特征的构造层序构成，上覆于前古近系基底岩系之上。古近系孔店组、沙河街组和东营组构成下部同裂陷期构造层序，期间为区域性裂后不整合界面 T_1。凹陷是在变形的基底岩系上发育的，形成一系列由半地堑—半地垒构成的基底断块系统。受基底断块系统控制的古近系呈楔形，梯形块状充填于半地堑或地堑之中，新近系呈层状或毯状披覆于整个盆地区。

（2）东营凹陷剖面上总体呈“北断南超”的箕状断陷盆地形态。但是对裂陷期控盆边界断裂的详细解剖分析表明，控制 Ek—Es_4 的主边界断裂呈近东西向或北西西向展布，控制 Es_3—Ed 的边缘断层具有北东向展布特征，二者之间有一个 20°～30° 的偏转角度，显然为两个不同构造应力场的产物。因此，该盆地应由三个盆地单元叠置而成（图 1–4），即下部盆地单元（Ek—Es_4），中部盆地单元（Es_3—Ed）和上部盆地单元（N—Q）。

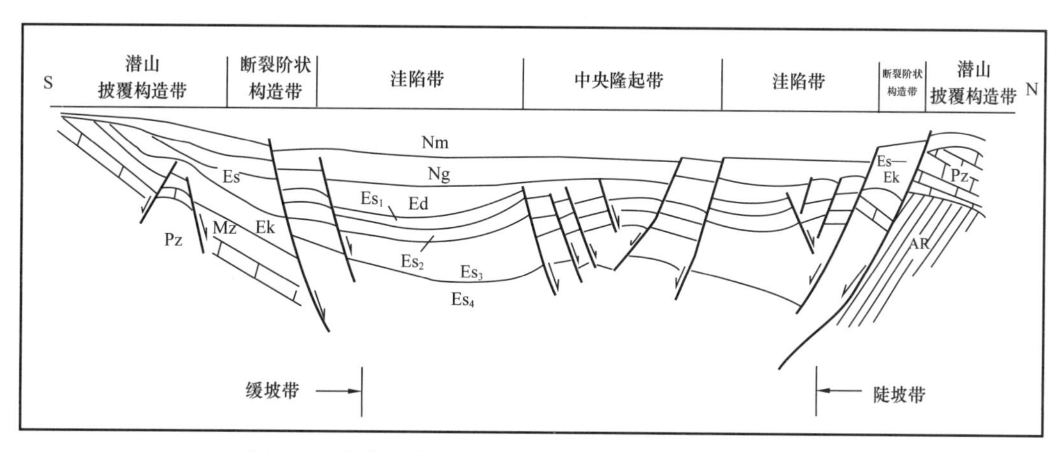

图 1–4　东营凹陷构造带展布模式（据李思田等，1999）

（3）下部盆地单元的基本结构形式为由陈南断裂带控制的北部半地堑式断陷和由石村断裂和齐—广断层控制的博兴地堑式断陷组成的复式断陷盆地；中部盆地单元为由坨—胜—永断裂带、滨南—利津断裂带和高青—平南断裂带控制的半地堑式断陷盆地，在北西部陡坡断裂带上多有同向伴生断裂发育，而在东南部缓坡带上多有反向调节式断层发育；上部盆地单元为整个渤海湾盆地热沉降期（坳陷期）地层的一个组成部分。

二、沉积充填特征

东营凹陷从老到新发育有太古宇泰山群、下古生界寒武系和奥陶系、上古生界石炭系和二叠系、中生界侏罗系和白垩系、新生界古近系、新近系和第四系；区内缺失元古宇，古生界上奥陶统、志留系、泥盆系和下石炭统，以及中生界三叠系。古近系主要地层单元包括孔店组、沙河街组（沙四段、沙三段、沙二段和沙一段）和东营组，新近系主要地层单元包括馆陶组和明化镇组。受盆地演化的影响，凹陷地层发育和组合存在一定的规律性，也存在较大的差别。东营凹陷古近系发育较为完整，最大厚度达 8000m，是最主要的生油、含油层系（图 1–5）。

在孔店组沉积早期，气候稍为湿润，此时山谷相间，洼陷范围小，湖水聚集有限，以形成局限湖泊和冲积扇、近源冲积平原为主。该时期东营凹陷分为南北两个互不连通的次级洼陷，即博兴洼陷和东营北部洼陷。

孔店组沉积后期至沙四段沉积早期，气候转为干旱，在凹陷四周发育巨厚的红色冲积扇，洼陷中心则间歇性地沉积了盐湖相膏盐层和泥岩。

沙四段沉积晚期，气候稍转湿润，在经历了早期剥蚀后，凹陷内物源供给减少，湖水面积扩大而清澈，形成了广延而薄层的砂质和碳酸盐质滩坝沉积体系，只在凹陷中北部有半深湖、深湖沉积体系。

沙三段沉积期，气候湿润，早期物源供给少，在基底持续沉降的条件下，可容空间增大，形成欠补偿的大面积半深湖—深湖沉积。中期开始沿凹陷近东西轴向发育远源河流三角洲充填。此阶段沉积物补给速度和基底沉降速度基本相当，以滨浅湖、深湖和半深湖为主；晚期来自四面凸起上的物源注入盆地，形成过补偿沉积。

沙二段沉积期，气候转为干热，凹陷被填平后，遭受剥蚀。后期边界断层重新活动，开始了新一期充填演化阶段。

沙一段沉积期，气候又开始变得湿润，早期物源供给量小，基底沉降缓慢，从而广泛发育砂质和碳酸盐质滨浅湖及半深湖沉积。

东营组沉积期，河流—三角洲持续向湖内进积并再一次将湖盆填平。在这个阶段后期，东营凹陷随渤海湾盆地抬升经历了准平原化，形成冲积平原沉积。

新近系由馆陶组和明化镇组河流相构成，以区域性不整合超覆于古近系及其以前地层之上。其中馆陶组下部辫状河沉积由浅灰色、灰白色厚层含砾砂岩夹少量紫红色泥岩、灰绿色泥岩、粉砂岩构成正旋回；上部曲流河沉积由灰色砂岩、粉砂岩与浅灰色、灰绿色砂质泥岩、泥岩、少量紫红色泥岩构成正旋回。明化镇组曲流河沉积为棕黄色、浅灰色、棕红色泥岩夹浅灰色、棕黄色粉砂岩。

三、生储盖组合特征

东营凹陷新生界共有三套生油岩系，自下而上为孔二段、沙四段、沙三段，以沙四段上亚段、沙三段下亚段为主。主要油源区的分布受箕状断陷结构控制，凹陷生油条件良好，在主要洼陷区，生油岩累计厚度可超过 1000m。

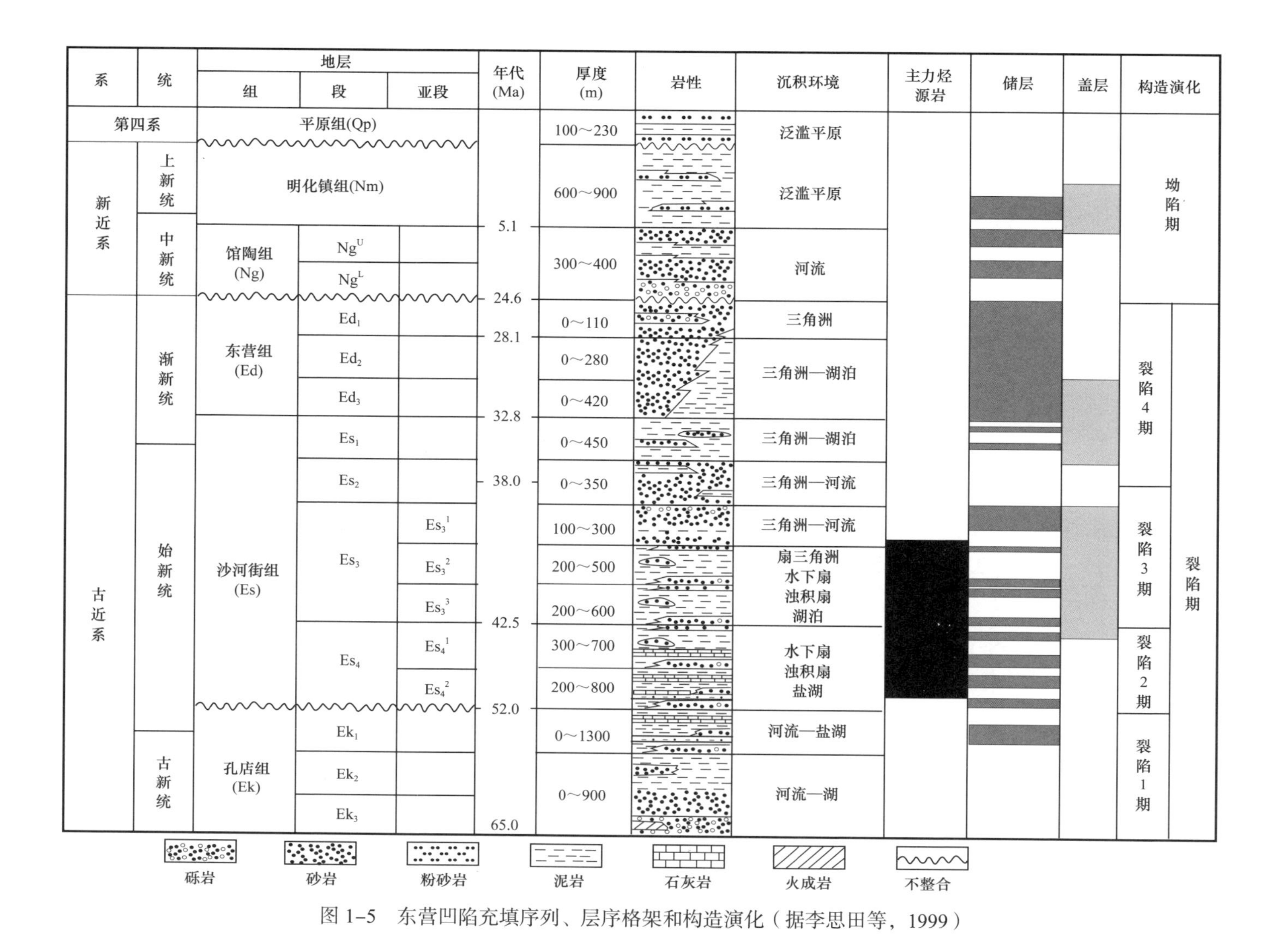

图 1-5　东营凹陷充填序列、层序格架和构造演化（据李思田等，1999）

储层主要包括太古宇变质岩、下古生界碳酸盐岩、上古生界和中生界碎屑岩、古近—新近系碎屑岩等。储集层系多、储集岩类多，纵向上下叠置，平面上连片分布。多物源、近物源和快速堆积是断陷盆地的基本沉积特征，沉积相带围绕凹陷呈环形展布。东营凹陷古近系沙河街组主要发育砂砾岩、三角洲—浊积岩、滩坝砂岩等储集体，新近系主要发育河道砂岩储集体。

不同沉积类型的储集体与沙四段、沙三段、沙一段及馆陶组上段—明化镇组下段区域性泥质岩盖层组合，形成了以沙河街组和馆陶组为主、下古生界和东营组等次之的14套含油层系。

第二节　油气分布特征

东营凹陷自1961年华8井在新近系馆陶组获日产8.1t工业油流，到2018年底，完钻各类探井3444口，探井密度约为0.60口/km^2，相继发现了35个油气田，剩余资源丰度$35.4\times10^4t/km^2$。

一、油气藏类型

东营凹陷所有的圈闭类型都有油气藏形成，按圈闭成因、形态、遮挡条件和油气聚集的主要控制因素为分类原则，将东营凹陷油气藏分为构造油气藏、地层油气藏、岩性油气藏、复合型油气藏四大类、十多种（图1-6）。

东营凹陷的各类油藏在时空分布上，既受岩性组合、生储盖配置方式的控制，又受构造作用控制的含油构造带制约，对这些油藏按层序地层格架和构造带进行归位，明确其时空展布规律。

二、油气纵向发育规律

东营凹陷已发现有14套含油层系（Art、∈—O、C—P、Mz、Ek、Es_4、$Es_3{}^{下}$、$Es_3{}^{中}$、$Es_3{}^{上}$、Es_2、Es_1、Ed、Ng、Nm），习惯上归纳为三个含油气带，即前古近系含油气带（基岩含油气带）、古近系含油气带和新近系含油气带。其中古近系含油气带最为重要，是油气储量集中带。东营凹陷古近系控制的储量占总储量的86.7%，在古近系含油气带中，又以$Es_3{}^{上}$—Es_2含油层为主。

1. 烃源岩上部的储盖组合控制主要含油层系

油气在纵向上的这种分带性明显受控于烃源岩上部的生、储、盖组合配置关系，即烃源岩上部的储盖组合控制主要含油层系。东营凹陷主要发育了古近系沙四段上亚段、沙三段下亚段两套最佳烃源岩，古近系以沙二段储层最为发育，其上沙一段是相当好的盖层，这是生储盖组合的最佳配置。

2. 岩性油藏主要发育在沙四段和沙三段

从东营凹陷已探明岩性油气藏储量在层序剖面中的分布来看，岩性油藏在古近—新近系的各层序均有分布，但以沙四段、沙三段为主要岩性油气藏发育层序。

沙四段、沙三段以暗色泥岩为主，是主要的烃源岩层系，其间发育较少的砂岩体，易形成自生、自储式原生岩性油藏。

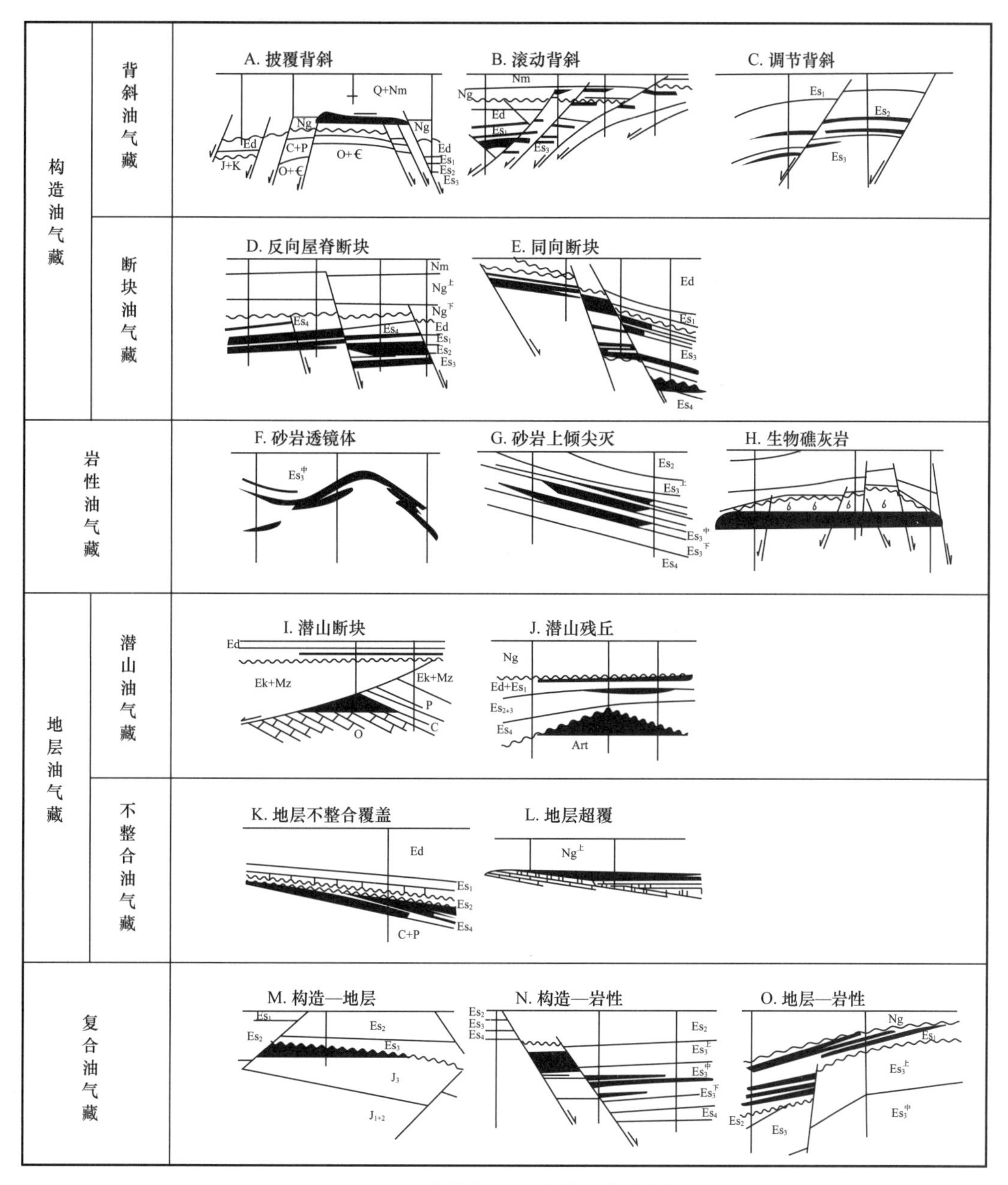

图 1–6　东营凹陷油藏类型综合图

3. 地层层序发育演化特征控制地层岩性油藏纵向分布

据调研资料，世界上许多国家将层序地层分析技术应用于砂岩岩性油藏的勘探并取得较好效果。G.R.Baum（1995）认为世界上 86% 的油气藏与低位体系域有关，12% 与水进体系域有关，而且与低位体系域有关的油气藏大部分是隐蔽油气藏。

从成藏机理上分析，低位体系域往往发育在洼陷带，在该层序底部沉积低位扇储层，每一个低位扇砂体的沉积均源自一次较强烈的构造活动，因此单砂体的规模比层序内部砂体大，物性较好，水进体系域沉积的是盖层，层序界面是油气运移的良好通道，使得油气沿层序界面优先进入低位体系域砂体中聚集，它们构成了良好储盖组合。只是陆相盆地湖平面升降变化频繁，不像海平面那样较稳定地持续性变化，更需要进行高精度的层序地层研究，才能有效地将该技术方法应用于陆相断陷盆地内的岩性油藏预测和描述。

三、油气平面分布规律

构造分带受控制了盆地沉积的分带性，进而控制了储层、烃源岩、输导体系、圈闭组合等物质要素的分带性和盆地能量场的分带性，从而导致不同构造油气聚集的分带性。箕状断陷多物源、多类型沉积，多元复合成烃，多层系、多期次运聚的特点及特有的生储盖配置关系，形成了多套含油层系、多类型的油气藏，它们在空间上的有机组合则形成了各具特色的多样性油气藏组合。根据二级构造带的发育特征，可分为陡坡带油气藏组合、缓坡带油气藏组合、洼陷带油气藏组合、中央背斜式油气藏组合、潜山披覆式油气藏组合和边缘凸起式油气藏组合。同一凹陷内不同油气藏组合之间往往成因关联、彼此连接，最终形成不同类型、不同规模的油气藏围绕生油中心呈环带状分布（图 1–7）。其分布规律如下：

（1）陡坡带紧邻深凹生油区，靠近烃源岩厚度最大区域油源丰富；粗碎屑储层发育；边界断裂规模大，活动持续时间长，为油气运移提供了良好的输导条件，油气运移活跃。边界断层往往伴生牵引背斜，而发育牵引背斜型圈闭；随着盆地演化，边界断层不断向盆地内部分支，形成多级断阶，断块圈闭也很发育。常见有砂砾岩体岩性油气藏、构造—岩性油气藏、滚动背斜油气藏等。

（2）盆地中部深洼带（正常型）处于生油中心，油源条件优越；超压比较发育，油气运移动力强；相比盆地周缘，深凹带砂相对不太发育，以各类成因的浊积砂体为主；断层不发育，以隐蔽输导为主，形成透镜状岩性油气藏。

（3）随着盆地构造演化成熟，凹陷中央发生构造变形，形成中央断裂背斜带。中央构造带的油源、压力、储层等条件与深洼带相似。中央构造带常形成大规模的（断）背斜构造，是重要的油气聚集带；中央构造带也是深洼带泄压的重要区带，运移动力充足，常发育致密梳状油气藏组合。

（4）盆地斜坡带的一侧紧邻深洼生油区，油源丰富；而离开盆地中心的一侧逐渐抬升，是油气运移长期指向区；各类沉积体系砂体发育，主要有三角洲、缓坡扇三角洲、滩坝体系等。发育断层—岩性油气藏、断块油气藏、上倾尖灭型油气藏等。

（5）斜坡 / 洼陷坡折带位于深洼带与斜坡带过渡区，是盆地基底挠曲—破裂的响应。大多数凹陷通常会形成较大规模的断裂带，并且控制盆地中晚期沉降和沉积，如东营凹陷的王家岗—陈官庄断裂带。斜坡 / 洼陷坡折带类似陡坡断裂带，具有贯穿性，是油气垂向运移和聚集的重要区带。

（6）陡坡隆起带油气主要依靠陡坡边界断裂带垂向运移，在上部构造层聚集，在基底形成地层型油气藏。与斜坡隆起带相比，其成藏规模和数量较少。

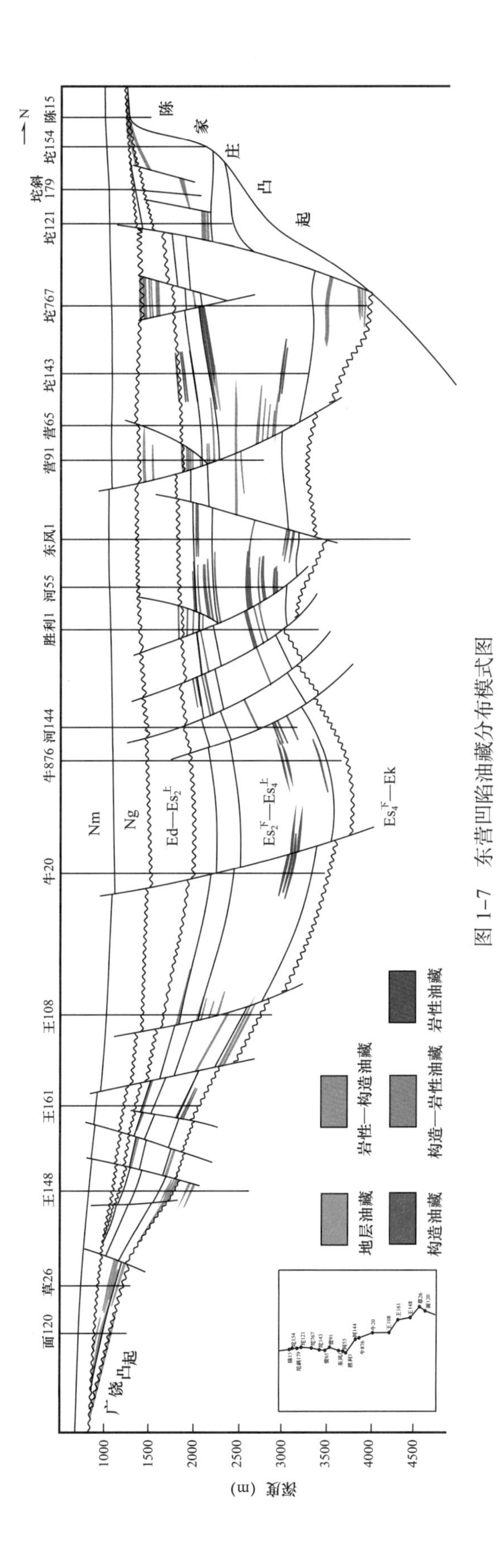

图 1-7　东营凹陷油藏分布模式图

东营凹陷探明石油地质储量中以构造、岩性、地层油藏为主，潜山油藏发现相对较少，分别占 51.08%、32.94%、14.30%和 1.68%。纵向上形成三套含油气层系，其中古近系为主力含油气层系，其次为新近系，前古近系较少。各层系之间的含油性差别较大，在已探明油气地质储量中，新近系、古近系、前古近系石油探明储量所占比例分别为 7.32%、90.95%、1.69%。

可见，东营凹陷是中国东部最为典型的陆相断陷富油盆地，同时也是我国少见的富油气盆地之一。

第二章　储层特征及物性演化恢复

储集岩作为油气的载体和受体，在油气运移和成藏过程中起着重要作用。本研究在不同沉积类型、储层储集物性特征统计分析的基础上，分别针对这五种储集体开展反演回剥和正演物理模拟，恢复在不同性质流体背景（含外来流体，如烃类等）下，受压实、压溶、胶结等共同作用下的孔隙结构及物性参数的演化史，研究不同类型储层物性演化规律，形成相应的理论演化模式和系统成果图版。

第一节　主要沉积相类型

东营凹陷经历了断陷和坳陷两个构造演化阶段。其中，古近纪为断陷阶段，新近纪为坳陷阶段。根据构造反转期次和盆地充填特征，古近纪演化可分为三期：

（1）初始沉降期，为孔店组至沙四段顶沉积时期，总体表现为盆地初始裂陷阶段半干旱条件下的冲积扇、扇三角洲沉积，河流及浅湖沉积。

（2）加速沉降期，包括沙三段和沙二段沉积时期，以沙三段泥岩、油页岩为主要标志，属深水湖泊沉积。在凹陷北部边缘，由于剥蚀区与沉积盆地的高差加大，以及同沉积断层的活动，发育近岸水下扇沉积体系，它构成东营凹陷北缘主要的含油气储层类型。凹陷东部发育东营三角洲，具有由东而西推进、距离远和多期发育的特点。沙二段湖泊水体变浅，凹陷开始逐渐萎缩。

（3）湖盆萎缩期，包括沙一段和东营组沉积时期，在沙一段沉积时期较大规模的水进后，末期湖盆萎缩，差异沉降明显加强，并出现构造反转，使部分地区抬升遭受剥蚀而缺失东营组，盆地结束了断陷期的演化。新近纪为坳陷阶段。东营组沉积末期整体抬升，之后凹陷开始下沉，在此背景下沉积了砂岩、泥岩互层的粗碎屑岩，以小型浅水湖泊和近源辫状河的反复交替沉积为主。

东营凹陷不同时期发育的沉积相类型不同，不同成因类型储集砂体分布规律也不同。依据沉积特征，将主要储集体类型划分为五类，即砂砾岩体、浊积砂体、三角洲砂体、河道砂体、滩坝砂体。

一、近岸水下扇相

近岸水下扇通常发育于断陷盆地的陡坡带，是岸上洪流携带大量泥砂砾石顺断崖直泻而下，直抵崖角深水区，并冲蚀湖底形成水道，继续向前推进一定距离而形成的扇形体。沙四段上亚段—沙三段沉积时期，东营凹陷北带、沾化凹陷北带及两侧边界断层下降盘长期为深湖—半深湖环境，发育大量这类扇体。根据其内部沉积特征可以将陡坡近岸水下扇划分为扇根、扇中和扇缘 3 个亚相（图 2–1）。内扇由分选较差的混杂砾岩、砾状砂岩组

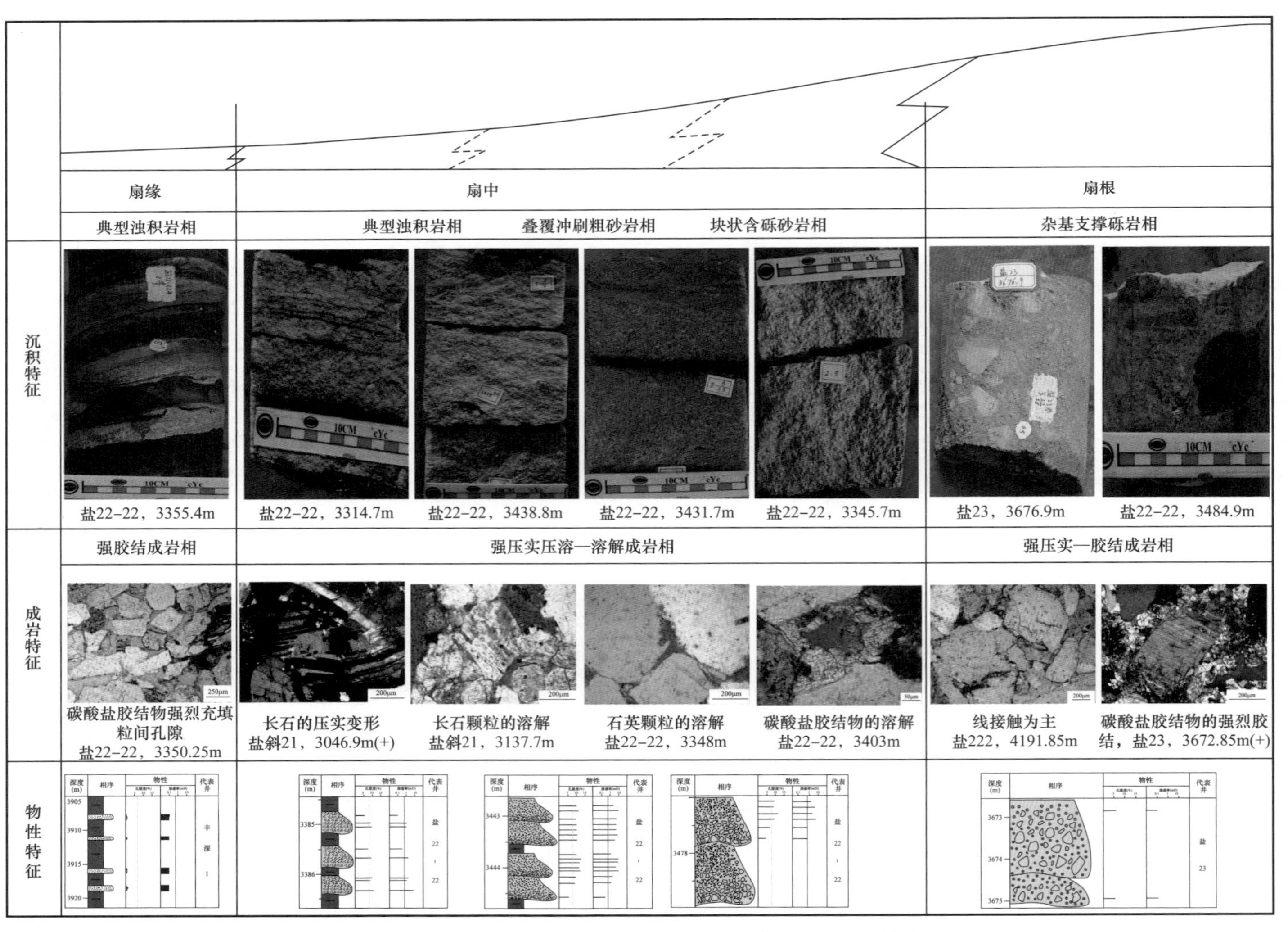

图 2-1　东营凹陷北部陡坡带水下扇砂砾岩体沉积相识别模板

成，砾石呈次棱角状，结构成熟度、成分成熟度均较低；中扇是扇体的主要发育部分，由含砾砂岩、块状砂岩组成，夹有薄层泥岩，可划分为辫状沟道微相、沟道间微相；外扇亚相岩性为暗色泥岩夹粉砂岩、细砂岩薄层等，成岩后生作用较强，结构致密。

二、三角洲相

河流三角洲沉积物组合和地震反射特征上具有明显的三层结构，可将其划分为三角洲平原、三角洲前缘和前三角洲三种亚相类型（图 2–2）。

1. 三角洲平原亚相

三角洲平原亚相为三角洲的陆上沉积部分，以河流大量分叉开始为三角洲平原亚相与河流相的分界，以湖平面为三角洲平原亚相与三角洲前缘亚相的分界。由于后期构造抬升或河流的侵蚀作用，早期三角洲的平原亚相沉积物一般保存不完整。三角洲平原亚相可分为分流河道和河漫滩—沼泽两个微相。

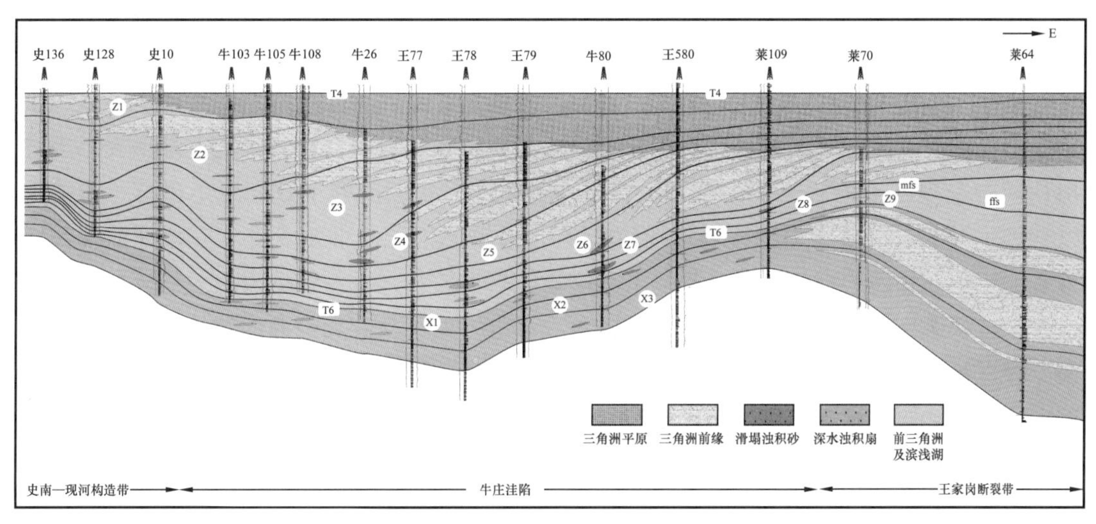

图 2–2　东营凹陷沙三段中亚段三角洲相沉积剖面图

2. 三角洲前缘亚相

三角洲前缘是沉积作用最活跃的中心地区，沉积物厚度明显增大。该亚相在向湖方向上沿三角洲平原亚相呈环带状分布，并可进一步划分为水下分流河道、河口坝、远沙坝、前缘席状砂等微相类型。在东营凹陷沙三段三角洲前缘亚相中，水下分流河道沉积不发育，主要由河口坝微相组成，泥质夹层很少或不含泥质夹层，表明当时湖浪的改造作用比较强烈。

3. 前三角洲亚相

前三角洲亚相岩性以暗色泥岩为主，夹透镜状砂层。以水平层理、微波状层理、变形层理最为发育。常见藻类、介形类、鱼类化石，以及成层的植物碎屑、树叶、树干等。

东营凹陷沙三段沉积时期为盆地强烈裂陷期，该时期同沉积断裂活动幅度明显增加，湖盆扩张。与此同时，断裂的频繁活动为凹陷提供了充分的陆源碎屑沉积物，冲积扇、近岸水下扇、河流—三角洲体系发育。东营三角洲是从郯庐断裂带由东向西进入凹陷的大型河流—三角洲体系，经历了始新统沙三段—沙二段沉积的漫长地质时期，形成多期发育的大型复合三角洲，以沙三段最为发育。沙三段下亚段沉积时期，三角洲开始进入盆地，主要分布在东部的莱州湾一带。沙三段中亚段沉积时期，三角洲向西迁移至牛庄地区，并逐渐向盆地中心推进。沙三段上亚段沉积时期，随着盆地沉积中心不断向西迁移，三角洲不断向西推进，至沙三段上亚段沉积时期，盆地沉积中心迁至董集—利津—梁家楼一带，随着水体进一步退缩，河流三角洲平原占据盆地东部广大地区。从总体发育特征来看，东营三角洲为典型的进积三角洲，在剖面上显示清晰的“S”形前积特征（图 2–2）。

在缓坡背景下，三角洲具明显的三层结构，三角洲平原、三角洲前缘和前三角洲相发育齐全。以三角洲前缘亚相分布范围最广，约占全部面积的 3/5 左右（图 2–3）。

三、浊积扇相

1. 滑塌浊积扇

在陆相断陷盆地中，陡坡带的冲积扇、近岸浊积扇、扇三角洲和沿盆地长轴方向的三角洲前方均发育滑塌浊积扇体。

东营凹陷沙三段中亚段沉积时期，伴随强烈构造运动，盆地沉降速率增加，河流频繁注入，三角洲在该时期发育迅速，侧向的快速堆积和垂向加积，使之厚度逐渐增大。当坡角达到一定程度（20°～30°），沉积物在重力及地震等引发因素下就会发生滑移（滑动），以致产生浊流，形成滑塌浊积砂体（图 2–4）。滑塌浊积砂体主要发育于三角洲前缘斜坡带和前三角洲的泥岩中，属于再搬运沉积产物，岩性较细，以粉细砂岩为主，碎屑颗粒多呈次棱角状至次圆状，结构成熟度中等，分选中等—差，含有大量盆内碎屑，如泥岩撕裂屑、泥砾等。常见变形构造、液化和泄水构造等。砂体形态多样，常呈透镜体等。与陡坡近岸水下扇和缓坡远岸浊积扇相比，滑塌浊积扇规模较小，对规模较大的扇体可识别出中扇和外扇两种亚相类型。

2. 缓坡远岸浊积扇

断陷湖盆短轴缓坡一侧，流程较长的峡谷浊流携带大量的泥、砂、砾石，入湖后再经缓岸滨浅湖的长距离搬运，直到半深湖—深湖区的断层下降盘或低洼地区堆积下来，形成离岸相对较远的粗碎屑浊积扇体，这类扇体称为缓坡远岸浊积扇。远岸浊积扇分为辫状水道、辫状水道间、中扇过渡带和外扇等微相类型（图 2–5，图 2–6）。

辫状水道微相岩性以厚层含砾砂岩、细砂岩、粉细砂岩为主，碎屑颗粒多呈次棱角—次圆状，发育平行层理、斜层理、交错层理、粒序递变层理，尤其是含砾砂岩及细砂岩中的粒序递变层理极为发育；辫状水道间微相岩性为灰色粉砂岩、泥质粉砂岩与深灰色泥岩及粉砂质泥岩互层，碎屑颗粒多呈次棱角状—次圆状，分选中等，砂岩中见平行层理、斜层理、斜波状层理和变形层理；中扇过渡带微相岩性以粉砂质泥岩和泥岩为主，夹薄层粉砂岩、泥质粉砂岩，碎屑颗粒多呈次棱角状—次圆状，见平行层理、斜波状层理、变形层理等；外扇亚相岩性以粉砂质泥岩、泥岩为主夹薄层粉砂岩和泥质粉砂岩，碎屑颗粒多呈次棱角状—次圆状，见平行层理、变形层理等。

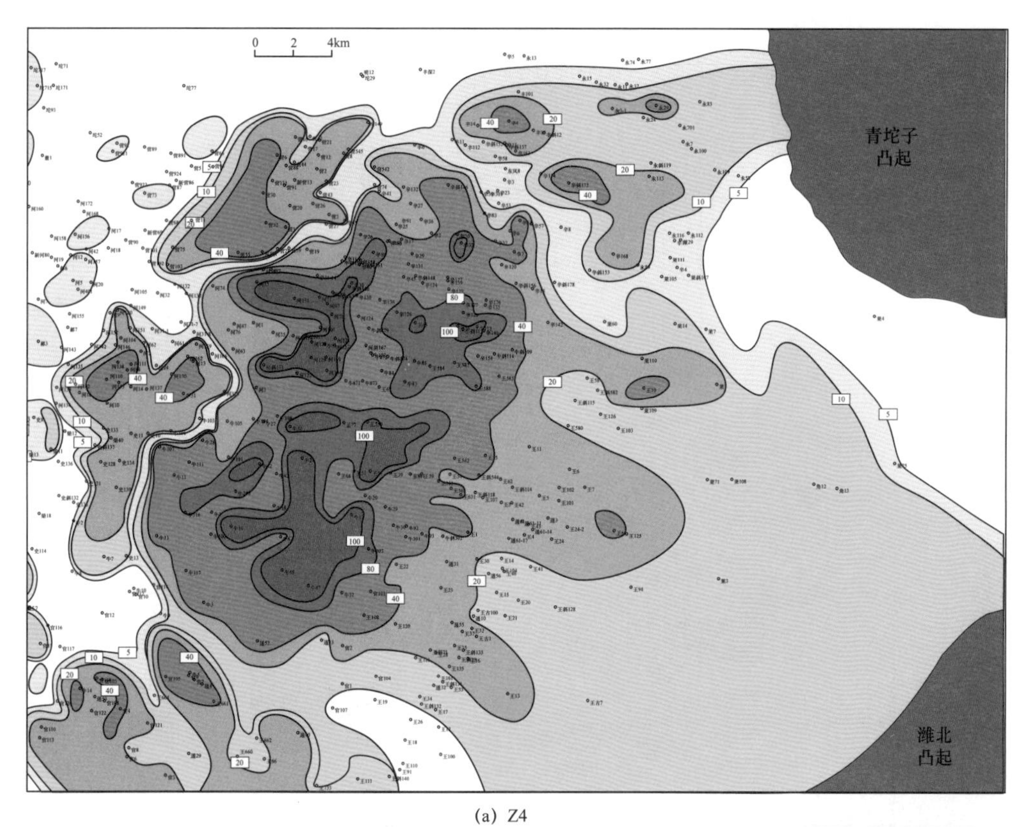

(a) Z4

(b) Z6

图 2-3　东营凹陷三角洲进积体砂岩厚度图（单位：m）

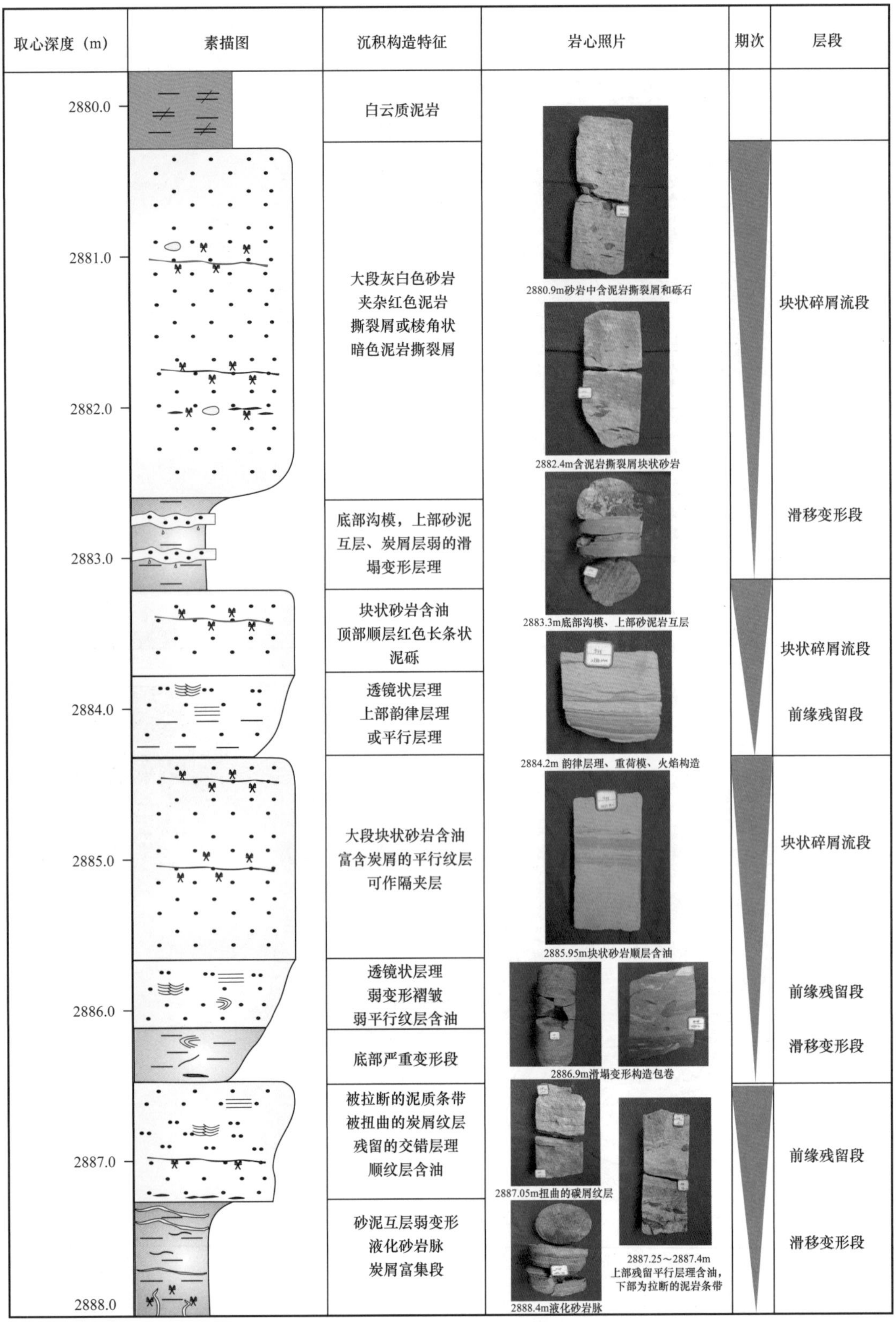

取心深度（m）	素描图	沉积构造特征	岩心照片	期次	层段
2880.0		白云质泥岩			
2881.0 2882.0		大段灰白色砂岩 夹杂红色泥岩 撕裂屑或棱角状 暗色泥岩撕裂屑	2880.9m砂岩中含泥岩撕裂屑和砾石 2882.4m含泥岩撕裂屑块状砂岩		块状碎屑流段
2883.0		底部沟模，上部砂泥 互层、炭屑层弱的滑 塌变形层理	2883.3m底部沟模、上部砂泥岩互层		滑移变形段
		块状砂岩含油 顶部顺层红色长条状 泥砾			块状碎屑流段
2884.0		透镜状层理 上部韵律层理 或平行层理	2884.2m 韵律层理、重荷模、火焰构造		前缘残留段
2885.0		大段块状砂岩含油 富含炭屑的平行纹层 可作隔夹层	2885.95m块状砂岩顺层含油		块状碎屑流段
2886.0		透镜状层理 弱变形褶皱 弱平行纹层含油	2886.9m滑塌变形构造包卷		前缘残留段
		底部严重变形段			滑移变形段
2887.0		被拉断的泥质条带 被扭曲的炭屑纹层 残留的交错层理 顺纹层含油	2887.05m扭曲的碳屑纹层 2887.25～2887.4m 上部残留平行层理含油， 下部为拉断的泥岩条带		前缘残留段
2888.0		砂泥互层弱变形 液化砂岩脉 炭屑富集段	2888.4m液化砂岩脉		滑移变形段

图 2-4　牛 48 井沙三段中亚段滑塌浊积扇沉积特征（2880.18～2888.44m）

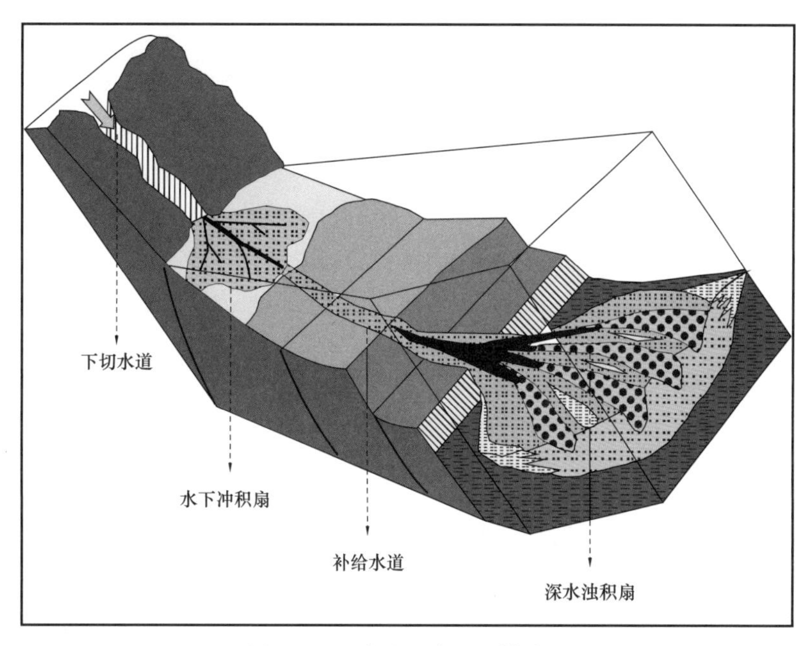

图 2–5　远岸浊积扇沉积模式图

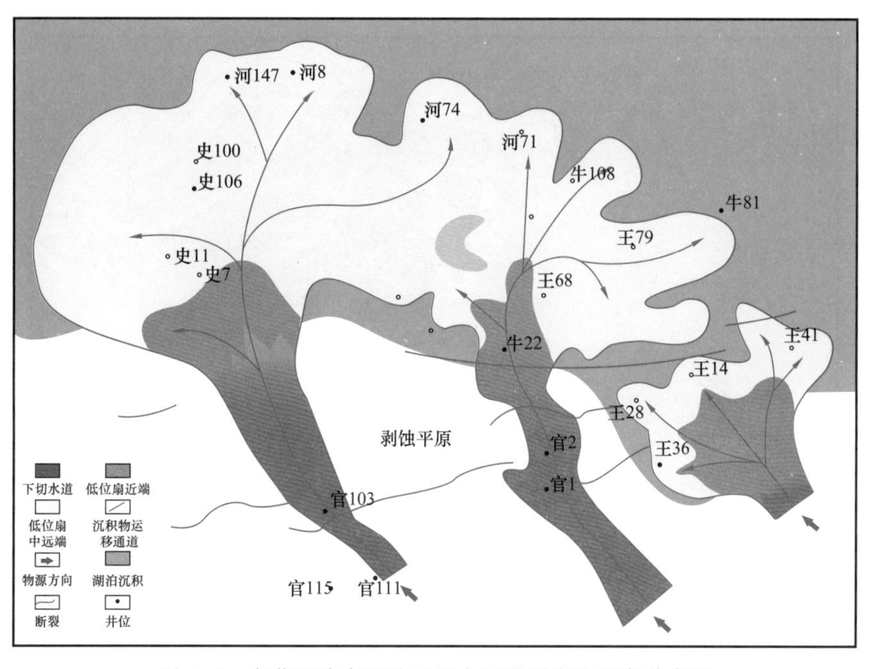

图 2–6　东营凹陷南坡沙三段中亚段远岸浊积扇分布图

四、滩坝相

滩坝砂岩形成于湖泊的滨浅湖环境，多分布在湖泊边缘、湖湾、湖中局部隆起周围的缓坡一侧，离开河流入口处，以迎风侧波浪较强的湖岸处发育较好。济阳坳陷东营凹陷沙四段上亚段沉积时期处于湖盆断陷的初期，此时湖盆水体广阔，但总体不深，广阔的地区处于滨浅湖—半深湖环境，最有利于滩坝砂岩的发育。

滩坝砂岩的主要岩石类型包括砂质砾岩、含砾砂岩、长石（杂）砂岩、岩屑长石（杂）砂岩、长石岩屑（杂）砂岩、岩屑砂岩、长石质粉砂岩、岩屑长石质粉砂岩和长石岩屑质粉砂岩等。砂岩碎屑成分复杂，矿物成分成熟度偏低（成熟度指数为 0.4～1.0）。根据砂岩的形态和产状，滩坝砂岩可划分为坝砂和滩砂两种微相。坝砂位于砂岩中心，砂岩层数少，但单层厚度大，一般大于 3m，产状为与岸平行的细长条带状砂体，可能出现几排；滩砂分布在坝砂周围，砂层多但厚度薄，呈席状（图 2–7，图 2–8）。

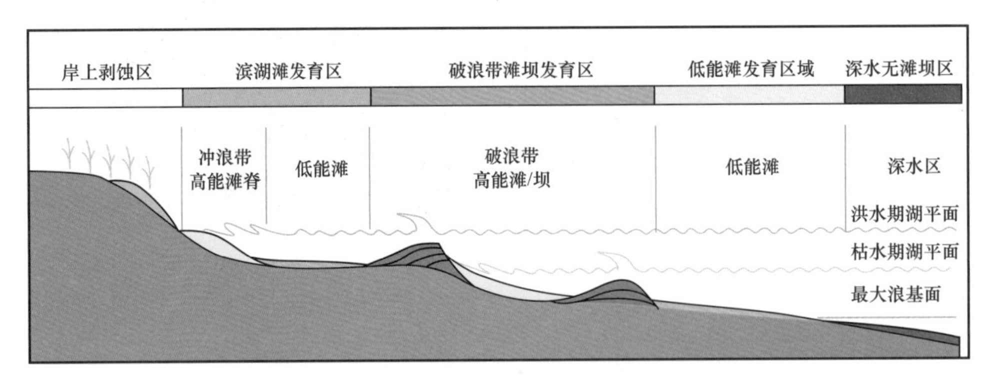

图 2–7　东营凹陷缓坡带滩坝砂沉积模式

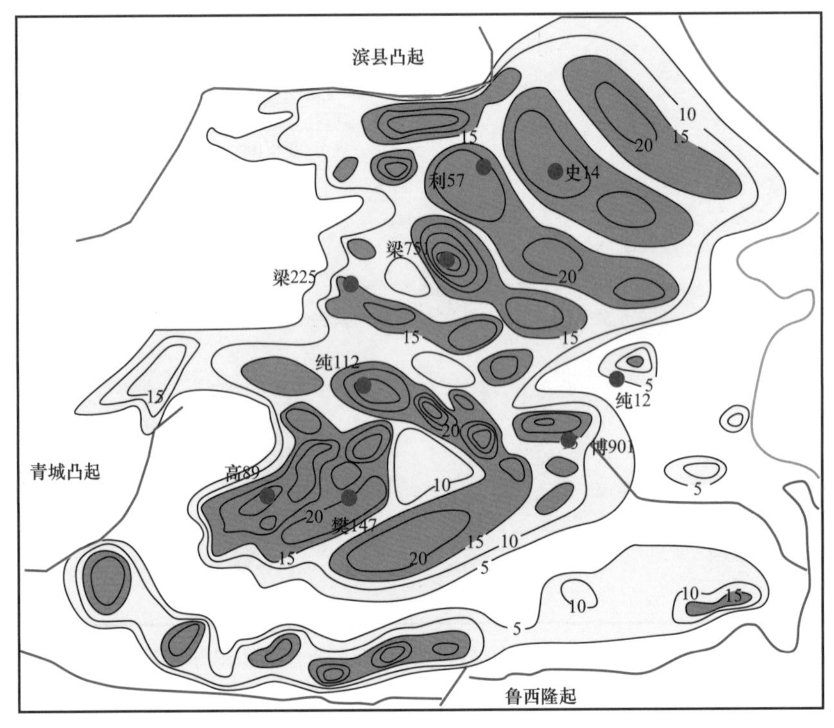

图 2–8　东营凹陷沙四段上亚段纯下Ⅰ砂组滩坝砂岩分布图（单位：m）

五、河流相

东营凹陷河流相主要分布在孔店组、馆陶组及其周缘凸起部位的沙二段。河流相沉积物主要由多种粒级的砂岩、砂质砾岩、粉砂岩和灰绿色及紫红色泥岩等组成，砂岩以泥质为填隙物的岩屑质长石砂岩和不等粒杂砂岩为主。发育底冲刷面、板状交错层理、槽状交错层理、平行层理、爬升波纹层理及水平层理等沉积构造，具有典型的“二元结构”。砂岩层底部多具有冲刷面和泥砾层，馆陶组砂层底部的冲刷面上都有十几厘米或几十厘米的泥砾层，构成河流层序底部由含泥砾、石英、长石、岩屑和泥质—粉砂等组成的河床滞留沉积物。河床亚相中的泥砾可由河流冲刷底床形成，也可由侧向侵蚀岸边垮塌后沉积物再改造而成。这种底泥砾层与下伏泥岩呈突变接触（图 2–9）。

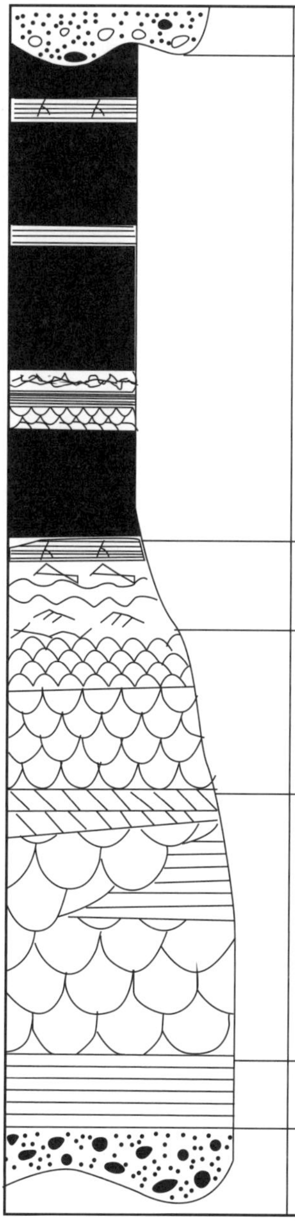

段	代表性的层理	共生的沉积构造	一般岩性	环境解释
6	均匀层理和水平纹理	爬升波痕纹理、旋卷层理、干裂、植物根痕、潜穴、钙质和铁质结核	泥岩 粉砂岩	洪泛平原
5	波状层理和水平纹理	小波痕层理、透镜状层理，爬升波痕纹理，干裂、植物根痕	粉砂岩、粉砂质泥岩	天然堤
4	小波痕槽状交错层理和爬升波痕层理		粉砂岩	曲流沙坝
3	大波痕槽状交错层理	平行层理	中砂岩、细砂岩	
2	平行层理	剥离线理	砂岩	
1	均匀层理	叠瓦状构造，底面为冲蚀面	含泥砾砂岩、砾状砂岩	河床滞留沉积

图 2–9　曲流河沉积的标准垂向模式

上述不同的沉积相类型不但自身沉积特征不同，而且所发育的构造部位、时期均有所差别。东营凹陷是北断南超的开阔型箕状凹陷，沉积相分布具一定的代表性。不同成因类型储集砂体分布规律也不同，不同时期发育的沉积相类型不同（表 2–1），这也必然导致不同沉积相类型的储层物性历史演化存在差异。

表 2–1 东营凹陷不同地区古近系储层成因类型与发育情况

层位	北部陡坡带	中央洼陷带	南部斜坡区
沙二段上亚段	扇三角洲	河流，三角洲	河流，三角洲
沙二段下亚段	扇三角洲，三角洲	河流，三角洲	河流，三角洲，冲积扇
沙三段上亚段	扇三角洲，深水浊积扇	三角洲	三角洲
沙三段中亚段	近岸水下扇，扇三角洲	三角洲，滑塌浊积扇	扇三角洲，三角洲
沙三段下亚段	近岸水下扇，深水浊积扇	深水浊积扇	扇三角洲
沙四段上亚段	冲积扇，近岸水下扇	深水浊积扇	扇三角洲，滨浅湖滩坝

第二节　储层孔隙结构及物性特征

一、不同沉积类型储层孔隙结构及物性特征

无论储层的成因如何，其孔隙类型、喉道类型以及孔隙—喉道的配合关系，与储层的储集性能及采收率有密切关系。因此，要对储集岩的孔隙结构进行研究，在此基础上研究不同孔隙结构储层的纵向分布。

一般来说，储集岩的孔隙结构是指岩石所具有的孔隙和喉道的几何形状、大小、分布及其相互连通关系。孔隙和喉道的配置关系是比较复杂的。每一支喉道可以连通两个孔隙，而每一个孔隙则至少可以有 3 个以上的喉道相连接，最多的可以与 6～8 个喉道相连通。孔隙反映了岩石的储集能力，而喉道的形状、大小则控制着孔隙的储集和渗透能力。砂岩的孔隙和喉道的大小及形态主要取决于颗粒的接触类型和胶结类型，砂岩颗粒本身的形状、大小、圆度和球度也对孔隙和喉道的形状有直接影响。

沉积相类型往往决定了储层的原始结构组成，并影响着储层后期成岩过程中孔隙结构的演化。对不同类型储层薄片分析表明，各类储层孔隙结构及物性均呈现阶段性演化特征。

1. 近岸水下扇砂砾岩储层

通过对东营凹陷北部陡坡带不同埋深条件下砂砾岩扇体储层的薄片观察，明确其孔隙结构及物性变化可分为以下六个阶段：

（1）750～1250m，以原生孔隙为主，颗粒以漂浮状或点接触为主，孔隙连通性好，在杂基含量少的砂岩中，以粗孔大喉型为主，孔隙度为 40% 左右（图 2–10a），岩石胶结疏松，以粒间孔为主，含少量次生溶蚀孔隙，孔隙度高。喉道为孔隙缩小部分或晶体间隙，喉道连通程度高，表现为低排驱压力、大喉道，毛管压力曲线为粗歪度，分选较好，孔喉分布集中，有明显的平台。在杂基含量多的砂岩中，砂岩物性较差（图 2–10b）。

(a) 原生孔隙发育，1150m，×50

(b) 杂基充填孔隙，1154.8m，×50

图 2-10　利 98 井砂砾岩储层孔隙结构特征

（2）1250～1600m，胶结物含量增加，颗粒之间由于菱铁矿、方解石的胶结，物性变差，孔隙度减少到 33% 左右（图 2-11a，b）。

（3）1600～2300m，由于长石及方解石等的溶蚀，产生了部分溶蚀孔隙，为原生粒间孔与溶蚀孔并存，孔隙度大约为 35%（图 2-11c，d）。

（4）2300～2600m，颗粒以线状接触为主，孔隙以溶蚀孔为主，长石被溶蚀呈港湾状，孔隙结构为中孔中细喉结构，孔隙度最大为 25% 左右（图 2-11e，f）。

（5）2600～3250m，颗粒接触更加紧密，并且有的部位出现方解石胶结，孔隙结构变差，以中孔中细喉为主（图 2-11g，h）。

（6）3250～3600m，以方解石和铁白云石胶结作用为主，颗粒之间以线状接触，孔隙度最大为 20% 左右（图 2-11i，j）。

该区胶结物主要包括碳酸盐和次生加大的石英。碳酸盐含量与渗透率呈明显负相关，表明早期胶结物未经溶蚀或溶蚀后晚期又发生胶结作用。石英次生加大使储层变得更加致密，不仅减少了储层的孔隙空间，也改变着储层的孔隙结构，多次石英加大使储层的粒间管状喉道变为片状或缝状喉道，严重影响了流体的渗流，从而降低了储层的渗透率。胶结作用所损失的孔隙度平均为 8.94%。

北部陡坡带主要发育近岸水下扇沉积，水下扇扇中—扇端物性较好（图 2-12）。其中水下河道中粗砂岩、细砂岩、粉砂岩相孔隙结构好，为 I 类毛细管压力曲线，不同岩石相平均孔隙度值变化范围为 7.2%～15.8%，平均渗透率变化范围为 0.2～11.5mD。

2. 三角洲砂岩储层

根据孔隙演化曲线及镜下观察等相结合，将东营三角洲孔隙演化分为以下六个阶段：

（1）750～1400m，在这一深度段，压实作用较弱，岩石疏松，颗粒以漂浮状或点接触为主，原生粒间孔发育，物性较好（图 2-13a，b）。

（2）1400～1800m，由于方解石、沸石等胶结充填粒间孔隙，再加上长石、岩屑等颗粒有绿泥石环边，使原生孔隙减少（图 2-13c，d）。

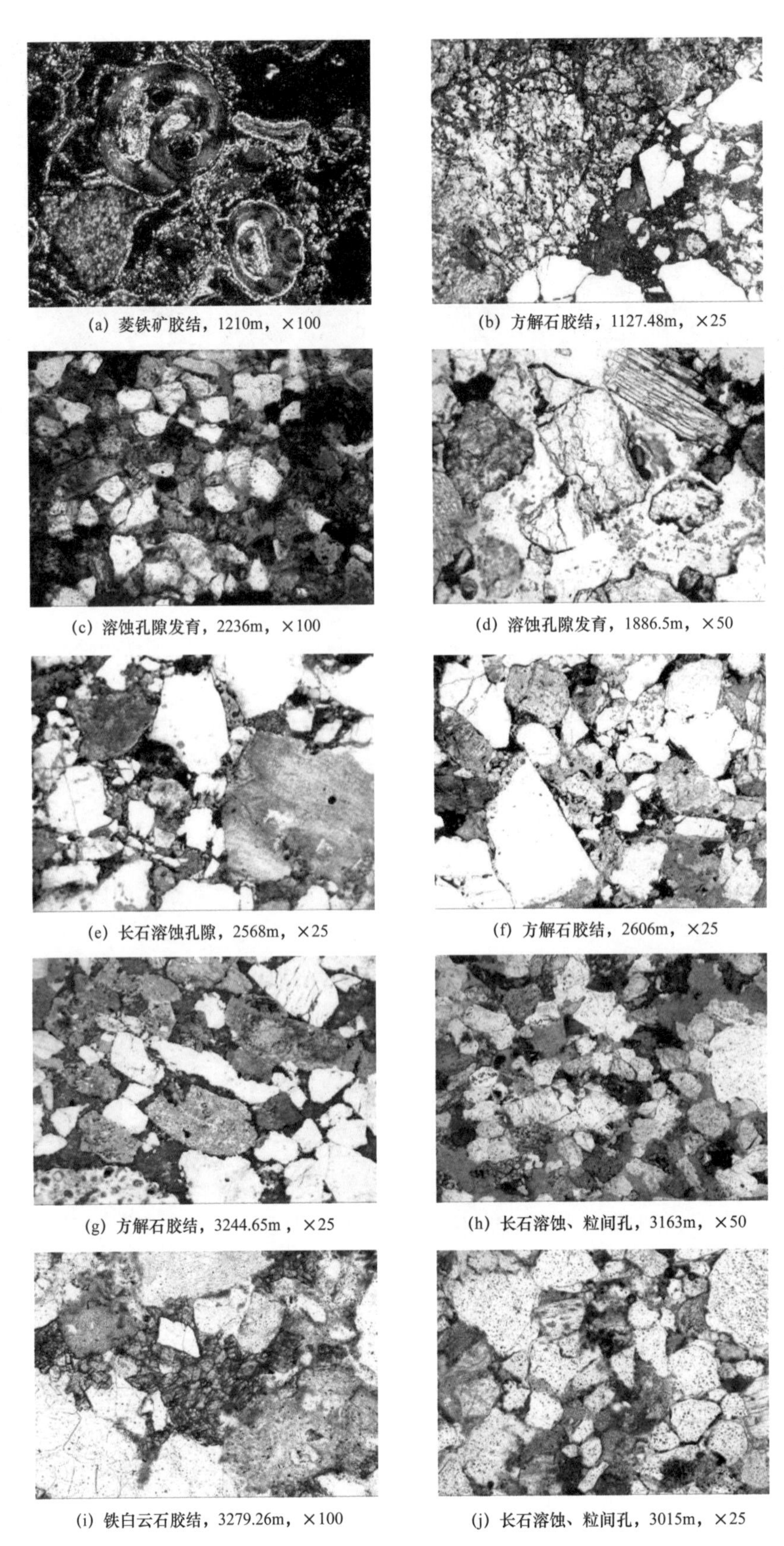
(a) 菱铁矿胶结，1210m，×100
(b) 方解石胶结，1127.48m，×25
(c) 溶蚀孔隙发育，2236m，×100
(d) 溶蚀孔隙发育，1886.5m，×50
(e) 长石溶蚀孔隙，2568m，×25
(f) 方解石胶结，2606m，×25
(g) 方解石胶结，3244.65m，×25
(h) 长石溶蚀、粒间孔，3163m，×50
(i) 铁白云石胶结，3279.26m，×100
(j) 长石溶蚀、粒间孔，3015m，×25

图 2-11　利 88 井砂砾岩储层孔隙结构特征

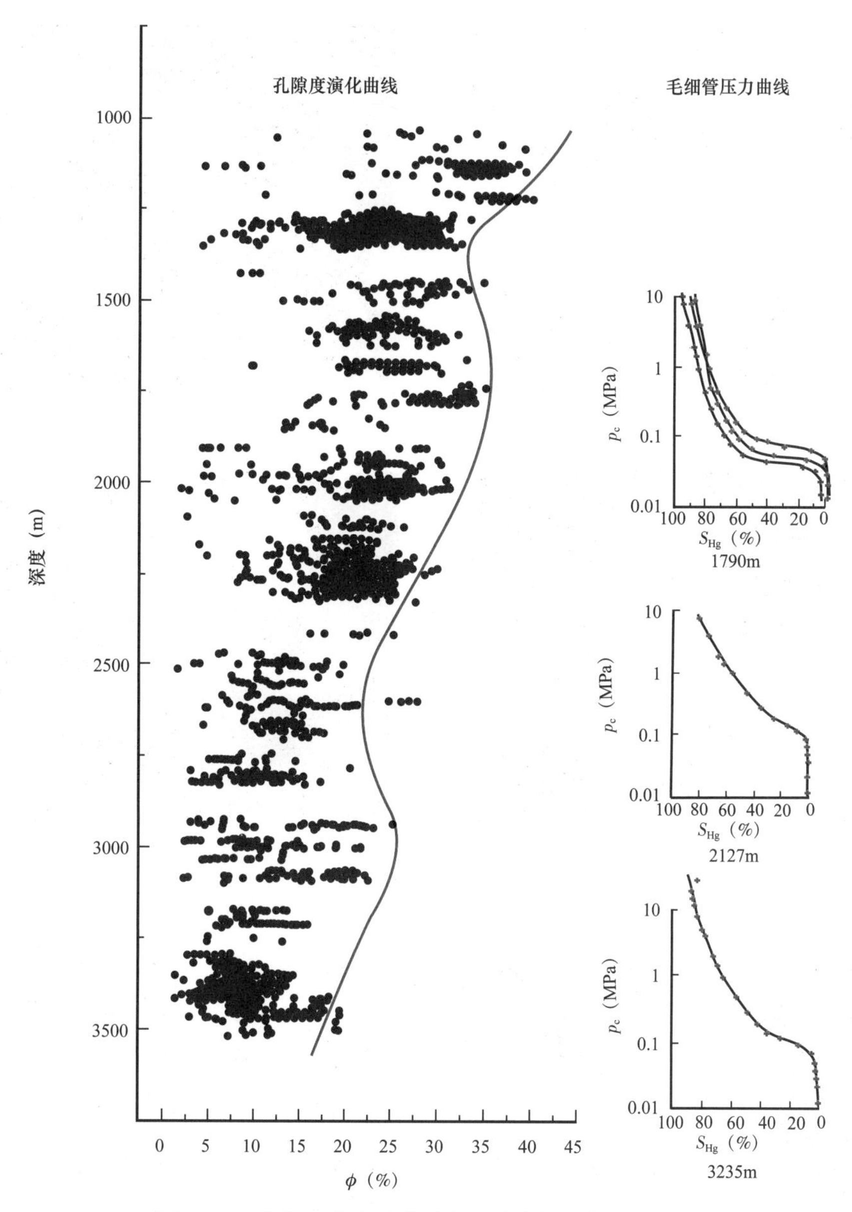

图 2–12　东营凹陷陡坡砂砾岩孔隙度与深度关系曲线

（3）1800～2400m，由于有机质在热成熟过程中产生的有机酸和伊 / 蒙混层的层间水的脱出，形成溶解能力很强的酸性水。这种酸性水进入砂岩层之后，为砂岩层可溶性矿物的溶解提供了物质基础，孔隙为原生孔隙与一部分次生孔隙的混合孔隙（图 2–14a，b）。

（4）2400～2800m，一方面有机质趋于成熟，有机酸的生成作用趋于减弱，有机酸总量减少，碳酸盐和铝硅酸盐矿物的溶解作用也相对较弱；另一方面，从上部蒙皂石转化为伊利石时生成的大量物质（如 SiO_2、Ca^{2+}、Mg^{2+} 等）迁移到本带，形成碳酸盐、铝硅酸盐沉淀和石英次生加大等，形成第二个区域性致密带（图 2–15a，b）。

（5）2800～3250m，储集空间主要为碳酸盐矿物溶解、长石和岩屑的高岭石化产生粒间溶蚀孔和粒内溶蚀孔（图 2–15c，d）。

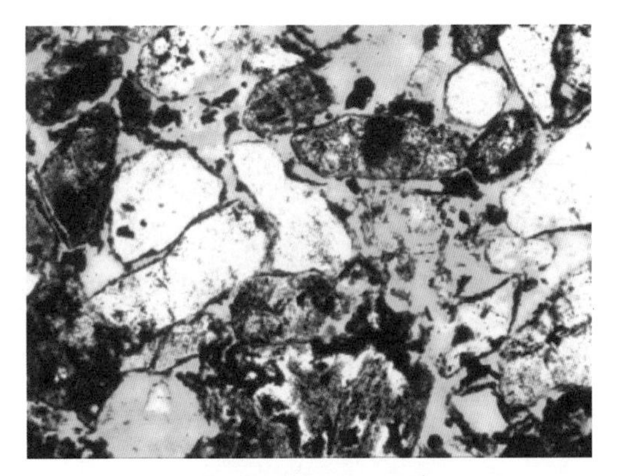

(a) 粒间孔隙发育，1330.09m，单偏光，×100

(b) 粒间孔隙发育，1300.2m，单偏光，×200

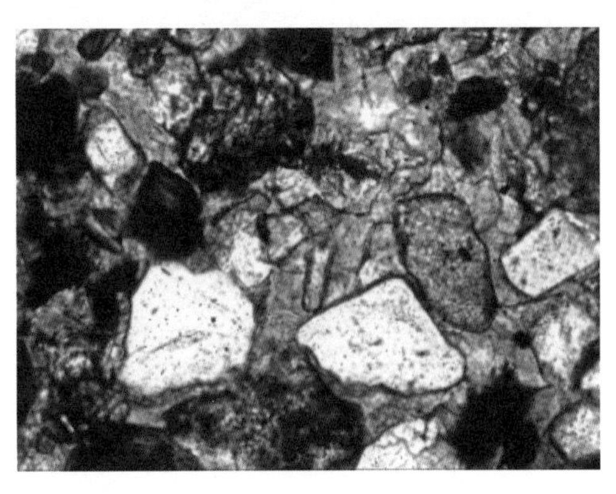

(c) 方解石胶结，1260.19m，正交光，×200

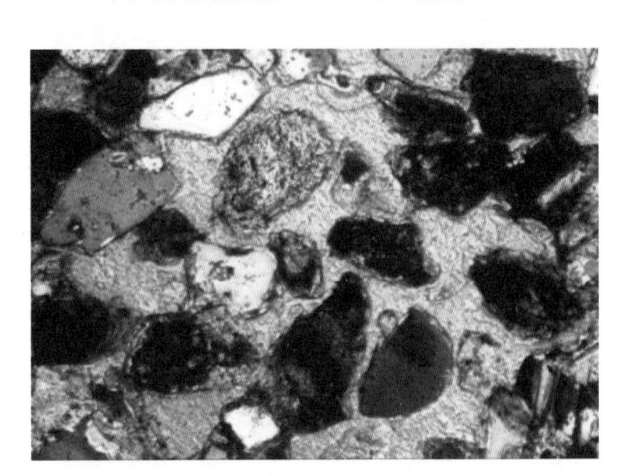

(d) 方沸石胶结，1306.29m，单偏光，×200

图 2–13　金 31 井三角洲砂岩储层孔隙结构特征

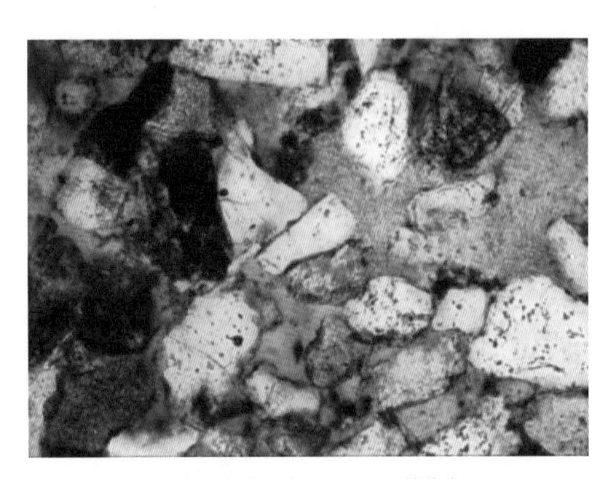

(a) 原生孔隙与次生孔隙，1527m，单偏光，×200

(b) 原生孔隙与次生孔隙，1528m，单偏光，×200

图 2–14　王 57 井三角洲砂岩储层孔隙结构特征

（6）3250m 之后，以沉淀作用和矿物的形成作用为主，孔隙之间由于方解石的再胶结作用，再加上由于铁白云石胶结、长石次生加大等，孔隙度降低（图 2–16）。

东营三角洲河道粗砂岩、中细砂岩分选好，孔隙结构好，孔隙度为 17%～27.3%，渗透率为 1.5～210mD（图 2–17）。河道间粉砂岩相及三角洲前缘席状砂孔隙结构较差，不同岩相的平均孔隙度变化范围为 15.1%～18.1%，渗透率变化范围为 0.1～1.2mD。

(a) 铁方解石胶结，2556.1m，单偏光，×100

(b) 铁方解石胶结，2807m，单偏光，×200

(c) 长石溶解，2543.8m，单偏光，×200

(d) 长石颗粒被溶蚀成港湾状，2554.5m，单偏光，×200

图 2-15　新河 80 井三角洲砂岩储层孔隙结构特征

(a) 铁白云石胶结，3298.7m，单偏光，×200

(b) 石英次生加大，3278.7m，单偏光，×200

(c) 方解石胶结，3244.65m，单偏光，×100

(d) 颗粒缝合接触，3526m，单偏光，×50

图 2-16　牛 18 井三角洲砂岩储层孔隙结构特征

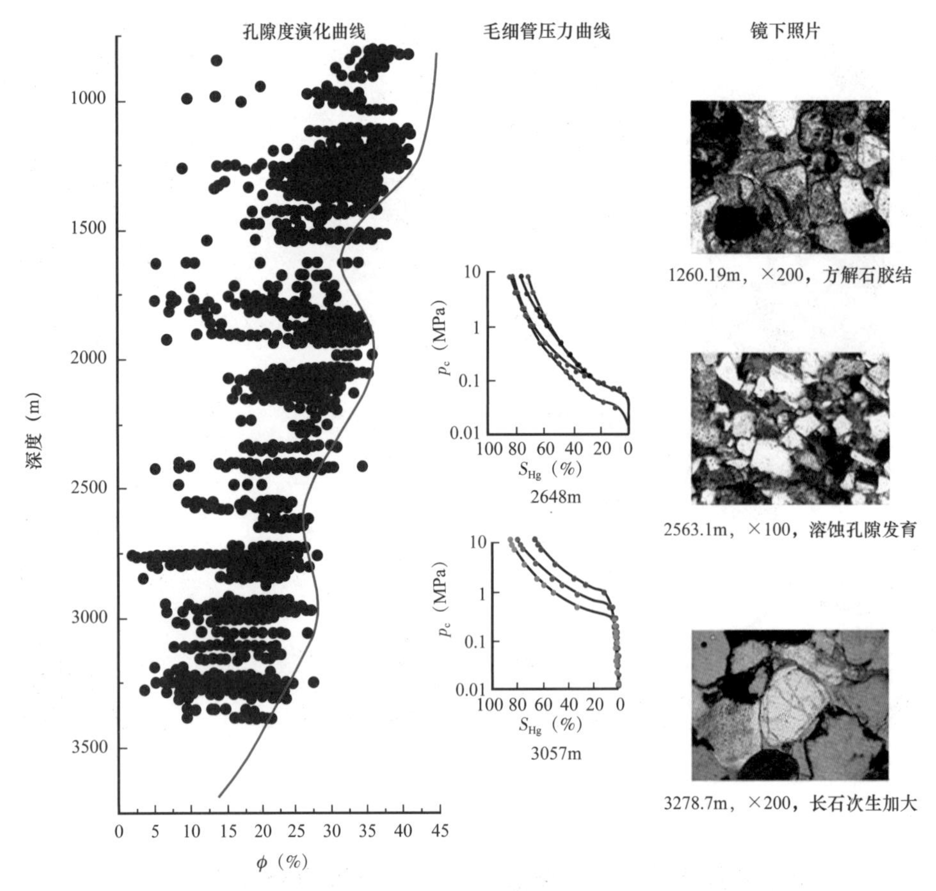

图 2-17　东营凹陷三角洲砂岩孔隙度与深度关系曲线

3. 浊积砂岩储层

东营凹陷浊积砂岩主要集中在 2000m 以下，根据孔隙度演化曲线及镜下观察等，将浊积砂岩储层孔隙演化分为以下四个阶段：

（1）2000～2500m，随着黏土矿物转化、有机质生排烃等，使地层水显酸性，碳酸盐胶结物、长石和岩屑等得到溶解，储层物性好（图 2-18a，b）。

（2）2500～2800m，以方解石、泥质胶结作用为主，再加上机械压实作用的影响，颗粒接触紧密，储层物性变差（图 2-18c，d）。

（3）2800～3300m，这一阶段有机质在还原环境下形成烃类和二氧化碳，在有机酸的作用下，长石矿物溶解形成溶蚀孔隙，部分石英颗粒形成次生加大（图 2-19）。

（4）大于 3300m，由于粒间泥质增多，充填了孔隙，储层储集空间主要为粒内溶孔，方解石、铁白云石的胶结及石英的次生加大，再加上颗粒的缝合或镶嵌接触，储层物性很差（图 2-20）。

东营凹陷沙三段中亚段的浊积砂体，由于沉积时间长埋藏深度大、经历的成岩作用强烈，原生孔隙不发育，以次生孔隙为主，而且这些浊积砂体厚度面积差别较大，因而储集性能很不稳定，孔隙度为 1.9％～26.5％，平均孔隙度为 15.37％；渗透率介于 0.006～8.12mD 之间，平均为 1.167mD，为中等储层（图 2-21）。

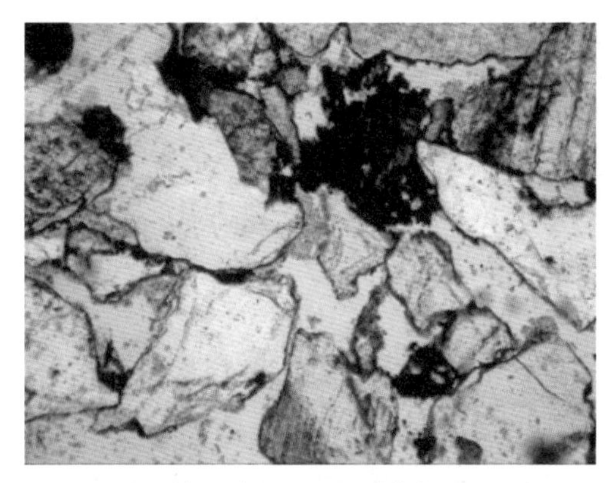

(a) 粒间孔隙，1914.6m，单偏光，×100

(b) 长石及岩屑溶蚀孔，2560m，单偏光，×200

(c) 铁方解石胶结，2562m，单偏光，×200

(d) 方解石胶结，2807m，单偏光，×200

图 2-18　牛 18 井浊积砂岩储层孔隙结构特征

(a) 溶蚀孔隙，3015.5m，单偏光，×100

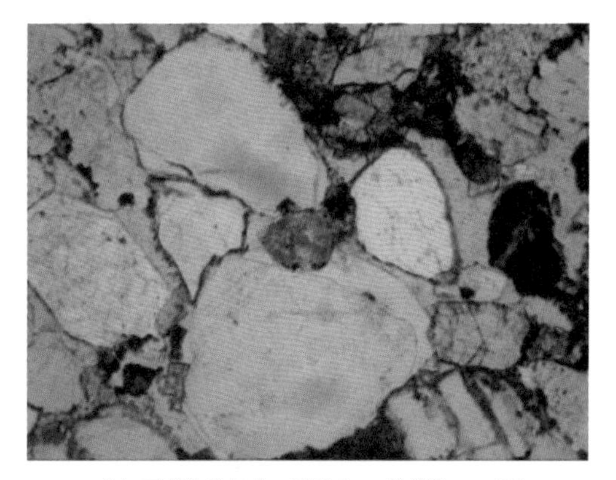

(b) 石英次生加大，3278.3m，单偏光，×100

图 2-19　牛 38 井浊积砂岩储层孔隙结构特征

4. 滩坝砂岩储层

东营凹陷滩坝砂岩以细砂岩、粉砂岩为主，其成岩演化经历了原生孔隙发育阶段、胶结作用占主要作用的阶段、次生孔隙演化阶段和深度再胶结作用阶段共四个阶段：

（1）1300～1500m，原生孔隙发育阶段，有一部分因大气淡水淋滤作用产生的孔隙，物性较好，孔隙度为 40% 左右（图 2-22）。

图 2-20　梁 112 井浊积砂岩储层孔隙结构特征

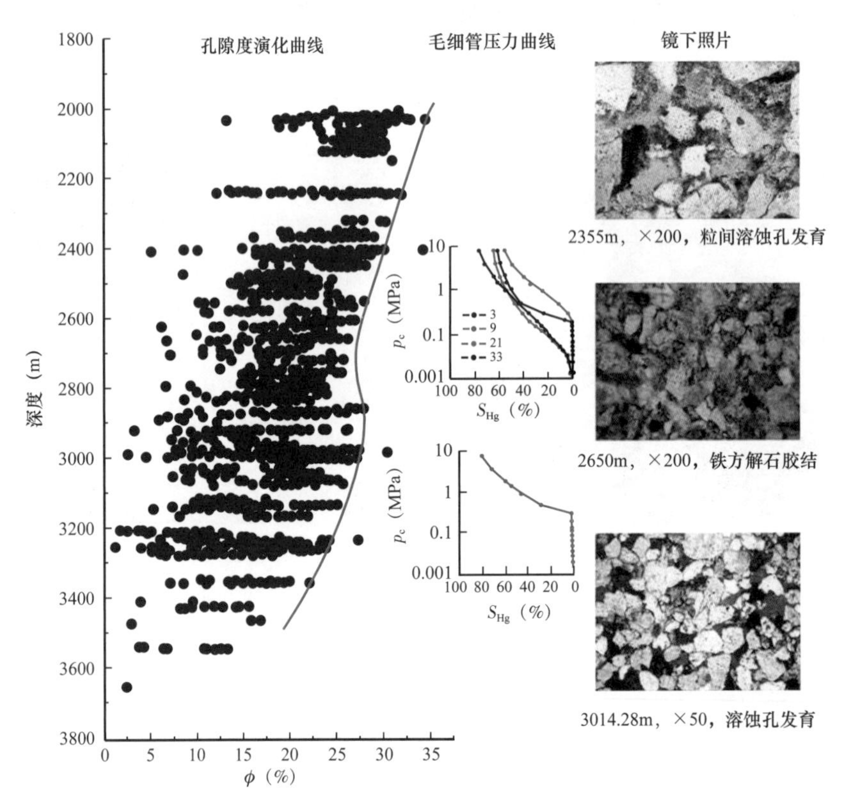

图 2-21　东营凹陷浊积砂岩孔隙度与深度关系曲线

(a) 粒间孔隙发育，1304.27m，单偏光，×200

(b) 颗粒点—线接触，1296.95m，单偏光，×100

图 2-22　高 41 井滩坝砂岩储层孔隙结构特征

（2）1500～1800m，胶结作用占主要作用阶段，方解石胶结作用较严重，充填了部分粒间孔隙，再加上机械压实作用，孔隙度减小（图 2-23）。

(a) 方解石胶结，1102m，单偏光，×100

(b) 方解石胶结，748.09m，单偏光，×100

图 2-23　高 89 井滩坝砂岩储层孔隙结构特征

（3）1800～3000m，次生孔隙演化阶段，由于有机质在热成熟过程中产生的有机酸对长石及方解石等的溶解作用，使孔隙之间的连通性变好，物性变好（图 2-24a，b）。

（4）大于 3000m，深度再胶结作用阶段，由于长石、石英次生加大，方解石、铁方解石、铁白云石的胶结作用，颗粒的接触更加紧密，储层物性逐渐变差（图 2-24c，d）。

滩坝砂岩沉积时的水动力能量高，分选较好，少杂基，以细砂岩、粉砂岩为主，由于埋藏较深，压实作用增强，主要孔隙为粒间溶蚀孔，孔隙结构主要为中孔中细喉型孔隙类型。孔隙分选较好，但喉道较细，孔喉连通程度变差。排驱压力增高，最大连通孔喉半径集中在 10μm 左右，属中粗喉型，毛细管压力曲线为较粗歪度、分选好的类型（图 2-25）。

5. 河流砂岩储层

东营凹陷河流砂岩主要发育于沙三段上亚段、沙二段，储层孔隙演化经历了以下六个阶段：

（1）500～1000m，主要为原生孔隙，储集物性好。

（2）1000～1400m，出现方解石、白云石等胶结，颗粒之间杂基增多（图 2-26）。

(a) 粒间溶蚀孔发育，2807m，单偏光，×200

(b) 溶蚀孔隙发育，2021.7m，单偏光，×50

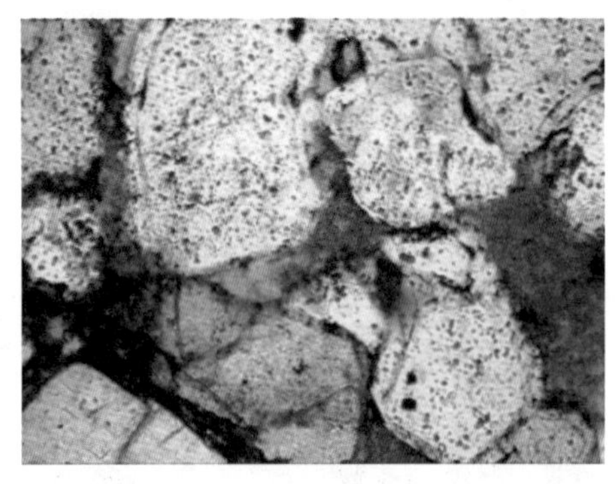

(c)长石次生加大边，3014.28m，单偏光，×200

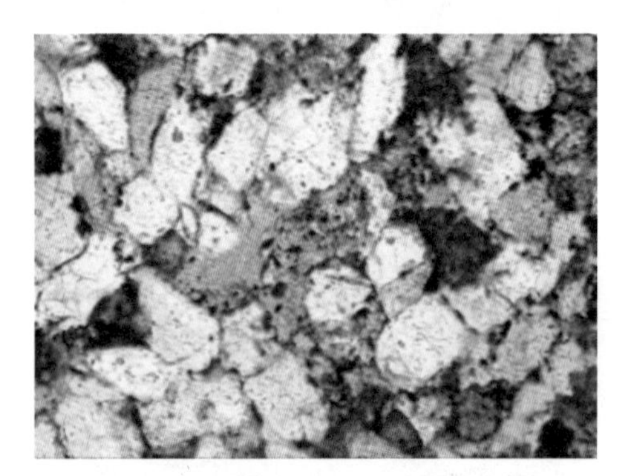

(d) 铁方解石胶结，3019.7m，单偏光，×200

图 2-24　梁 112 井滩坝砂岩储层孔隙结构特征

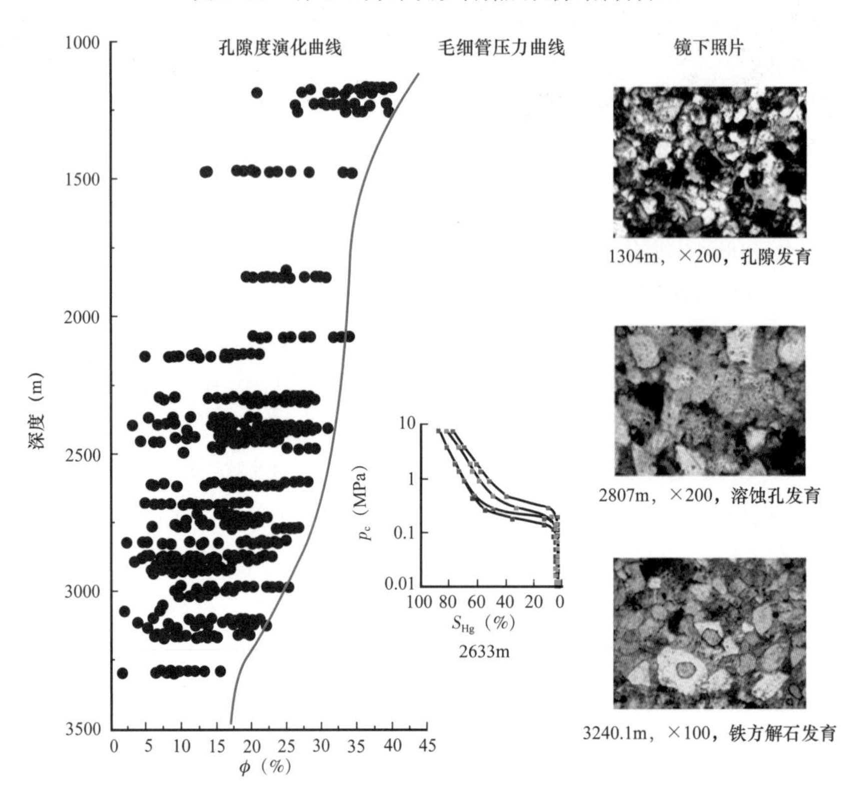

图 2-25　东营凹陷滩坝砂岩孔隙度与深度关系曲线

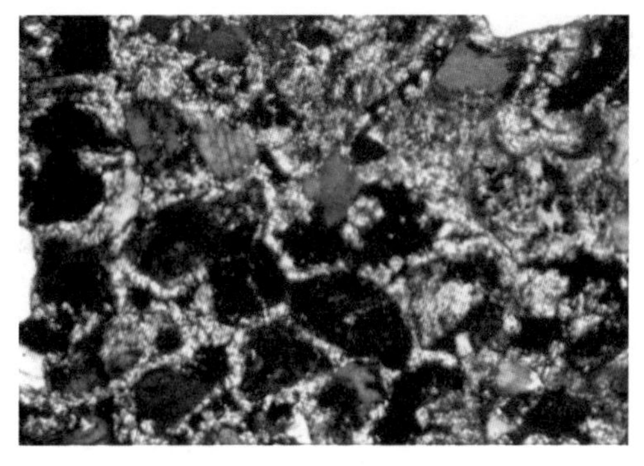

(a) 残余粒间孔隙，1399.3m，正交光，×200　　(b) 杂基定向排列，1433.1m，正交光，×100

图 2–26　孤东 18 井河流砂岩储层孔隙结构特征

（3）1400～2100m，胜坨地区沙二段河流相砂岩储层，颗粒之间粒间孔隙发育，储层物性较好（图 2–27）。

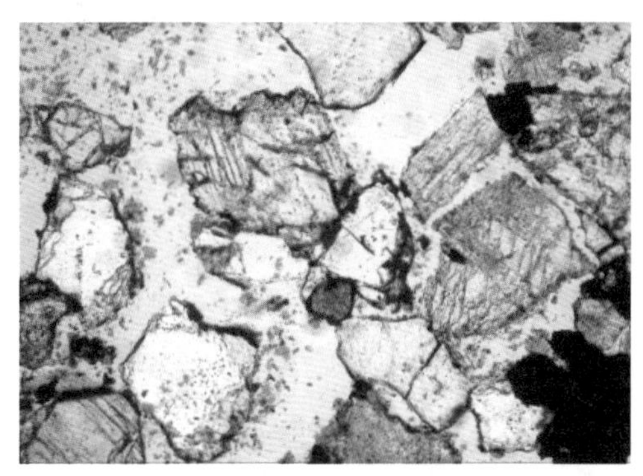

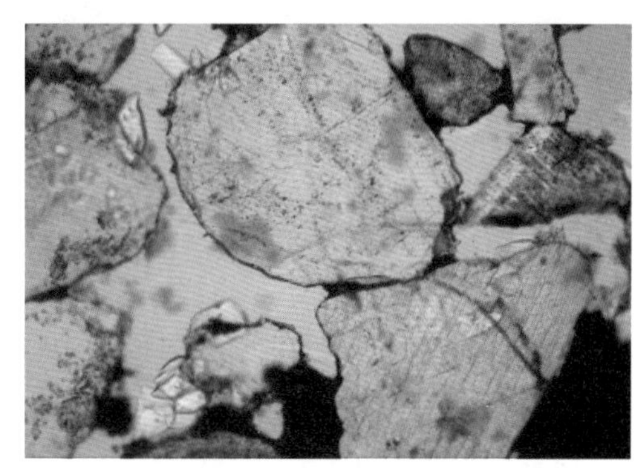

(a) 粒间孔隙发育，1953m，单偏光，×100　　(b) 粒间孔隙发育，1919.7m，单偏光，×100

图 2–27　坨 128 井河流砂岩储层孔隙结构特征

（4）2100～2500m，蒙皂石转化为伊利石时生成的大量物质（如 SiO_2、Ca^{2+}、Mg^{2+}）迁移到本带，产生碳酸盐胶结和铝硅酸盐沉淀、石英次生加大等，孔隙结构及储集物性变差（图 2–28）。

（5）2500～3100m，随着有机质逐步成熟演化，有机酸导致碳酸盐和铝硅酸盐的强烈溶解，其特征是晶粒状碳酸盐和岩屑的溶蚀、长石的高岭石化，形成次生孔隙发育带（图 2–29）。

（6）大于 3100m，颗粒接触为线接触，粒间由于白云石、方解石、铁方解石（图 2–30a，b）等的胶结，再加上长石溶解后，高岭石发育，充填了一部分粒内孔，也使储层物性变差（图 2–30c，d）

在河流砂岩的孔隙结构中，曲流河以曲流沙坝砂岩孔隙结构好，孔隙度为 11.3%～28%，渗透率为 28.76～3082.3mD。辫状河以心滩砂砾岩、漫滩细砂岩相孔隙结构好，孔隙度为 13.79%～23%，渗透率为 0.56～34015 mD，砂岩分选好，孔喉分布均匀（图 2–31）。

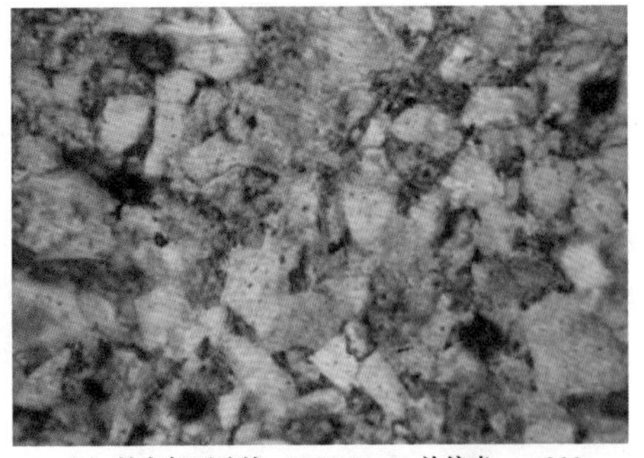

（a）铁方解石胶结，2183.64m，单偏光，×200

（b）铁方解石胶结，2605m，单偏光，×200

图 2-28　坨 140 井河流砂岩储层孔隙结构特征

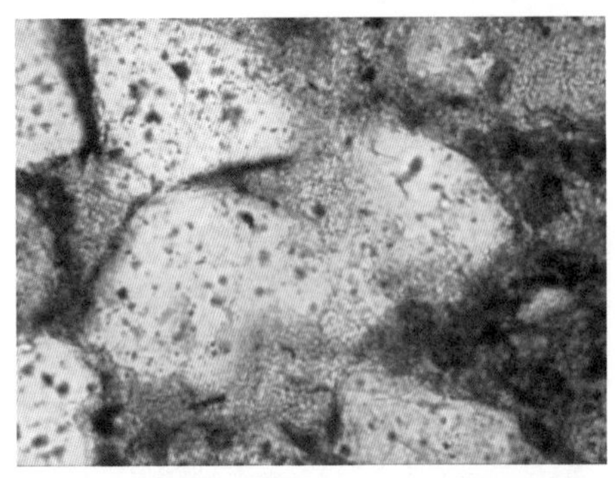

（a）长石溶蚀形成自生高岭石，2553m，单偏光，×200

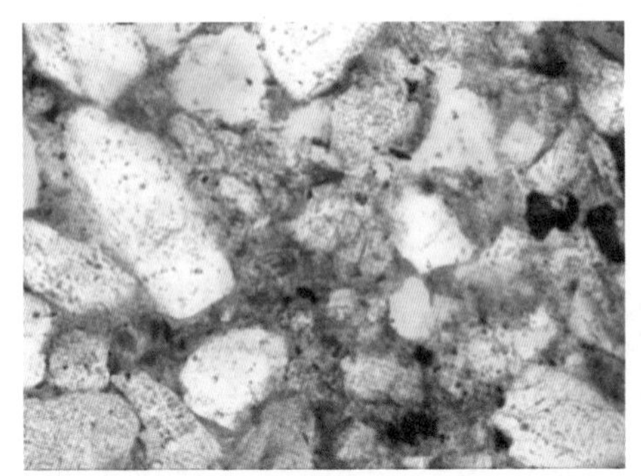

（b）粒间溶蚀孔，2522.2m，单偏光，×500

图 2-29　坨 711 井河流砂岩储层孔隙结构特征

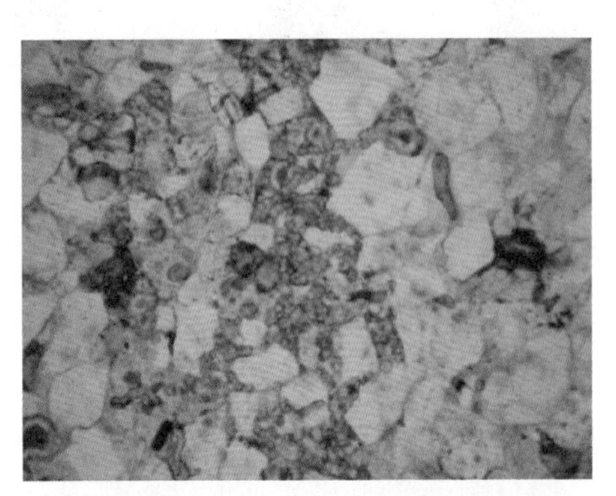

（a）微晶白云石胶结，3121.02m，单偏光，×100

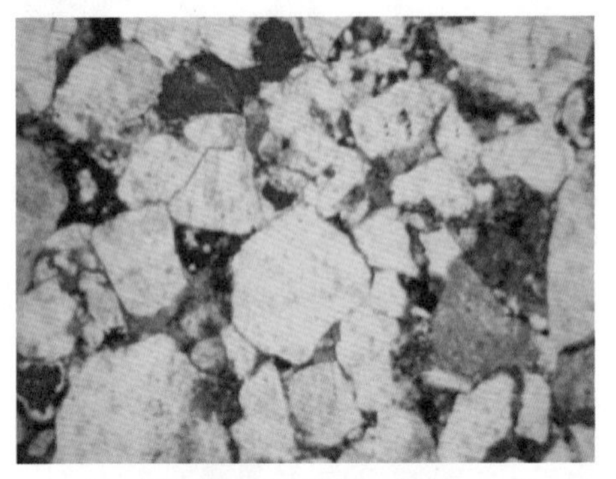

（b）方解石胶结，3119.52m，单偏光，×50

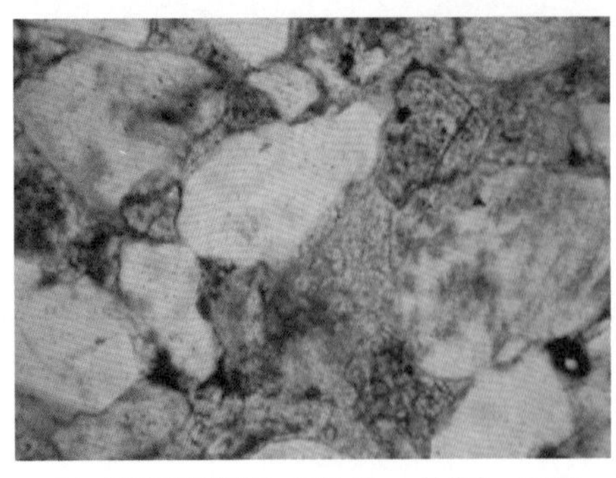

（c）自生高岭石发育，3121.97m，单偏光，×200

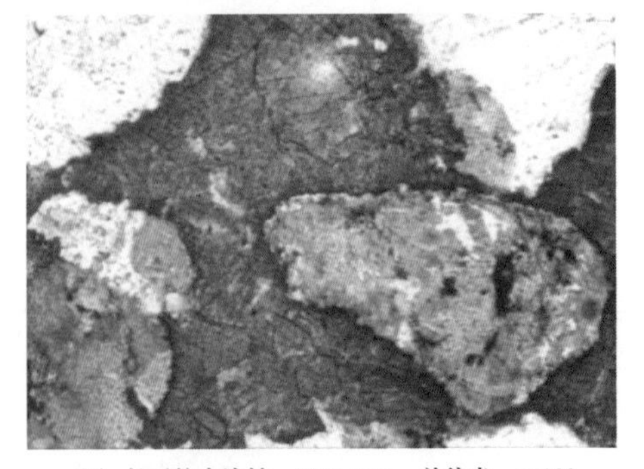

（d）长石粒内溶蚀，3244.65m，单偏光，×100

图 2-30　坨 73 井河流砂岩储层孔隙结构特征

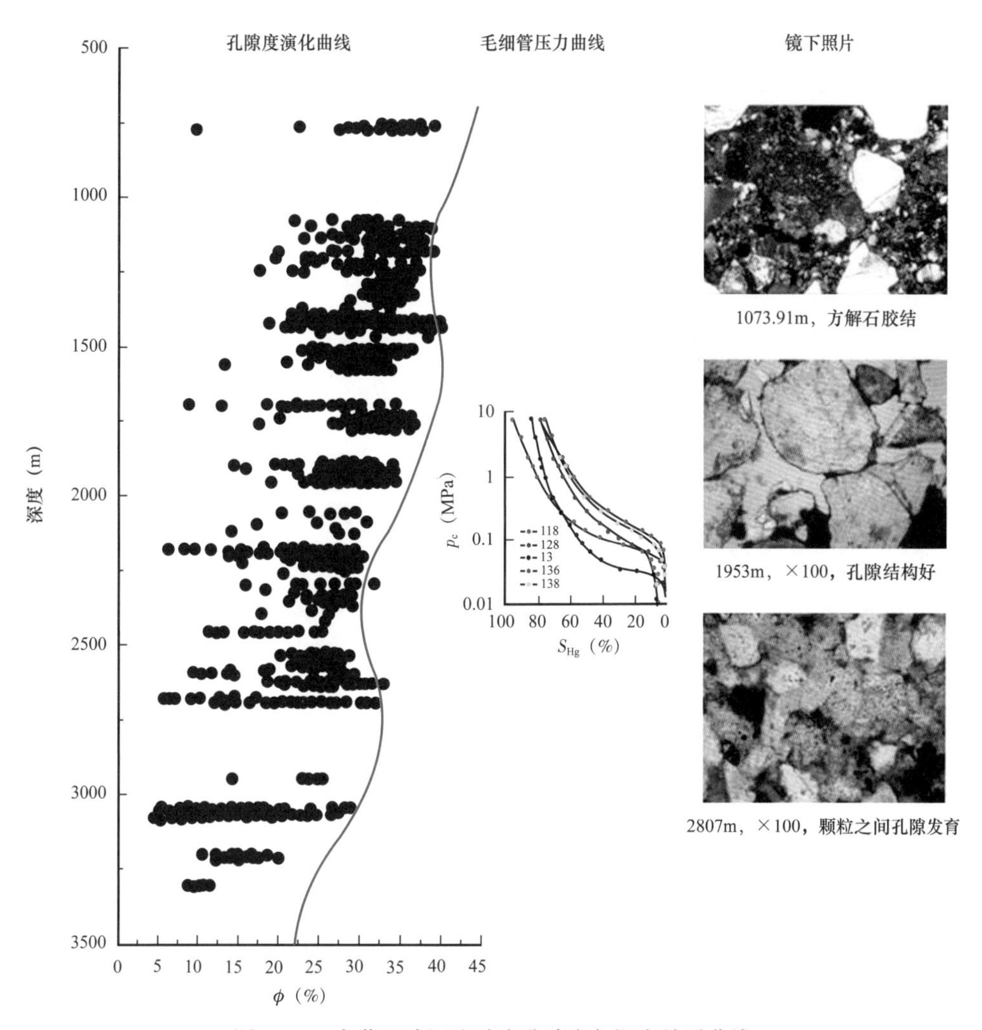

图 2-31　东营凹陷河流砂岩孔隙度与深度关系曲线

二、不同沉积类型储层物性变化规律

根据不同类型储层物性特征，在大量数据分析统计基础上，经回归后可得出孔隙度、渗透率随深度的变化公式（表 2-2，表 2-3）。

表 2-2　孔隙度随深度变化关系

沉积类型	公式
三角洲砂岩（前缘）	$y = -7.7938\ln x + 87.44$，$R^2 = 0.9778$
滩坝砂岩	$y = -7.3254\ln x + 82.742$，$R^2 = 0.954$
扇三角洲砂岩（前缘）	$y = -5.2637\ln x + 61.178$，$R^2 = 0.9844$
河流砂岩	$y = -4.6494\ln x + 53.626$，$R^2 = 0.9861$
近岸水下扇砂砾岩（扇根）	$y = -5.5432\ln x + 58.762$，$R^2 = 0.9355$
浊积砂岩	$y = -6.0066\ln x + 61.083$，$R^2 = 0.9779$

表 2-3 渗透率随深度变化关系

沉积类型	公式
三角洲砂岩（前缘）	$y = -0.0235x + 614.18$，$R^2 = 0.8936$
滩坝砂岩	$y = -0.0324x + 648.99$，$R^2 = 0.984$
扇三角洲砂岩（前缘）	$y = -0.0327x + 641.75$，$R^2 = 0.974$
河道砂岩	$y = -0.0442x + 532.72$，$R^2 = 0.9554$
近岸水下扇砂砾岩（扇根）	$y = -0.0342x + 654.23$，$R^2 = 0.9867$
浊积砂岩	$y = -0.0292x + 482.74$，$R^2 = 0.9888$

从回归曲线图中（图 2-32）发现，冲积扇孔隙度较差，这是冲积扇粒度较粗、分选较差所致；河流砂体渗透率较差，这是河流砂岩杂基含量较高所致；浊积砂岩物性较差则是其埋藏较深、成岩作用较强所致；其他几种沉积类型孔隙度和渗透率等各项参数适中。

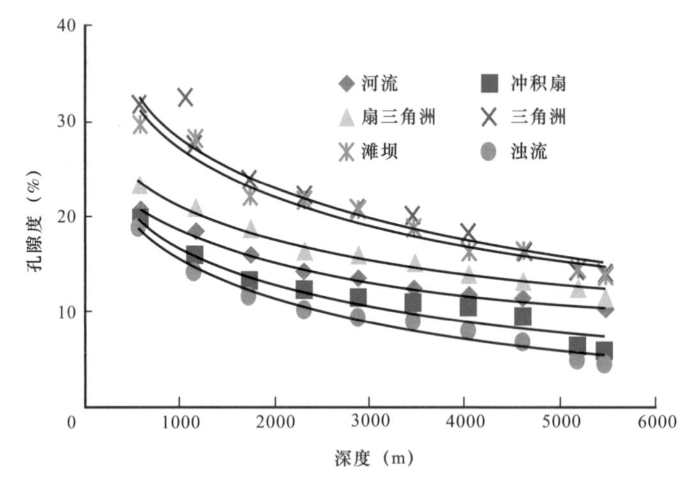

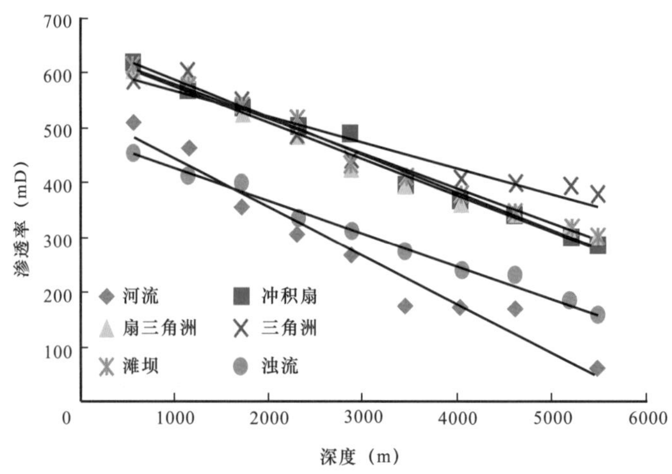

图 2-32 不同沉积类型砂样孔隙度、渗透率随埋深变化

第三节 储层物性演化恢复

一、储层物性演化模拟实验

碎屑物质沉积后，不断为后继沉积物所覆盖，逐渐脱离原先湖盆的沉积环境，随着温度、压力不断升高，沉积物中孔隙流体的性质也随之发生变化，并与沉积物（岩石）发生一系列的物理化学变化。用成岩作用来概括碎屑沉积物沉积后所经历的作用，包括机械压实作用、化学压溶作用、胶结作用、溶解作用、交代作用和重结晶作用。

不同沉积类型的储层因为其本身岩性不同，在盆地中发育的位置不同，相应的埋藏历史、地温条件和储层中的流体条件不同，所以使得物性演化特征也不尽相同。不同沉积类型的砂体在时间和空间上的分布都有差异，仅仅通过已钻井取心井的各种测试资料和数据对储层演化进行分析，并不能完全掌握储层演化规律，为了填补不同沉积类型砂体物性演化在纵向上的空白带，验证反演的结果，设计了相关实验，力求搞清储层在不同条件下物性参数的演化规律。

1. 实验仪器及模拟实验设计

模拟实验在自行设计的储层物性测试仪器上进行。它利用增压系统模拟成岩过程中的上覆压力，利用加温系统模拟地层温度，可以同时测量成岩过程中不同温压条件下渗透率和孔隙度的变化，从而模拟和了解储层成岩过程和演化机理。

实验仪器主要由岩心室、加压系统、实验控制流程和测试系统组成。岩心室外部缠有加热带，便于模拟地层高温环境。在岩心室体上装有测温孔，实验时可以对实验温度进行实时监控。测试气体为氮气，有外加的气瓶提供测试动力。

测试时首先将岩样放入岩心室，通入氮气即可同时测量砂样的孔隙度、渗透率。同时也可以设定砂样所处的温压条件，以真实模拟各种地质条件。实验结合东营凹陷的地层条件，设计了综合物理模拟实验，来模拟储层物性参数的演化过程。实验过程为加压—加入碱性流体—加入酸性流体—加温—加压。

针对近岸水下扇砂砾岩、三角洲砂岩、扇三角洲砂岩、浊积砂岩（包括浊积扇、滑塌扇、重力流水道等）、滩坝砂岩、河流砂岩等，实验中结合前述的各沉积类型储层组构特征配比相应砂样，以模拟不同沉积类型储层物性的变化。

2. 模拟实验的几点认识

通过模拟实验分析，可以得出以下结论：

（1）储层物性的演化历史是一个复杂的过程，其变化规律受到多种因素影响，储层岩性、沉积类型、地层流体性质、沉积盆地的地温梯度和构造埋藏史都是重要的影响条件。

（2）单纯考虑储层岩性条件，在岩石物源相同，分选、磨圆类似的前提下，颗粒粒度越大其孔隙度越小，渗透率越大；对于粒径范围相同、分选各异的岩石，分选越好其孔渗条件也越好。

（3）沉积类型对储层物性的影响是决定性的，但如果单从实验角度来模拟沉积相又是非常片面的，因为沉积相的很多条件在实验中都无法模拟。总体而言，冲积扇和浊流的物性条件相对较差，三角洲、扇三角洲、河流、滩坝的砂体物性相对较好。

（4）不同的地层流体性质对储层物性的演化起着关键作用。酸性地层水条件下岩石的抗压能力最差，碱性水条件次之。酸性地层水在一定温压条件下会使储层形成次生孔隙，但它对储层物性总体上所起的作用还应当结合实际的地质条件进行分析（图 2–33，图 2–34）。

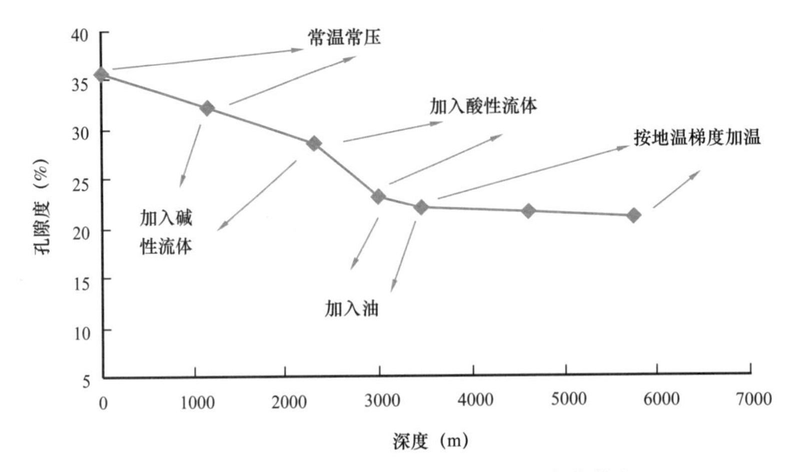

图 2–33　综合作用下孔隙度随深度的变化特点

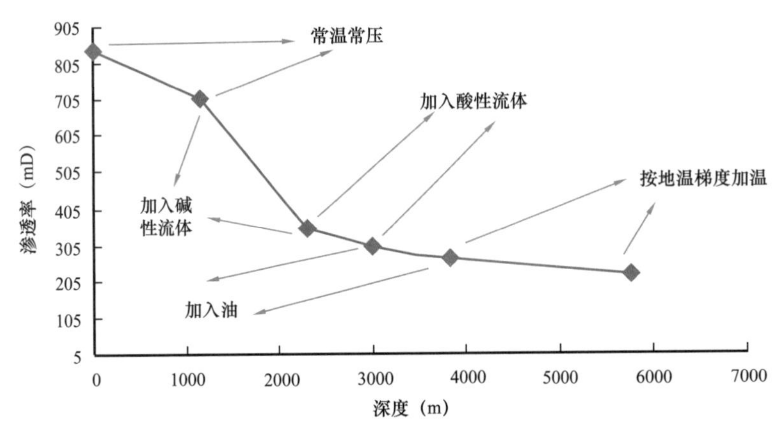

图 2–34　综合作用下渗透率随深度的变化特点

（5）不同的埋藏方式也对储层物性演化有影响。快速的埋藏有利于孔渗条件的保存，不考虑其他成岩作用，埋藏时间越长，孔隙度、渗透率越差。研究发现，在岩层埋藏后受构造作用发生抬升，不考虑地表的侵蚀和淋滤作用，其孔隙度、渗透率也很难恢复到埋藏前的状态；而且经历过构造抬升的岩层再次埋藏后压实程度会加大。

结合储层孔隙度、渗透率发育特征及资料分布现状，储层物性演化的恢复采取以实测物性资料为基础，以正演数据为补充，以反演回剥法为约束，依据油层、水层的不同演化特征进行分类恢复的方法。

二、储集物性反演回剥法概述

储集物性反演回剥法是指依据现今的镜下特征、成岩现象及成岩事件的期次，结合包裹体测温、伊利石测年等推断出不同期次胶结物的形成时间及深度，然后对不同期次胶结物进行回剥，得到胶结物体积与现在孔隙体积之和即为胶结物出现之前的孔隙体积，逐步回推各种成岩现象，并对储层孔隙度进行计算、统计和恢复，以得出不同时期储层的物性演化规律。

下面通过两个例子，概述反演回剥法恢复深部储层物性参数演化历史的过程。

1. 樊 14 井含砾粗砂岩孔隙度恢复

樊 14 井含砾粗砂岩样品中，颗粒间全部被石英次生加大边和铁方解石胶结物所充填，面孔率为 1%（图 2-35）。

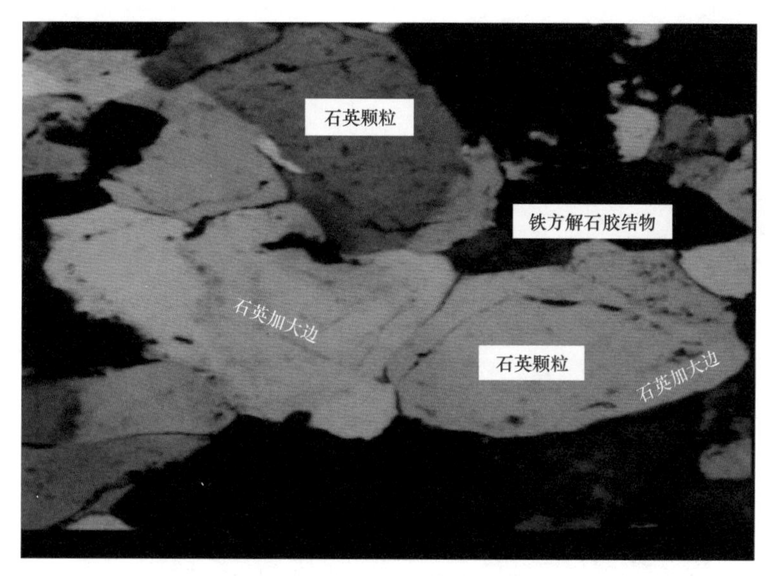

图 2-35　樊 14 井含砾粗砂岩镜下特征（3232m）

根据包裹体测温资料，铁方解石胶结物包裹体平均均一温度为 90℃（图 2-36），区间值为 87.2～90℃，反映第二次油气运移和铁方解石胶结物形成时期，储层深度为 2143m，时间为明化镇组沉积初期，去掉铁方解石胶结物的体积后，剩余孔隙空间占岩石面积的 10%，即面孔率为 10%。石英加大边内包裹体平均均一温度为 80℃（图 2-36），区间值为 64～84℃，反映第一次油气运移时期及该加大边形成时期，储层的埋藏深度为 1557m，时间为东营组沉积末期—馆陶组沉积中期，再去掉石英加大边的体积后，剩余孔隙空间占岩石面积的 30%，即面孔率为 30%。

由此方法，可恢复樊 14 井含砾粗砂岩样品孔隙演化史的过程（图 2-37）。

2. 坨 76 井中粗砂岩孔隙度恢复

坨 76 井中粗砂岩样品中，颗粒间全部被石英次生加大边和铁方解石胶结物所充填，面孔率为 1%（图 2-38）。

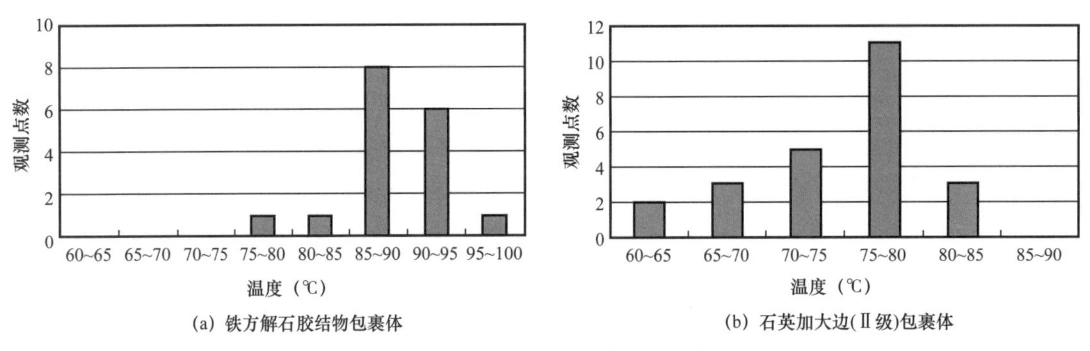

图 2–36　樊 14 井含砾粗砂岩包裹体测温分布图（3232m）

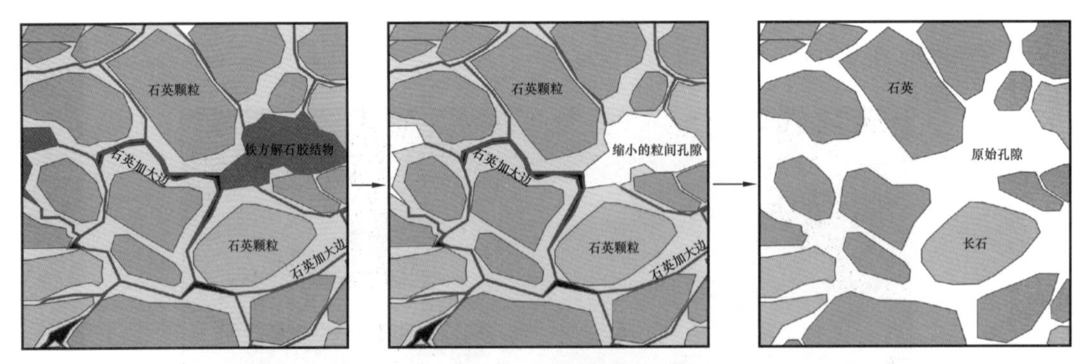

图 2–37　樊 14 井含砾粗砂岩孔隙演化史恢复图（3232m）

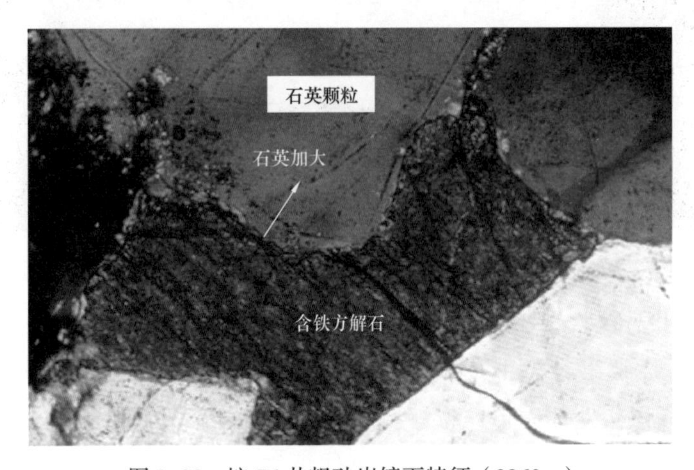

图 2–38　坨 76 井粗砂岩镜下特征（3260m）

根据包裹体测温资料，铁方解石胶结物包裹体平均均一温度为 90℃（图 2–39a），区间值为 85.3～91.2℃，反映第二次油气运移和铁方解石胶结物形成时期，储层深度为 2154m，时间为明化镇组沉积中期。去掉铁方解石胶结物的体积后，剩余的孔隙空间占岩石面积的 35%，即面孔率为 35%。石英加大边内包裹体平均均一温度为 81℃，区间值为 63～86℃（图 2–39b），反映第一次油气运移时期及该加大边形成时期，储层的埋藏深度为 1500m，时间为东营组沉积末期—馆陶组沉积中期，将残余石英加大边的体积恢复后，剩余孔隙空间占岩石面积的 30%，即面孔率为 30%。去掉石英加大边的体积后，剩余孔隙空间占岩石面积的 40%，即面孔率为 40%，反映了储层埋藏初期的面孔率值。

由此方法，可恢复坨 76 井中粗砂岩样品孔隙演化史的过程（图 2-40）。

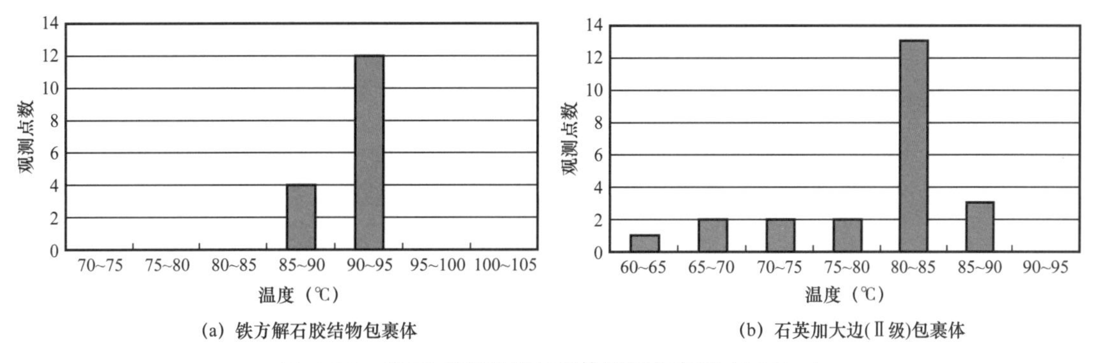

图 2-39　坨 76 井粗砂岩包裹体测温分布图（3260m）

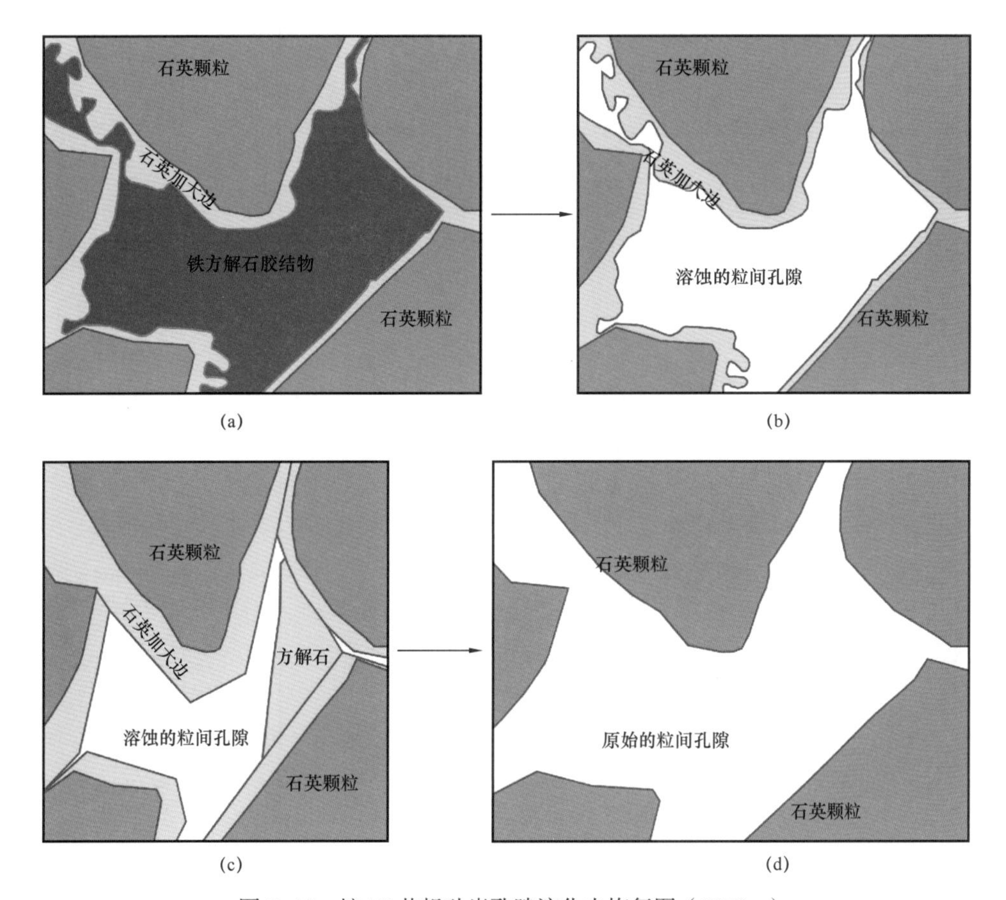

图 2-40　坨 76 井粗砂岩孔隙演化史恢复图（3260m）

三、储层物性演化恢复方法

1. 储层物性演化恢复流程

地质历史时期储层物性参数恢复是一项难度很大的工作，在前面各节中，分别叙述了物理模拟法、统计法、反演法的原理，恢复结果及优缺点，经过反复研究，总结出地质历史时期储层物性参数的恢复方法。

1）储层物性参数演化曲线编制

根据物理模拟实验得出的不同粒度储层物性参数演化曲线，统计法总结出不同沉积相的储层物性参数演化曲线，结合反演法得出的孔隙度、渗透率演化的几种历史曲线，作出不同沉积砂岩水层和油层的孔隙度演化曲线。

在图 2–41 中可以看出，不论水层还是油层，即使同一深度、相同粒度的储层，孔隙度分布范围仍然较宽，经过反复研究，发现孔隙度分布范围较宽的主要影响因素是分选系数（图 2–42）和碳酸盐含量，浅部主要是分选系数，深部主要是碳酸盐含量。因此将孔隙度演化趋势线划分出三条线，分选最好的是右边一条，分选中等的是中间一条，分选最差的是左边一条，中间还可以根据分选系数进一步内插很多条曲线。

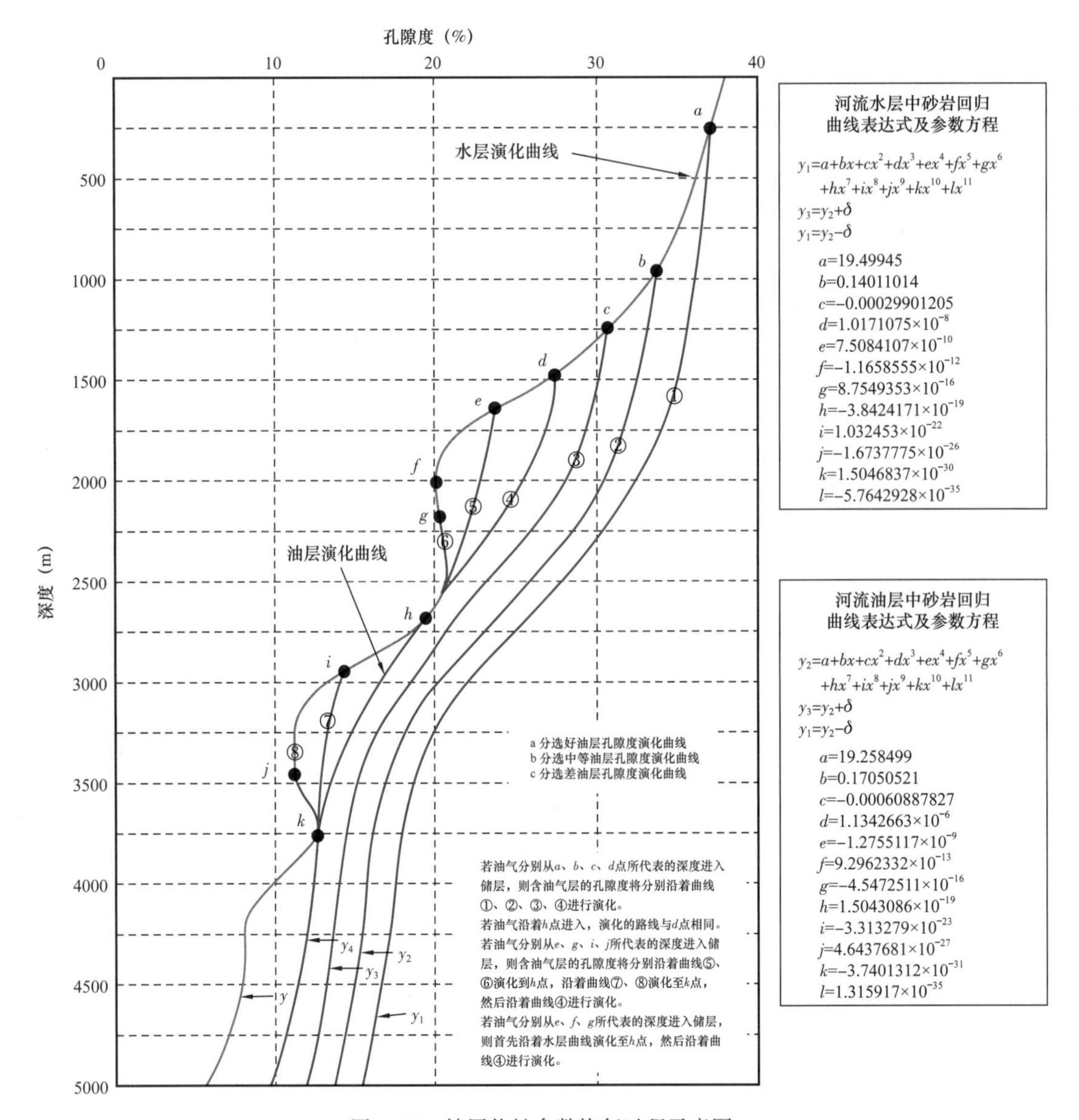

图 2–41　储层物性参数恢复过程示意图

2）储层物性参数演化恢复

在恢复储层参数时，首先要根据所要研究的油层多个样品点的物性参数进行分析，得出分选系数，根据分选好坏，确定相应演化趋势线恢复孔隙演化历史。在确定了油气进入研究层段的时间之后，再确定油气进入时该研究层段的埋藏深度，将此深度交到水层物性曲线上，得出交点的孔隙度值即为油气运移时的孔隙度，油气进入储层后，其孔隙度的演化将按油层的演化曲线进行（图 2–41）。

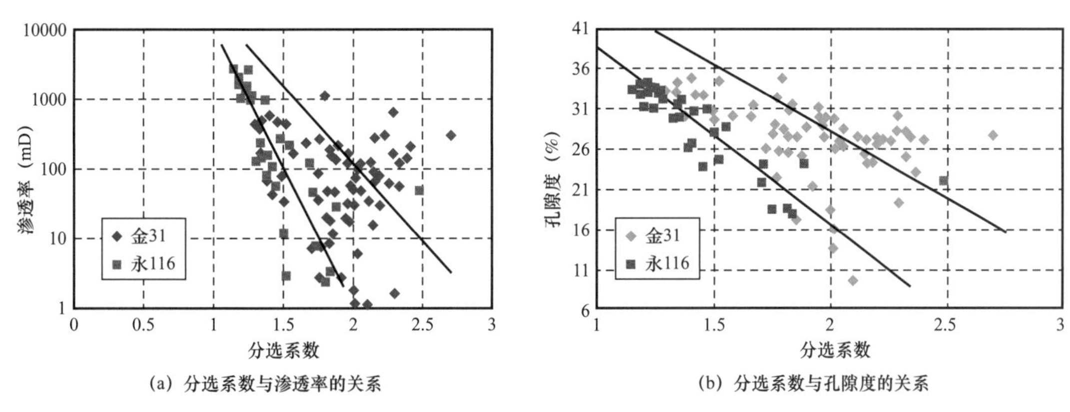

图 2–42　金 31 井与永 116 井分选系数与渗透率和孔隙度关系图（1300～1310m）

从图中可以看出，若油气分别从 *a*、*b*、*c*、*d* 点所代表的深度进入储层，则含油气层的孔隙度将分别沿着曲线①、②、③、④进行演化。若油气沿着 *h* 点进入，演化的路线与 *d* 点相同。若油气分别从 *e*、*g*、*i*、*j* 所代表的深度进入储层，则含油气层的孔隙度将首先分别沿着曲线⑤、⑥演化至 *h* 点，沿着曲线⑦、⑧演化至 *k* 点，然后再沿着曲线④进行演化。若油气分别沿着 *e*、*f*、*g* 所代表的深度进入储层，则首先沿着水层曲线演化至 *h* 点，然后再沿着曲线④进行演化。

如坨 76 井中粗砂岩样品埋深 3260m，分选中等，根据包裹体测温资料，反映第二次油气运移和铁方解石胶结物形成时期，储层的埋藏深度为 2154m。在陡坡带砾状砂岩水层的孔隙度演化曲线上（中间的线），2154m 深度点对应的孔隙值为 26%，即油气进入储层时的孔隙度为 26%。由于孔隙度与渗透率呈明显的正相关关系，可据此大致得出渗透率值。

2. 油层及水层的储集物性演化

前面介绍了恢复地质历史时期储层物性参数的方法，为了对不同沉积相、不同粒级的油层和水层物性演化特征进行恢复，首先将储层按粒度划分为粗粒级储层、中粒级储层、细粒级储层。粗粒级储层包括砾岩、含砾砂岩、粗砂岩；中粒级储层以中砂岩为主；细粒级储层包括细砂岩、粉砂岩、粉砂质泥岩和泥质粉砂岩。然后作出其油层和水层垂向分布的物性散点图，利用数学方法对散点图进行回归，得出其垂向演化曲线的数学表达式及其参数。在分析化验数据比较少的深度，利用物理模拟实验的参数进行补充，得到不同沉积相、不同粒级储层的演化特征曲线。

1）砂砾岩储层物性演化特征

东营凹陷北部陡坡带以砂砾岩为主，根据岩心分析化验数据统计结果，得出储层孔隙度演化曲线。

东营凹陷北部陡坡带油层物性的演化具有以下规律（图 2–43）：

（1）孔隙度从 1000～5000m 基本上呈线性变化，浅部储层中以粗砂岩孔隙度最高，砾岩和砾状砂岩的物性次之。到深部 5000m 以下，孔隙度相差不大，但砾岩和砾状砂岩孔隙度略偏高，反映其抗压实作用强，这与物理模拟实验的结果一致。

（2）随着深度增加，压实作用增强，粗砂岩储层物性受压实作用的影响较大，孔隙度变化较大，而砾岩和砾状砂岩储层受压实作用影响小，孔隙度变化也较小。从而造成粗砂岩储层顶底孔隙度相差较大，而砾岩和砾状砂岩储层顶底孔隙度相差较小。

（3）油藏顶部的含油层，由于含油级别高，油气充满孔隙，减小了胶结作用发生的机会，使得颗粒多呈点接触或漂浮状，因此其储层物性也较好。

（4）由于油层往往处于油藏的高部位，储层中溶蚀作用从浅部到深部均较发育，其产生的次生孔隙对储层物性起到了改善作用。

陡坡带水层物性的演化规律如图 2–44 所示。

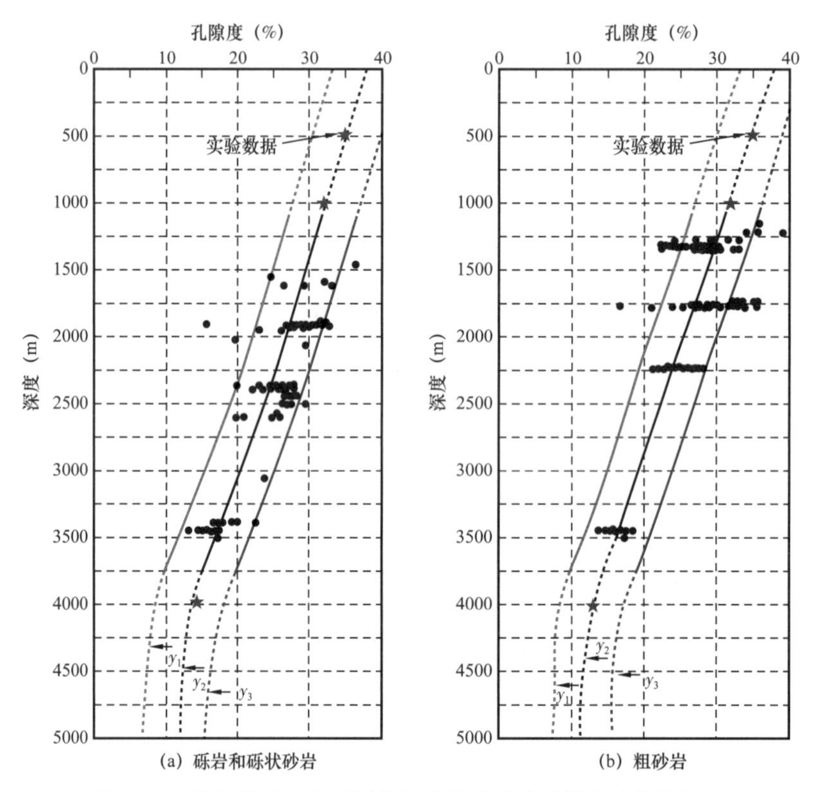

图 2–43　陡坡带砂砾岩不同粒级油层孔隙度随深度演化特征图

2）三角洲砂岩储层物性演化特征

（1）三角洲相不同粒级油层孔隙度随深度演化特征如图 2–45 所示。

（2）三角洲相不同粒级水层孔隙度随深度演化特征如图 2–46 所示。

3）浊积砂岩储层物性演化特征

（1）浊积岩不同粒级油层孔隙度随深度演化特征如图 2–47 所示。

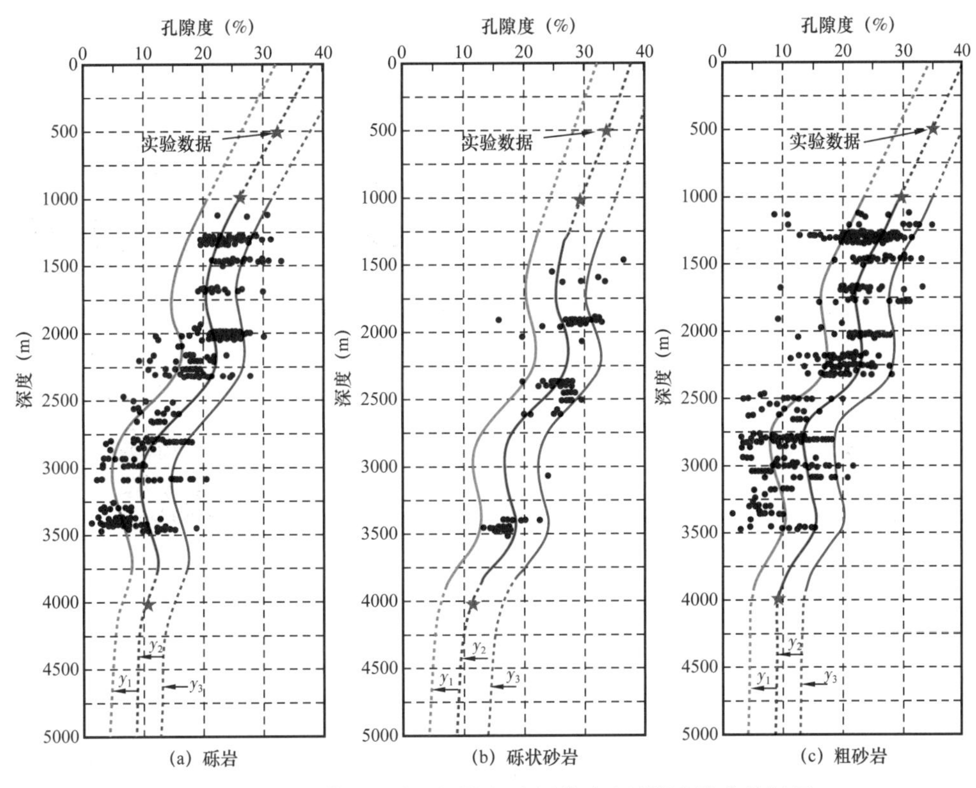

图 2-44　陡坡带砂砾岩不同粒级水层孔隙度随深度演化特征图

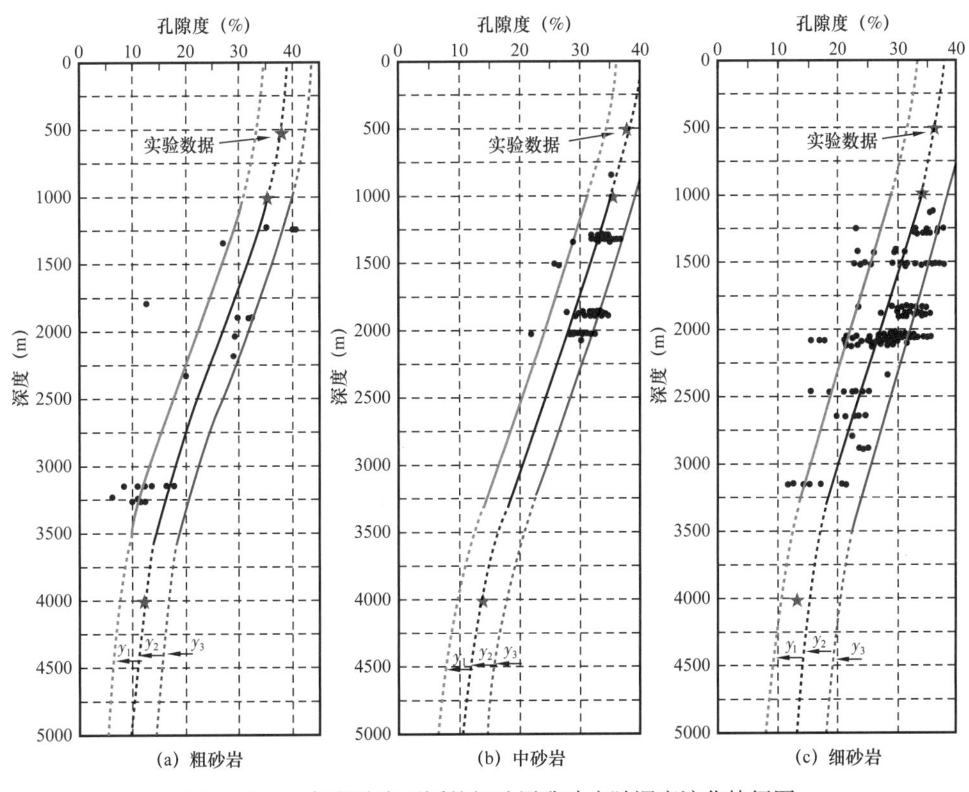

图 2-45　三角洲砂岩不同粒级油层孔隙度随深度演化特征图

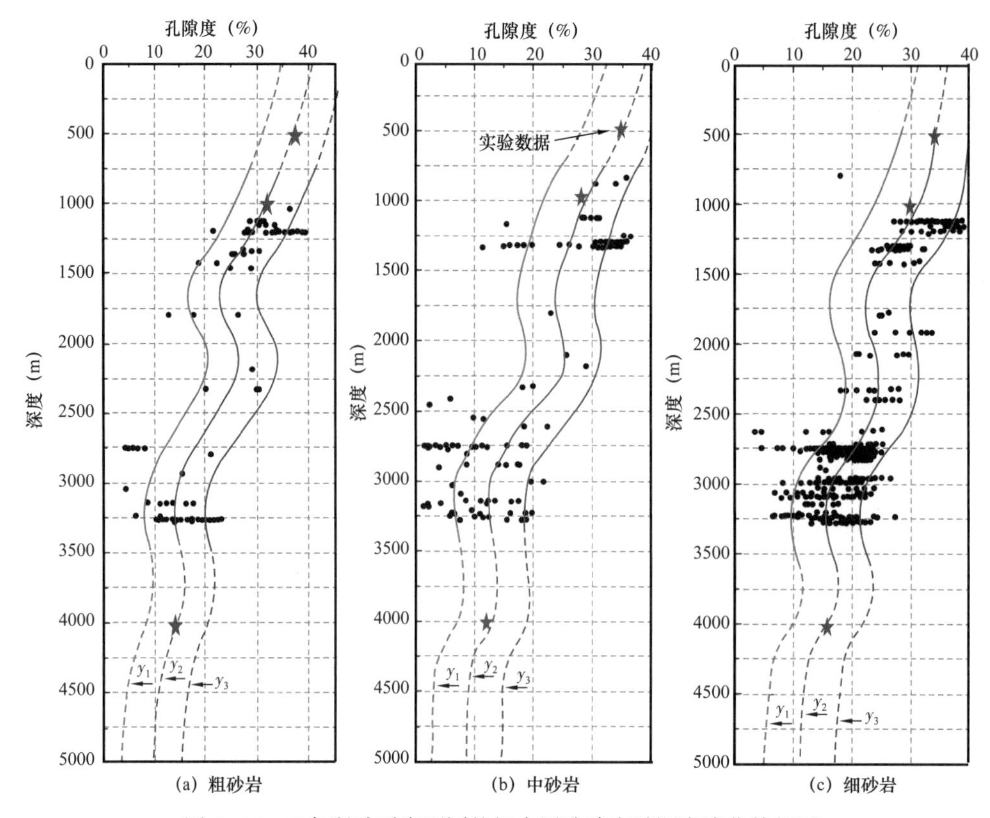

图 2-46 三角洲砂砾岩不同粒级水层孔隙度随深度演化特征图

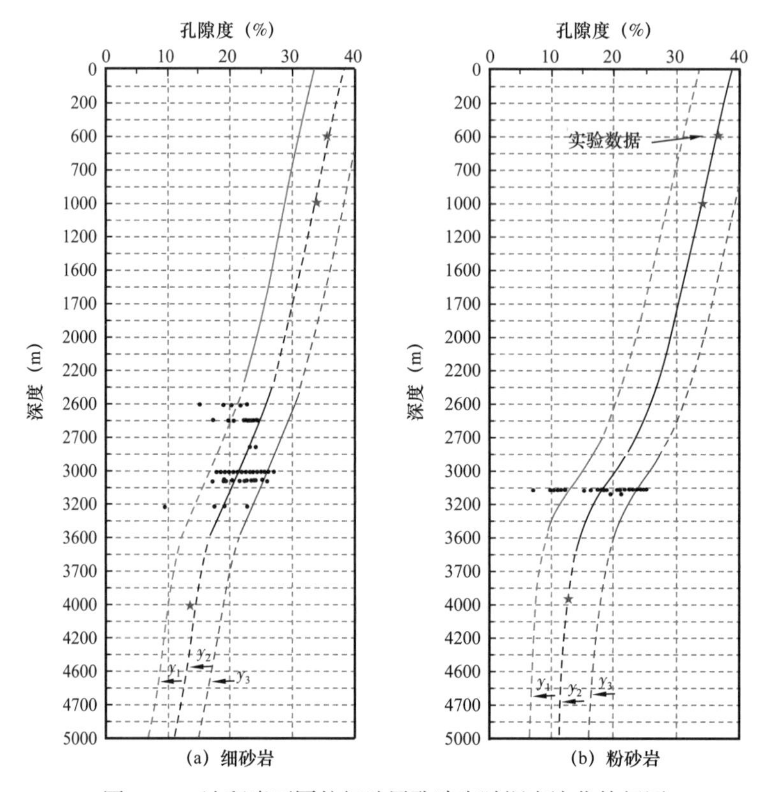

图 2-47 浊积岩不同粒级油层孔隙度随深度演化特征图

（2）浊积岩不同粒级水层孔隙度随深度演化特征如图 2-48 所示。

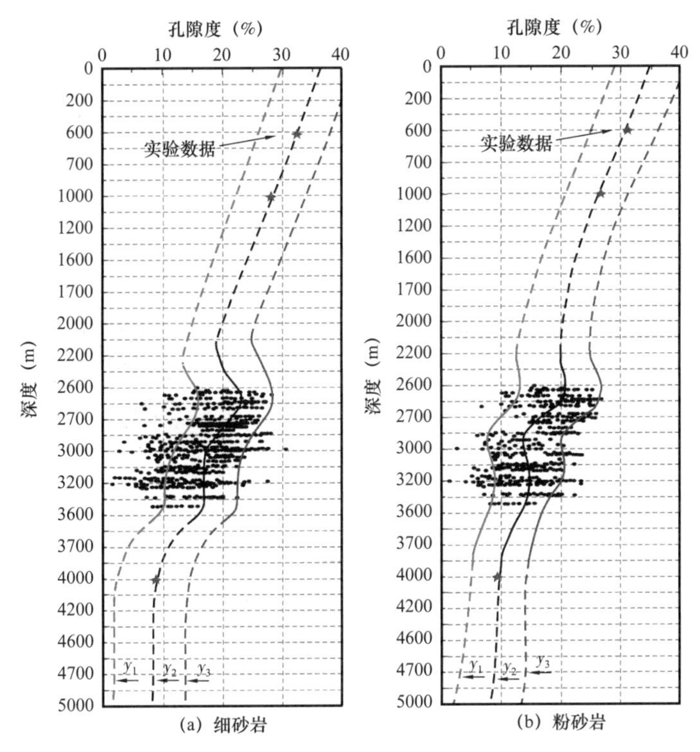

图 2-48　浊积岩不同粒级水层孔隙度随深度演化特征图

4）滩坝砂岩储层物性演化特征

（1）滩坝砂岩不同粒级油层孔隙度随深度演化特征如图 2-49 所示。

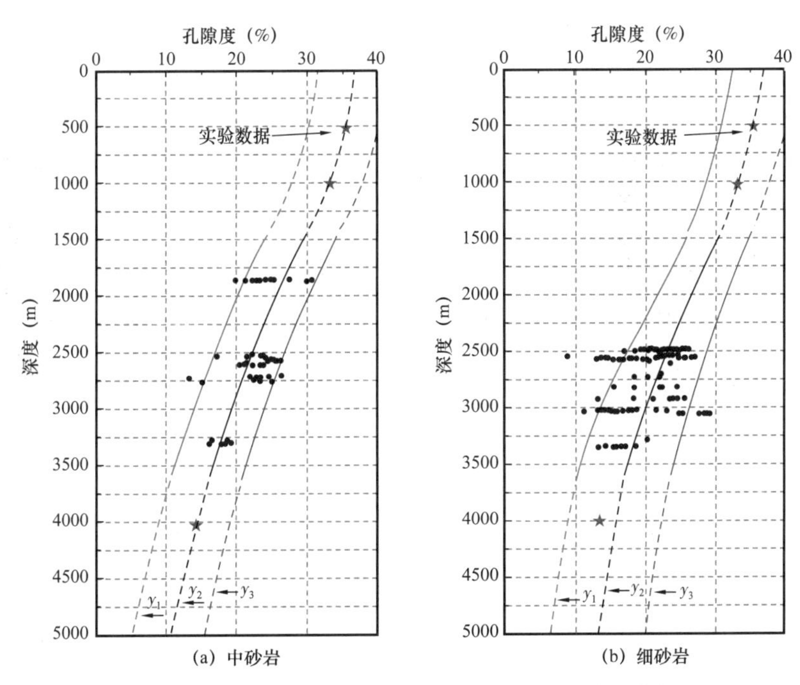

图 2-49　滩坝砂岩不同粒级油层孔隙度随深度演化特征图

（2）滩坝砂岩不同粒级水层孔隙度随深度演化特征如图 2-50 所示。

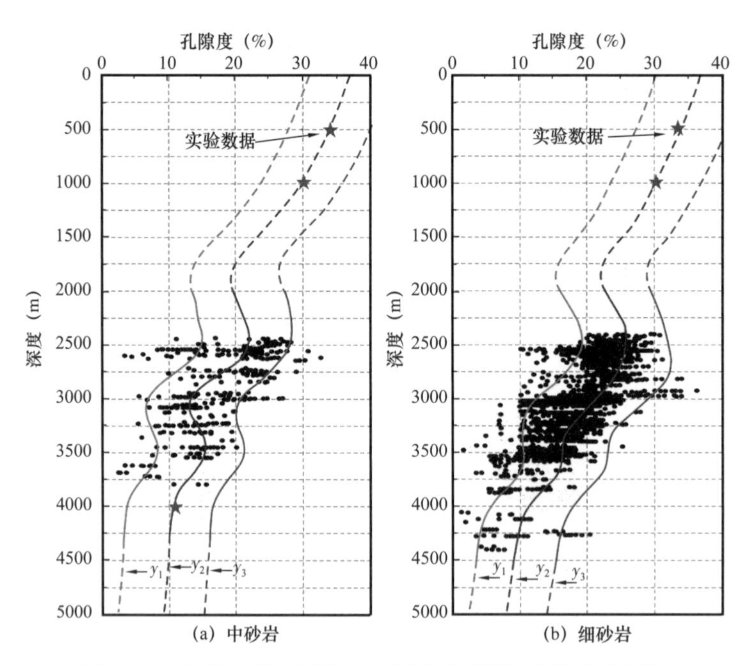

图 2-50 滩坝砂岩不同粒级水层孔隙度随深度演化特征图

5）河流砂岩储层的演化特征

（1）河流砂岩不同粒级油层孔隙度随深度演化特征如图 2-51 所示。

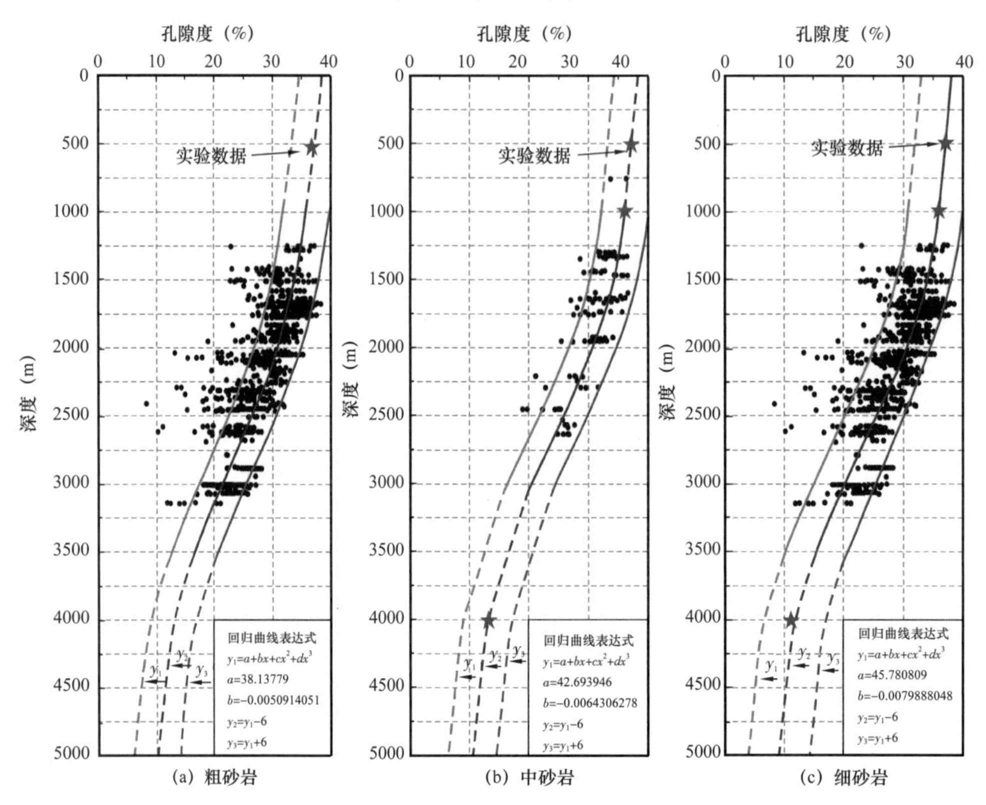

图 2-51 河流砂岩不同粒级油层孔隙度随深度演化特征图

（2）河流砂岩不同粒级水层孔隙度随深度演化特征如图 2–52 所示。

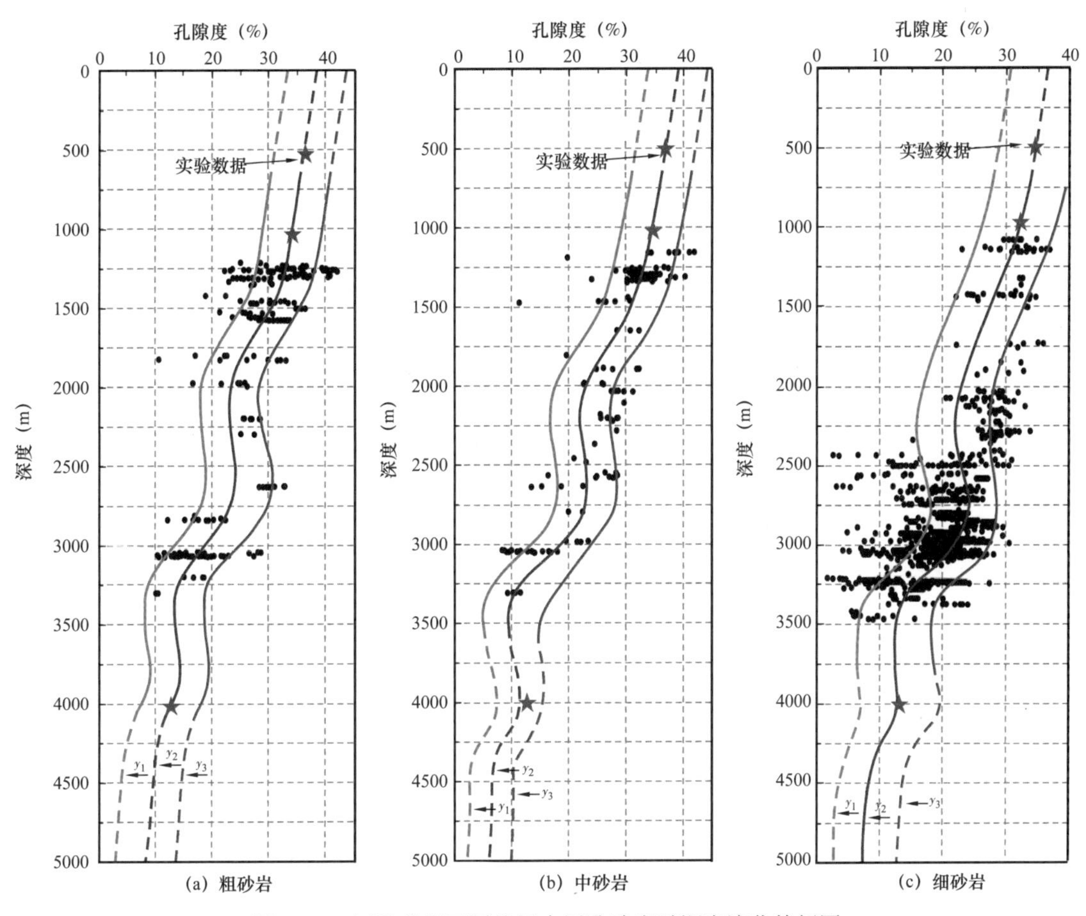

图 2–52　河流砂岩不同粒级水层孔隙度随深度演化特征图

近岸水下扇、河流、三角洲、滩坝、浊积岩五种碎屑岩储层具有相似的特点：对于油层孔隙度随深度呈线性变化，不论浅层还是深层，孔隙度均较高，次生孔隙发育；而对于水层，孔隙度随深度加深变化明显，发育两个次生孔隙带，成岩作用对储层影响大。对五种储层物性进行比较，滩坝储层物性最好，陡坡带储层物性较差。各种储层孔隙度回归曲线变化与其他类型孔隙度回归曲线的差别，是由沉积相发育部位与沉积相自身特点决定的。

根据上述研究，可以得出以下结论

（1）沉积类型对储层物性的影响很大，陡坡水下扇砂砾岩的物性条件相对较差，三角洲—浊积砂岩和滩坝砂岩物性相对较好，河道砂岩物性条件好。

（2）各种沉积相及每种沉积相的不同岩性宏观物性演化模式，可用五次多项式（$y = A_0 + A_1x + A_2x_2 + A_3x_3 + A_4x_4 + A_5x_5$）对其物性演化曲线进行回归。

（3）储层物性的演化历史是一个复杂的过程，其变化规律受到多种因素的影响，储层岩性、埋藏深度、所处沉积类型、储层内部的地层流体性质、沉积盆地的地温梯度和构造埋藏史都是重要的影响条件。利用模拟实验方法，研究不同岩性、不同沉积类型的储层在各种地质条件下的变化规律，可以得出孔隙度在理想条件下随各种影响因素之间的综合关系式，同反演获得的本区储层物性演化规律进行对比和佐证：

①在不发生胶结作用和无异常压力的情况下，孔隙度与深度的关系基本是对数关系，渗透率与深度的关系基本是指数关系。

②在粒径范围相同的情况下，储层分选越好，其孔隙度、渗透率条件也越好，随埋深增加，其孔隙度、渗透率变化速率也慢；分选越差，其孔隙度、渗透率条件也越差，随埋深增加，其孔隙度、渗透率变化速率也快。

③超压地层流体的存在，使储层较容易保存大量孔隙，减少压实作用的效果。异常高压会改变岩层的物理性质，减弱岩石的抗压能力。

④不同的地层流体性质对储层物性的演化有着重要影响。酸性地层水在一定温度、压力条件下会使储层形成次生孔隙，但酸性地层水条件下岩石的抗压能力最差，碱性水条件次之，在胶结作用不发育的情况下，抗压能力的减弱会破坏储层的物性。

（4）水层和油层物性呈现不同的演化趋势。综合利用物理模拟法、统计法、反演法的恢复结果，得到了不同沉积相、不同粒级的水层和油层的演化特征曲线，并总结出了地质历史时期储层物性参数恢复的一套方法。

第三章　流体压力场特征及演化恢复

油气成藏期古流体势场的形成与分布，是油气成藏的动力条件，决定了油气运聚能力和成藏指向，古流体势场的量化研究是成藏定量研究的关键问题。本章通过流体包裹体观察、均一温度测试与精细埋藏史（考虑剥蚀量恢复）、古压力测试等研究，探索古流体压力和古流体势场恢复的方法，确定主要成藏期古流体压力和古流体势场特征。

第一节　流体压力场特征

断陷盆地压力场绝大多数发育古流体异常高压，而且现今仍多数保留部分异常压力，其形成机制主要有三种，即欠压实、新生流体和水热增压。伸展盆地构造应力多改变流体压力梯度。流体压力封存箱中流体幕式压裂造成幕式排烃，幕式构造活动引起幕式油气运聚。因此，异常高压是成藏动力系统中油气排出、运移的原始动力。

一、东营凹陷现今压力场剖面特征

根据实测和计算的地层压力，东营凹陷现今地层流体压力存在两种状态，即正常压力和异常高压力，一般上部地层为正常压力系统，下部地层处于异常高压系统，界线在2200m左右。

东营凹陷超压现象较为普遍。从压力—深度交会图（图3–1a）上可以看出，不同的深度，压力梯度变化较大，2200m以上地层压力基本保持在静水压力带附近，为正常压力；随埋深增加，地层压力逐渐偏离静水压力，为正常压力与异常压力过渡带（2200～3300m）；到3300m以深则主要是超压分布段。而压力系数—埋深交会图（图3–1b）则显示，压力系数纵向上基本可分为两个带：2200m以浅压力系数较集中于1.0附近；2200m以深压力系数开始集中在0.9～1.7之间，1.0附近压力系数较密集，压力系数大于1.2的点逐步增加。总体上，东营凹陷以超压为其主要压力特征。

在单井剩余压力剖面上，剩余压力随深度的增加逐渐增大，且具有旋回性，每一个剩余压力的高峰对应一个压力封存系统，层位上对应于沙三段和沙四段，最高峰与沙三段中亚段、沙三段下亚段和沙四上亚段烃源岩层相一致（图3–2）。也就是说，沙三段中亚段、沙三段下亚段和沙四上亚段烃源岩均存在流体异常高压。根据流体异常高压的成因，推论两类烃源岩在生、排烃期也存在异常高压。

在剩余压力横剖面上，凹陷深洼区的剩余流体压力值最大，向洼陷边缘和构造高部位，随着泥岩减少、砂岩增加和断层切割，剩余流体压力值逐渐减少直至消失。不同性质的断层对异常压力控制作用不同，控盆断层对异常流体压力的控制表现在对沉降幅度及岩性的控制，从而控制异常地层压力，其断层内侧地层压力异常，外侧地层压力正常。在高压体系内部，同生断层对异常压力具有分隔作用，后期断层对异常压力分布不起分隔作用。

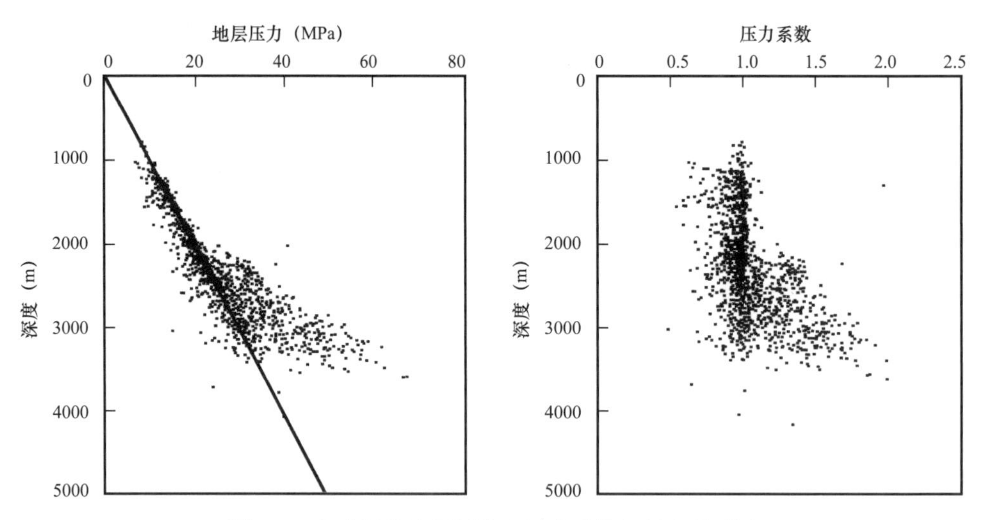

图 3-1　东营凹陷地层压力和压力系数与深度关系图

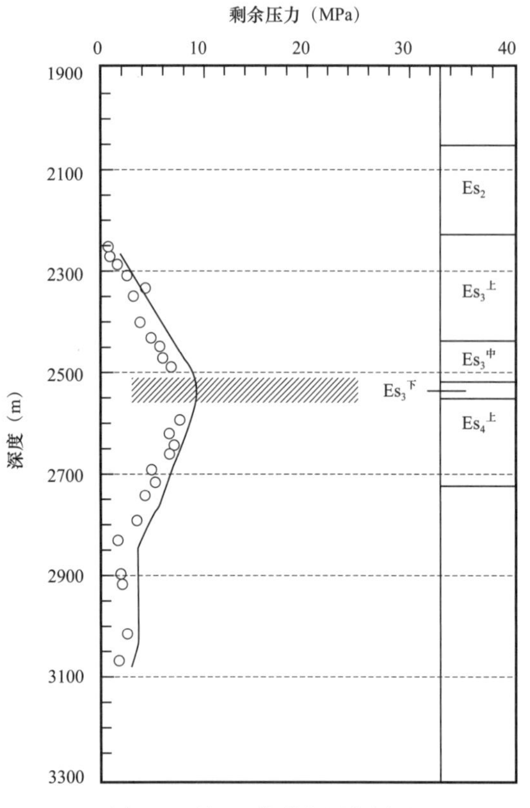

图 3-2　纯 47 井剩余压力剖面

二、东营凹陷现今压力场平面分布

为更好地反映盆地内部任意点任意深度上的地层压力情况，对东营凹陷 2000～3500m 深度段内反映流体压力场的地层压力、剩余压力及压力系数等值线图进行汇编，并在此基础上形成东营凹陷不同深度压力场平面特征认识。

在流体压力平面分布图上，纯化和利津地区在 2000m 开始出现异常高压（图 3-3），是发育异常高压最浅的地区。东营三角洲在 2400m 地层流体压力增大，局部地区压力系数在 1.2 以上（图 3-4）；到 2600m 深度异常高压的范围已经扩大到整个博兴洼陷和东营凹陷北部的利津洼陷、胜坨地区、民丰洼陷，呈环带状分布在东营三角洲周围。随着深度的增加，尤其到了 2800m 以深，东营凹陷所有地区开始发育暗色泥岩，异常高压的面积越来越大，压力系数也越来越大（图 3-5），在利津地区利 98 井区和胜坨地区坨 71 井区，3000m 深度压力系数高达 1.6，在牛庄洼陷存在压力系数大于 1.4 的高压区。

异常高压大小的分布与暗色泥岩的厚度有一定的相关性。在3200m深度（图3-6），东营凹陷的利津、牛庄、民丰三个洼陷的压力系数普遍高于1.2，处于一个大的超压体系内，异常超压的中心与各洼陷的沉积中心相吻合。

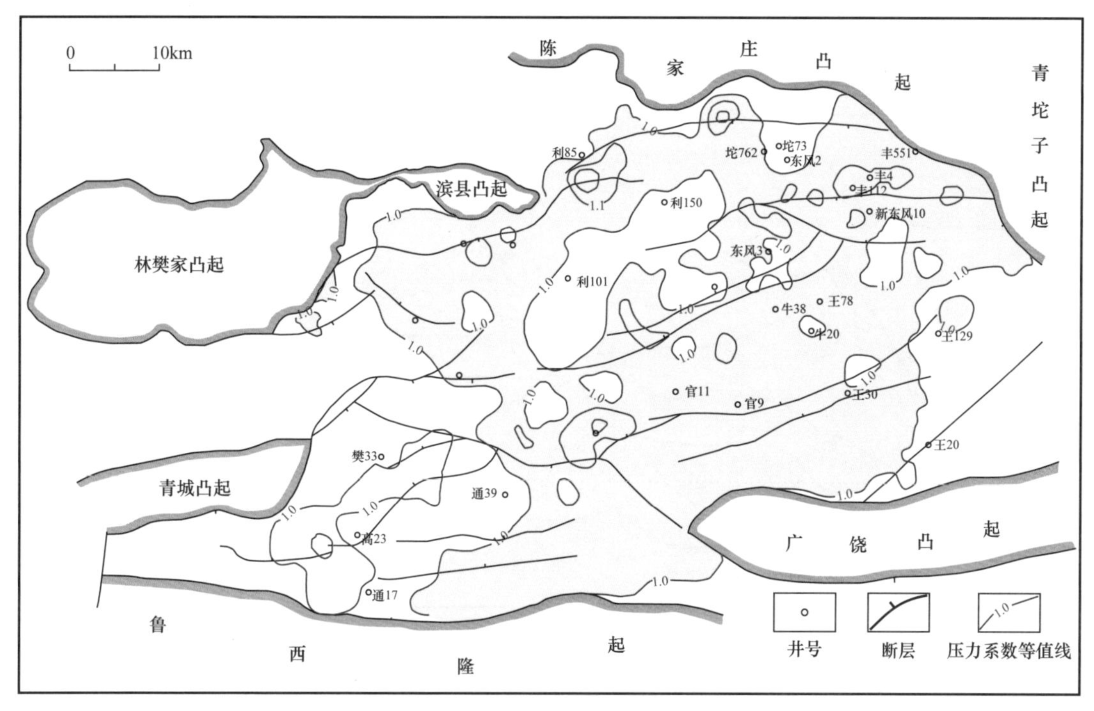

图3-3　东营凹陷2000m地层压力系数等值线图

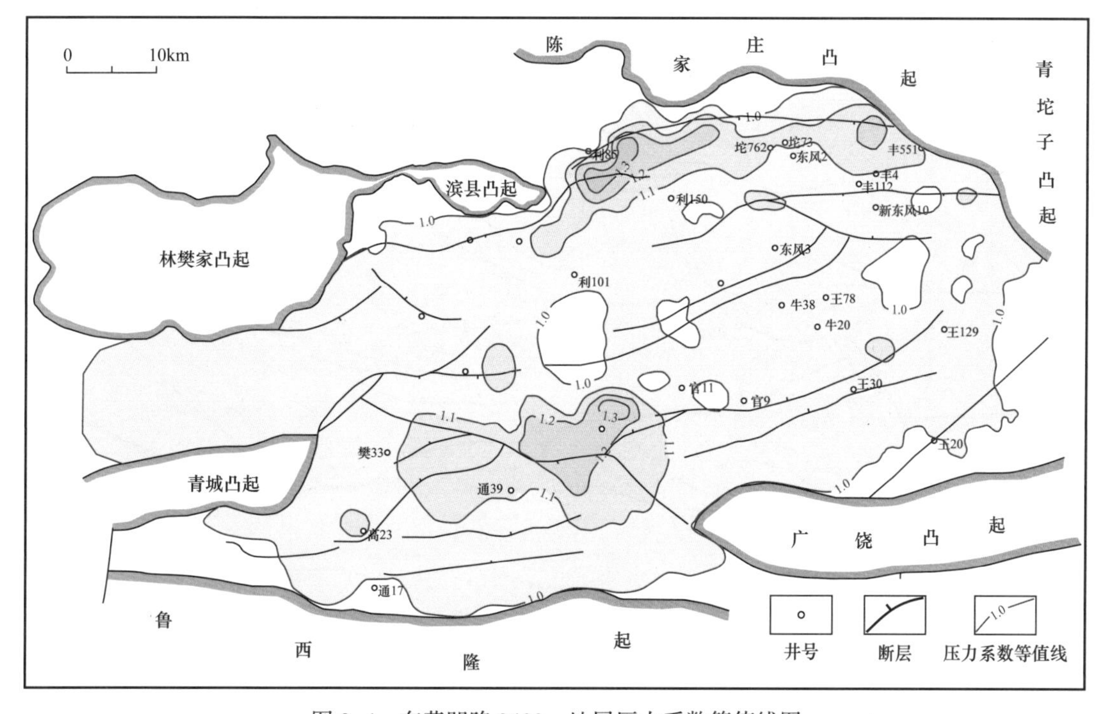

图3-4　东营凹陷2400m地层压力系数等值线图

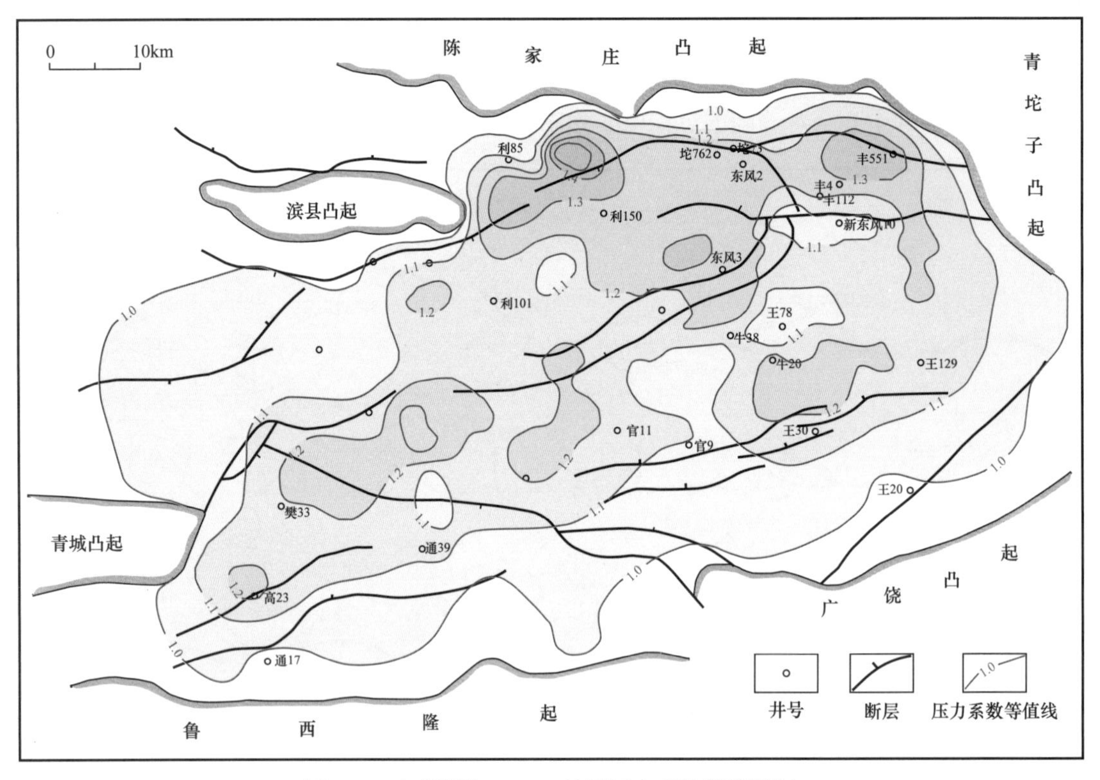

图 3-5 东营凹陷 2800m 地层压力系数等值线图

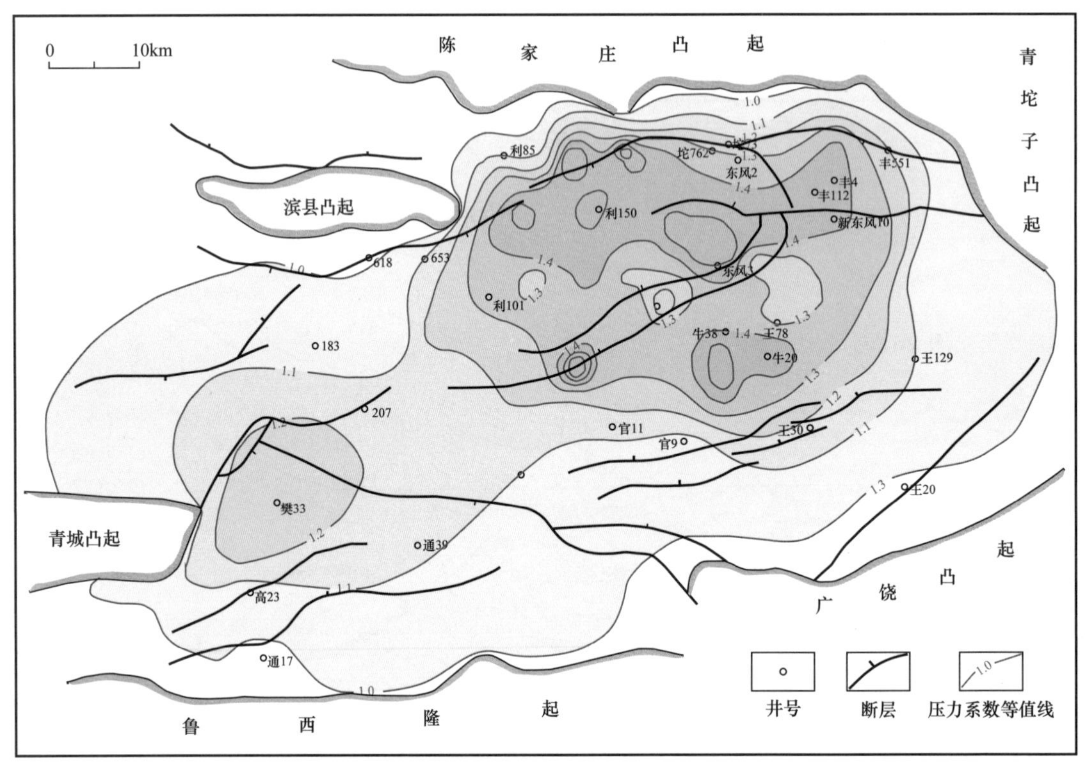

图 3-6 东营凹陷 3200m 地层压力系数等值线图

总之，剩余压力值在利津、博兴、牛庄、民丰洼陷深陷区最大，尤其是利津、牛庄洼陷，向洼陷边缘剩余压力值减少；在凹陷的陡坡带其剩余压力等值线密集，凹陷的缓坡带剩余压力等值线稀疏，并且异常压力分布范围内存在一系列的相对低压区。与欠压实带相对应，异常高压带的空间分布与生油洼陷基本一致，分布于深洼陷、斜坡前缘及较大型盆倾断层下降盘的稳定湖相及前三角洲相泥岩沉积物中。

纵观整个凹陷，东营组压力场分布非常简单，全部为常压环境，无异常压力存在。沙一段仅在郝1井附近有一被利9井—梁10井—史10井—河15井所围限的椭圆形低压异常区，异常幅度也较小，最小压力系数约为0.7，其他均属正常压力范围。沙二段压力场分布也非常单一，仅在滨县凸起和高青凸起南部有非常局限的小片低压异常分布，全区为正常压力系统。沙三段上亚段开始出现超压（图3–7），东营北坡（如利津洼陷及民丰洼陷）大部分区域呈现高压异常；南坡仅在樊2井东侧出现一小片高压异常区，滨县凸起南部滨80井以北区域具有低压特征，全区仍是正常压力系统占主导地位。沙三段中亚段压力场分布与沙三段上亚段基本相当，异常高压主要发育在利津、牛庄、民丰洼陷及其周缘，异常高压的中心与沉积中心一致，博兴洼陷异常压力不高且分布面积局限，主要发育在樊128—樊130一带，以及纯化古隆起的纯41—纯371一带，其他大部分地区仍是常压环境。沙三段下亚段利津、牛庄、民丰洼陷高压带的范围有所扩大，且压力系数非常高，尤其是利津洼陷北坡和牛庄洼陷，而博兴洼陷压力系数开始减小，整区基本处在高温异常控制之下（图3–8），低压仅在凹陷西部出现，中部乔庄周围地区和凹陷东部有两片常压区，其余地区全为高压环境。沙四段上亚段沉积时期利津、牛庄、民丰洼陷地层压力依然较高，而博兴洼陷则没有明显的高地层压力，高压带范围在缩小。

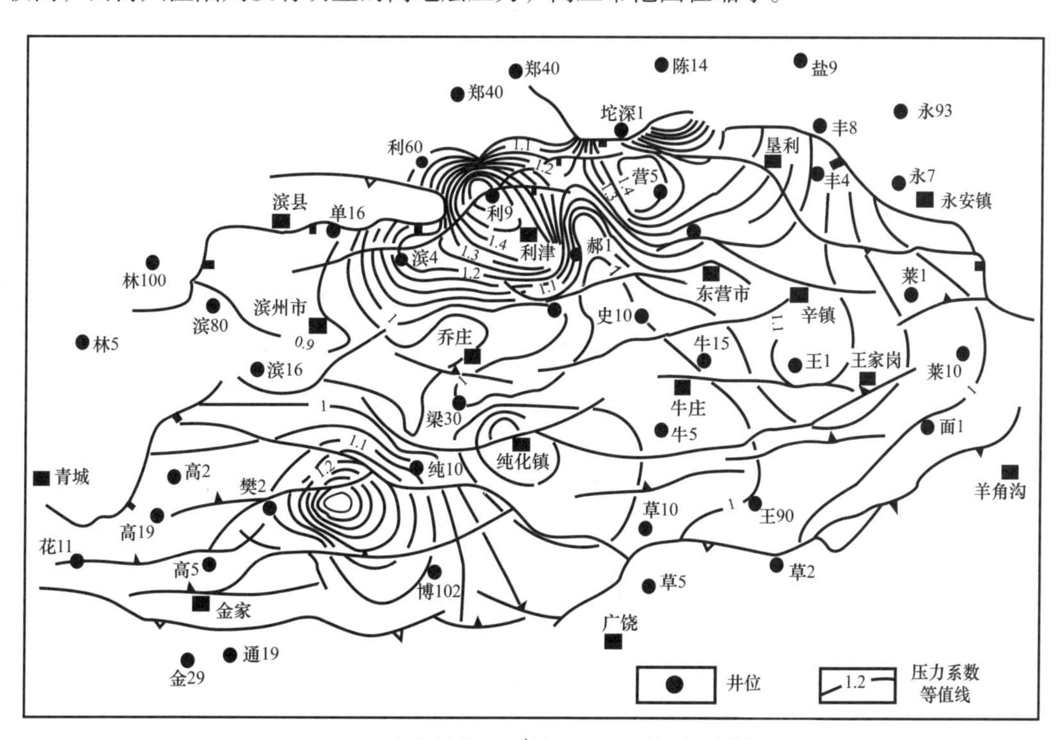

图3–7　东营凹陷 Es_3 上地层压力系数等值线图

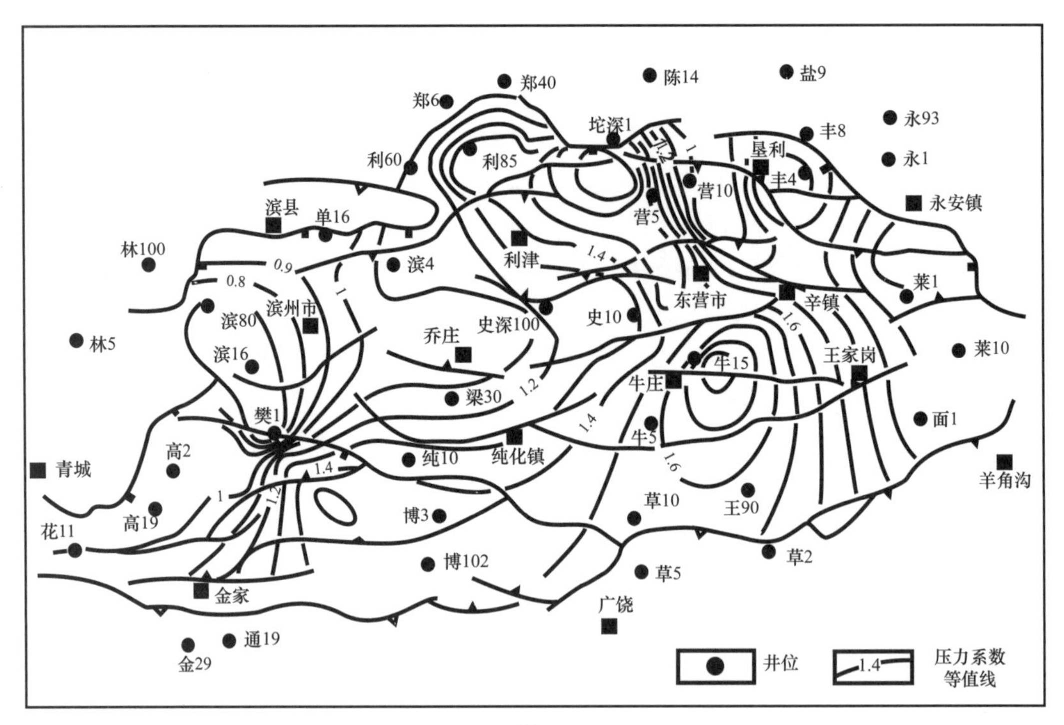

图 3-8　东营凹陷 $Es_3^{下}$地层压力系数等值线图

因此，发育异常高压的洼陷内，如东营凹陷牛庄生油洼陷，烃源岩排烃的动力主要为地层流体压力差。

第二节　流体压力场成因

在沉积盆地的形成演化过程中，多种物理、化学作用都可以导致超压的形成（Hunt，1990；Osborneand Swarbrick，1999）。据超压产生过程，可以将超压发育机理分为三大类：与应力有关的生压过程，包括垂向欠压实作用、侧向构造挤压等；孔隙流体引起的生压过程，包括生烃作用、黏土矿物脱水、原油裂解生气等；流体流动和浮力引起的超压。

据前人研究及理论证实，东营凹陷超压成因主要有欠压实成因、生烃成因和两者共同作用。为了明确超压的成因，从研究区异常压力典型井的超压成因分析开始，剖析各因素如何导致超压；根据单因素发育超压的特征，对超压成因各因素的重要性及其分布空间进行分析。

一、欠压实作用

在埋藏过程中，沉积物加载引起的负荷应力增大通常可以使地层压实，孔隙体积降低并使孔隙流体排出。由于压实、埋藏过程中颗粒的重新分布及颗粒接触点的化学溶解作用，砂岩的孔隙度从开始沉积的 39%～49%减小到埋深至 2～3km 时的 15%～25%。相比之下，黏土沉积时的初始孔隙度为 65%～80%，经过 4～6km 的埋藏压实其孔隙度可减小到 5%～10%（Sclater 和 Christie，1980）。在埋藏速率较低时，负荷应力增大引起的孔隙体积降低与孔隙流体的排出达到平衡，孔隙流体压力保持静水压力，这种压实状态为正常压实。在埋藏速率较高时，流体的排出速率较低，负荷应力的增加与流体的排出不能达到平衡，导致孔隙流体压力逐渐增高，这种压实状态被称为欠压实或压实不均衡。

郝芳在《超压盆地生烃动力学与油气成藏机理》（2005）指出：欠压实引起的超压主要发育于沉降 / 沉积速率较高、充填岩性较细的新生代沉积盆地（其中包括我国的莺歌海盆地和渤海湾盆地）。从渤海湾盆地主要沉积时期沉积速率图上可以看出（图 3-9），在沉积过程中，孔店组—沙四段沉积早期，整个渤海湾盆地沉积速率较低，在 10～150m/Ma 之间，进入沙四段上亚段—沙三段沉积时期，由于大范围深湖沉积，这一时期整个济阳坳陷沉积速率均较高，达 200～400m/Ma；沙二段沉积以后，沉积速率明显降低，基本在 200m/Ma 以下，晚期沉积速率基本保持正常，持续至今。

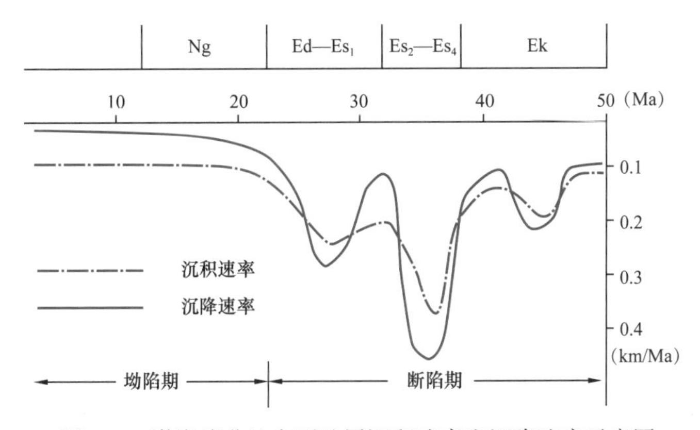

图 3-9　渤海湾盆地主要地层沉积速率和沉降速率示意图

为了量化沉积速率对欠压实的增压贡献，解习农（2006）构建了简化地质模型，假定盆地上部为砂岩层，下部为泥岩层，泥岩初始孔隙度为 60%，其中可压缩部分的孔隙度为 55%，不可压缩部分的孔隙度为 5%，通过改变沉积速率分析异常压力的变化。模拟结果表明（图 3-10），当泥岩沉积速率小于 100m/Ma 时，地层几乎不形成超压，但当沉积速率逐渐增大到 200m/Ma 以后，超压幅度越来越大。根据这个地质模型的结论，东营凹陷沙三段—沙四段沉积时期沉积速率要远远大于 200m/Ma，很明显能够形成超压幅度较大的异常高压系统。

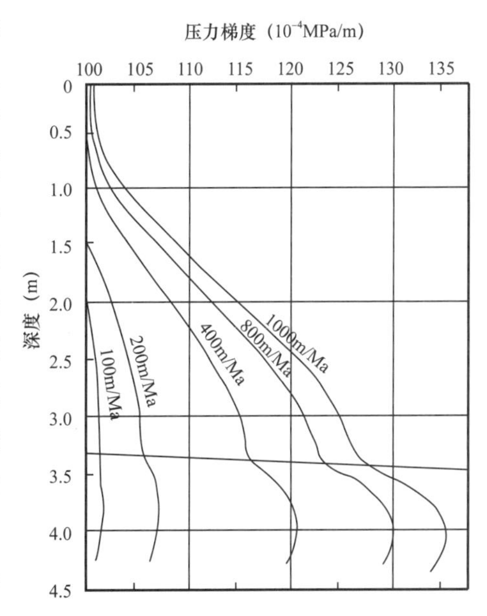

图 3-10　沉积速率与超压幅度的关系
（据解习农，2006）

伴随欠压实过程的形成，可以反映在对应层段泥岩声波时差和泥岩密度随深度变化的趋势上。随着深度的变化，泥岩声波时差和对应层段的泥岩密度曲线在深度剖面上出现偏离正常趋势线的现象，即为欠压实带或超压层段。

同时，对欠压实出现的层系与超压出现的层系进行对比发现，两者具有很好的吻合性，对东营凹陷来说，欠压实出现的层系为沙三段上亚段—沙四段上亚段，与超压出现的层系完全一致，并且对非烃源岩层系以及生烃能力较弱的沙三段中上亚段来说，盆地内既普遍发育欠压实，又普遍发育超压，这也说明了欠压实对超压的影响。通过等效深度法计算的地层压力在一定程度上也能够反映欠压实对超压的影响。我们知道，等效深度法计算地层压力的原理主要是基于欠压实理论。从计算的结果来看（表 3–1），东营凹陷普遍存在异常高压，这也说明了本地区普遍存在的欠压实对超压的贡献。

表 3–1　东营凹陷部分井计算地层压力值

井号	深度(m)	压力（MPa）			压力系数			
		实测压力	计算压力	绝对误差	实测压力系数	计算压力系数	绝对误差	相对误差（%）
滨 172	3120	41.14	40.01	1.13	1.32	1.28	0.04	2.75
滨 408	3170.4	39.72	38.21	1.51	1.25	1.21	0.05	3.80
滨 417	2884.3	34.2	37.65	3.45	1.19	1.31	0.12	10.09
滨 427	2933.2	34.58	35.76	1.18	1.18	1.22	0.04	3.40
滨 437	3769.8	55.82	48.63	7.19	1.48	1.29	0.19	12.89
滨 444	3620.6	55.44	53.71	1.73	1.53	1.48	0.05	3.12
滨 656	3175.2	41.19	43.93	2.74	1.30	1.38	0.09	6.66
滨 656	3297.6	40.29	44.04	3.75	1.22	1.34	0.11	9.30
滨 666	3245.5	38.64	40.59	1.95	1.19	1.25	0.06	5.03
滨 667	2936.6	35.83	37.08	1.25	1.22	1.26	0.04	3.49
滨 668	3384.4	41.04	46.83	5.79	1.21	1.38	0.17	14.10
纯 106	2844.3	37.36	40.66	3.30	1.31	1.43	0.12	8.83
纯 107	2929.8	33.03	31.48	1.55	1.13	1.07	0.05	4.69
纯 108	3078.4	37.18	40.82	3.64	1.21	1.33	0.12	9.79
纯 16	2246.2	25.31	27.82	2.51	1.13	1.24	0.11	9.92
纯 17	2213	29.16	29.38	0.22	1.32	1.33	0.01	0.75
纯 17	2244.8	29.08	30.34	1.26	1.30	1.35	0.06	4.35
纯 25	2247.6	29.29	31.60	2.31	1.30	1.41	0.10	7.89
纯 26	2487.2	25.58	28.23	2.65	1.03	1.13	0.11	10.35
纯 29	2213	25	26.81	1.81	1.13	1.21	0.08	7.24
纯 29	2247.2	25.95	27.85	1.90	1.15	1.24	0.08	7.32
纯 371	2693	33.95	35.09	1.14	1.26	1.30	0.04	3.36

续表

井号	深度(m)	压力(MPa)			压力系数			
		实测压力	计算压力	绝对误差	实测压力系数	计算压力系数	绝对误差	相对误差(%)
纯 43	2567.4	32	34.76	2.76	1.25	1.35	0.11	8.62
纯 44	2264.2	27.78	31.86	4.08	1.23	1.41	0.18	14.69
纯 44	2306.6	31.87	32.29	0.42	1.38	1.40	0.02	1.33
纯 77	2640	32.07	32.14	0.07	1.21	1.22	0.00	0.22
纯 83	2751.6	30.97	32.93	1.96	1.13	1.20	0.07	6.33
樊 128	2544	36.15	35.30	0.85	1.42	1.39	0.03	2.34
樊 130	2599	36.03	36.87	0.84	1.39	1.42	0.03	2.34
樊 134	2927.8	39.2	38.80	0.40	1.34	1.33	0.01	1.03
樊 137	3152.4	49.49	42.34	7.15	1.57	1.34	0.23	14.44
樊 141	3125.3	42.32	43.47	1.15	1.35	1.39	0.04	2.71
樊 143	3115.2	46.73	45.15	1.58	1.50	1.45	0.05	3.38
樊 147	2774.8	34.17	37.82	3.65	1.23	1.36	0.13	10.69
樊 163	3322.4	46.27	46.64	0.37	1.39	1.40	0.01	0.80
樊 3	2815	34.89	38.28	3.39	1.24	1.36	0.12	9.72
高 31	2523.5	28.24	31.82	3.58	1.12	1.26	0.14	12.68
高 89	3013	42.6	42.28	0.32	1.41	1.40	0.01	0.76
高 892	3046.6	43.77	43.50	0.27	1.44	1.43	0.01	0.61
梁 105	3132.3	48.59	42.32	6.27	1.55	1.35	0.20	12.90
梁 120	3100	47.91	41.82	6.09	1.55	1.35	0.20	12.71
梁 752	3630	51.72	43.58	8.14	1.42	1.20	0.22	15.74
梁 116	2960	43.35	38.28	5.07	1.46	1.29	0.17	1 1.70
史 142	3528	64.24	57.64	6.60	1.82	1.63	0.19	10.27
梁 75	3425	48.17	41.21	6.96	1.41	1.20	0.20	14.45
梁 76	3771	57.62	50.53	7.09	1.53	1.34	0.19	12.30
史 14	4050	63.67	57.87	5.8	1.57	1.43	0.14	9.11
史 146	3840	69.23	55.42	13.81	1.80	1.44	0.36	19.95
梁 122	3260	53.58	45.91	7.67	1.64	1.41	0.24	14.32
利 67	4050	65.01	59.22	5.79	1.61	1.46	0.14	8.91
梁 109	3320	50.97	45.68	5.29	1.54	1.38	0.16	10.38
滨 437	3769.8	55.82	48.63	7.193313	1.48	1.29	0.19	12.89

二、生烃增压作用

烃类的生成是有机质热演化的结果，有机质大量生烃可以导致流体体积的明显增大。干酪根成烃作用引起的超压作用由 Momper（1978）提出，有机质生成烃类，其体积增大，可以大幅度地提高已压实岩层中的压力。烃源岩的生烃过程，是烃源岩中干酪根由固态逐渐向液态或气态的石油及天然气转化的过程。在干酪根降解过程中流体体积会膨胀，而岩石的干酪根体积会有所减少，那么原来由干酪根支撑的部分上覆地层的有效压力就会转移到孔隙流体上，若流体不能及时排出，将导致流体超压（图 3-11）。根据 Swarbrickde（1998）计算，含 10% 干酪根体积的烃源岩在大量生烃过程中，当干酪根消耗一半时可产生 10MPa 的超压。

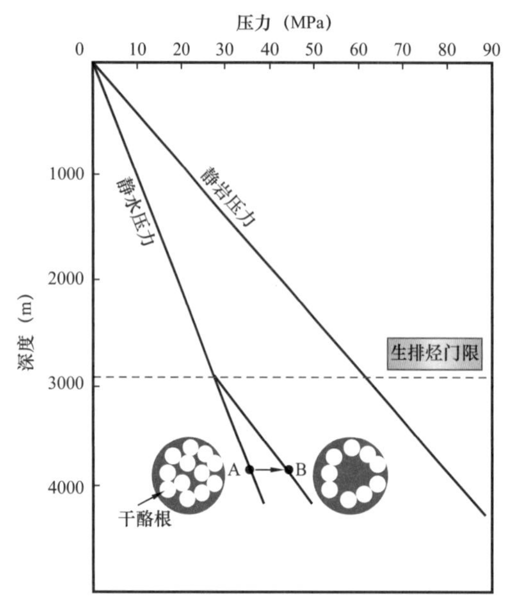

图 3-11　烃源岩大量生烃与超压的关系

近年来许多学者发现，超压分布与成熟烃源岩的分布密切相关。Hunt（1994）发现，一些压实程度非常高的泥岩段地层发育较强超压，认为生烃作用是超压发育的主要机理。在东营凹陷超压的分布与成熟烃源岩的地球化学特征有较好的对应性，东营凹陷主要发育沙三段、沙四段两套主力烃源岩，从东营凹陷镜质组反射率与埋深的关系来看，东营凹陷主力烃源岩开始进入生烃门限（R_o=0.5%）的深度在 2800m 左右，这与东营凹陷地层压力第三段超压的顶面深度相对应（图 3-12）。

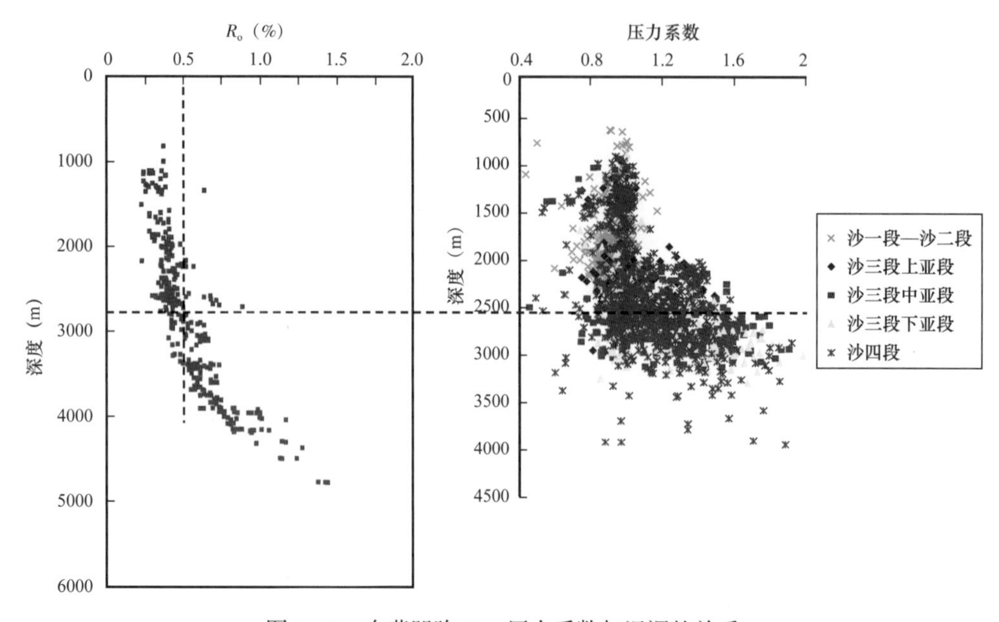

图 3-12　东营凹陷 R_o、压力系数与埋深的关系

同时，通过东营凹陷部分井的解剖也可以看出，在盆地的深洼区，主力烃源岩埋藏深度远大于生烃门限深度时，在烃源岩层系测得的实测压力要远大于利用声波时差计算的地层压力。例如：梁 76 井 3771m 处实测地层压力系数为 1.53，而声波时差计算的地层压力系数为 1.34；史 146 井 3840m 处实测地层压力系数为 1.80，而声波时差计算的附近地层压力系数为 1.50 左右（图 3–13）。说明该处除了欠压实形成超压外，生烃是导致超压的另一主要原因。

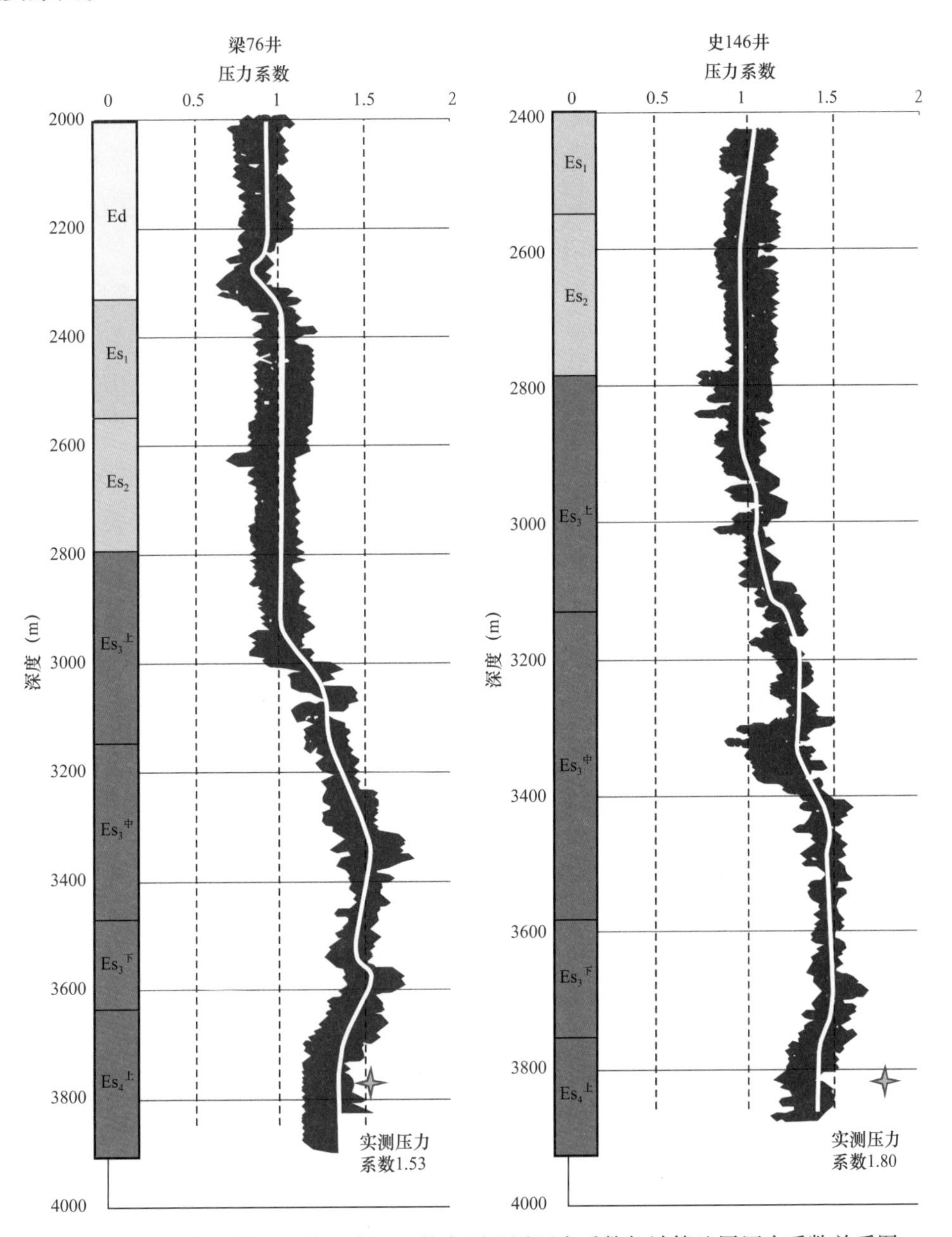

图 3–13　东营凹陷梁 76 井、史 146 井实测地层压力系数与计算地层压力系数关系图

综合来看，东营凹陷生烃作用普遍存在，主力生油层系沙三段下亚段、沙四段上亚段超压发育明显，表明生烃对超压产生具有重要作用。同时由于主力烃源岩层系的泥岩厚度

较大，如沙三段烃源岩最大厚度可达1000m，沙四段以暗色泥岩为主的砂泥岩层和膏盐层，厚度大于400m，且沉降速率较快，因此，大量生烃的烃源岩层系的超压其实也存在欠压实作用的贡献。因此，欠压实和生烃作用是东营凹陷超压形成的主要机制。对于非烃源岩层系沙三段上亚段主要是欠压实增压；对于烃源岩层系沙三段中下亚段及沙四段上亚段既满足欠压实又满足生烃增压，两者共同作用导致的超压是超压形成的主要机制，同时超压机制差异又控制了压力的纵向分布特征。

三、超压成因的量化表征

根据超压的成因机制，结合研究区的沉积构造背景，笔者认为研究区超压的主要成因为欠压实作用、生烃作用和两者共同作用的结合。但是受泥岩分布、烃源岩生烃能力等方面的影响，导致研究区异常压力的成因具有层系上或深度上的差异，同时超压成因机制的差异性也控制了地层压力的纵向分布特征。

根据实际资料分析，在东营凹陷生烃能力相对较弱的层系（沙三段上亚段、沙三段中亚段）表现出比较明显的欠压实现象（声波速度降低，孔隙度异常增大），随着层系加深、埋深增大，这种欠压实现象依然存在，但是随着生烃能力的增强，生烃作用作为盆地增压的主要机制之一，生烃增压的作用也在逐渐增强。

东营凹陷的地层压力在纵向上具有三层结构，同时通过超压机制的分析知道：第一个台阶为静水压力，不存在欠压实或生烃增压的贡献；在第二个台阶内主要是欠压实增压；在第三个台阶内既有欠压实又有生烃增压贡献。那么，可以通过实测压力与深度的关系建立不同层段数据的趋势线：如上部第一个台阶的正常压实趋势线，中部第二个台阶的欠压实增压趋势线，下部第三个台阶的欠压实、生烃混合增压趋势线。根据不同层段的三层结构趋势线之差，就可以计算第三个台阶内各因素对超压的贡献，如欠压实贡献值 $=\Delta p_1/(\Delta p_1+\Delta p_2)$（图3-14）。

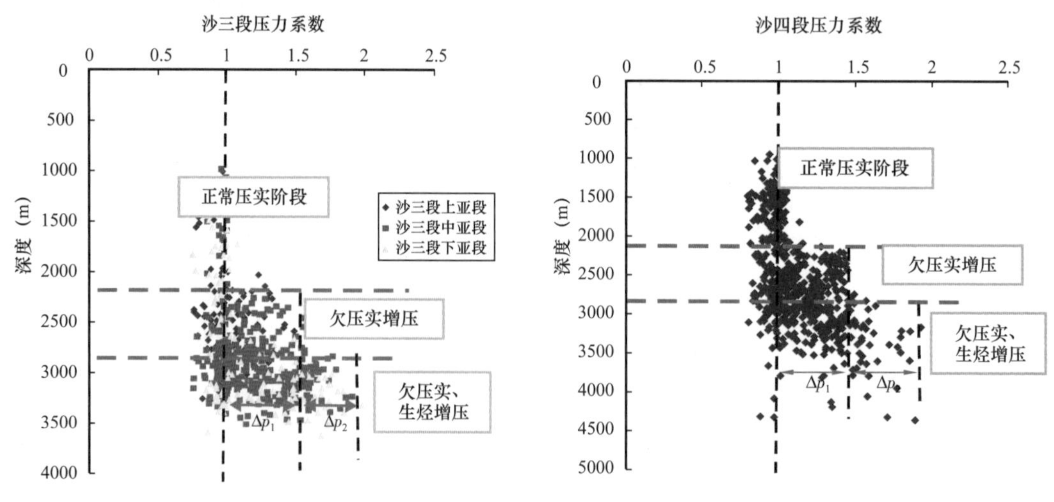

图3-14 趋势线法分析欠压实、生烃对超压的贡献

从计算结果来看，在第三个台阶内沙三段欠压实对超压的贡献量基本在60%左右，

而沙四段上亚段欠压实对超压的贡献量为50%左右。沙三段、沙四段在第二个台阶压力过渡区内欠压实贡献为100%，第一个台阶常压区欠压实、生烃贡献为零。

同时，通过大量的实测压力与计算压力的类别对比来分析欠压实、生烃对超压的贡献。实测的地层异常压力数据可能是多种因素增压的结果，而计算的地层异常压力主要是欠压实增压所致，因此可以把数据分为两大类：

（1）当实测压力大于计算压力时，认为欠压实和其他因素共同导致超压，可以认为计算的地层压力就是欠压实作用导致的超压，那么欠压实增压贡献量的大小可以下面的公式来表示：

$$a=（计算地层压力-静水压力）/（实测压力-静水压力）\times 100\%$$

（2）当实测压力不大于计算压力时，认为主要是欠压实作用导致的超压，欠压实的贡献为100%。

通过类别计算法，对东营凹陷部分井欠压实对超压的贡献进行了计算（表3-2），从计算结果来看，随深度增加、层系的加深，欠压实对盆地增压的贡献量在减少，生烃增压的贡献量在增加，在深层既满足欠压实又满足生烃增压的条件下，欠压实对超压的贡献量基本上为45%～70%，这与趋势线法所获得的数值基本一致。

表3-2　类别计算法计算欠压实对超压的贡献值

井号	深度（m）	压力（MPa）			压力系数		欠压实贡献量（%）
		实测压力	计算压力	绝对误差	实测压力系数	计算压力系数	
纯17	2213	29.16	29.38	0.22	1.32	1.33	100.00
纯44	2306.6	31.87	32.29	0.42	1.38	1.40	100.00
纯371	2693	33.95	34.10	0.15	1.26	1.27	100.00
樊147	2774.8	34.17	33.90	0.27	1.23	1.22	95.80
樊3	2815	34.89	34.20	0.69	1.24	1.21	89.76
纯106	2844.3	37.36	35.10	2.26	1.31	1.23	74.66
樊134	2927.8	39.2	36.40	2.80	1.34	1.24	71.78
纯106	2844.3	37.36	35.10	2.26	1.31	1.23	74.66
滨667	2936.6	35.83	34.20	1.63	1.22	1.16	74.78
高89	3013	42.6	39.20	3.40	1.41	1.30	72.73
滨172	3120	41.14	38.20	2.94	1.32	1.22	70.42
高892	3046.6	43.77	39.40	4.37	1.44	1.29	67.15
梁120	3100	47.91	41.82	6.09	1.55	1.35	63.99
梁122	3260	53.58	45.91	7.67	1.64	1.41	63.44

续表

井号	深度（m）	压力（MPa）			压力系数		欠压实贡献量（%）
		实测压力	计算压力	绝对误差	实测压力系数	计算压力系数	
梁 109	3320	50.97	45.68	5.29	1.54	1.38	70.23
梁 76	3771	57.62	50.53	7.09	1.53	1.34	64.39
滨 437	3769.8	55.82	48.63	7.19	1.48	1.29	60.31
滨 444	3620.6	55.44	47.20	8.24	1.53	1.30	57.16
史 146	3840	69.23	55.42	13.81	1.80	1.44	55.21

四、盆地增压动力学模式

通过上述分析，明确了欠压实和生烃作用是东营凹陷增压的主要机制，在这个基础上建立盆地增压动力学模式，主要包括正常压实、欠压实及生烃早期、欠压实及大量生烃增压三个演化阶段（图 3–15）。

（1）正常压实阶段：在盆地发育早期，地层压实、孔隙体积的减小与流体排放处于平衡状态；孔隙流体压力保持静水压力（2200m 以上）。

（2）欠压实及生烃早期阶段：随着沉积、沉降的不断进行和埋深的加大（2200m 以深），当地层埋藏速率较高时，负荷应力的增大（孔隙体积的减小）与流体的排出不能达到平衡，厚层泥岩开始出现欠压实，导致盆地开始发育超压；这时如果埋深达到生烃门限，烃源岩开始生烃，孔隙流体压力会有所增高。在生烃未达到生排烃高峰时，这个阶段应该以欠压实增压为主。

（3）欠压实及大量生烃增压阶段：随着盆地的进一步沉降（2800m 以深），特别是欠压实和生烃作用的不断增强，尤其是生排烃高峰后大量生烃导致盆地超压进一步增强，附近输导层逐渐出现超压。

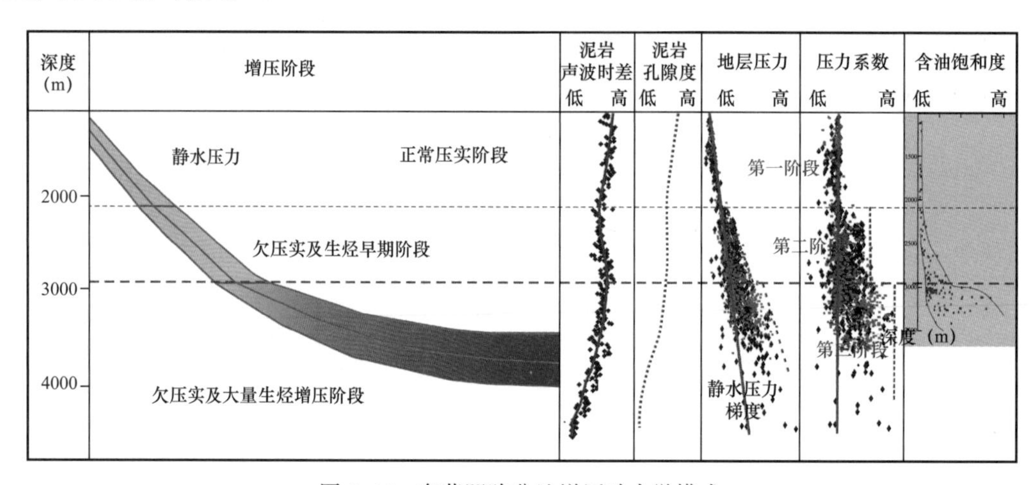

图 3–15　东营凹陷盆地增压动力学模式

第三节　古流体压力场演化恢复方法

一、主力成藏期确定

1. 有机流体包裹体荧光分析

含芳环的有机流体（油）包裹体在紫外光照射下表现出的荧光行为，是区别其与一般盐水包裹体的最迅速而有效的方法；运用冷冻冰点法也可粗略判别不发荧光的油包裹体，有机流体包裹体的荧光特征反映了其内有机质（石油）的成分特征及热演化程度；当其中有机质芳烃成分越高时，其荧光光谱主峰向长波方向偏移，即“红移”，反之则“蓝移”。而有机流体包裹体形成温度越高，其中石油热演化程度越高，石油因裂解导致芳烃成分减少，低分子质量成分增加，由此造成荧光光谱向短波方向偏移，即“蓝移”。由此可见，有机流体包裹体的荧光颜色及其对应的波长由红色（630～750nm）、橙色（590～630nm）、黄色（570～590nm）、绿色（490～570nm）、蓝白色（＜490nm）向无色的变化，反映了有机质从低成熟度向高成熟度演化；运用双通道微束荧光光谱分析仪可定量获取不同成熟度的油包裹体荧光颜色和光谱。

从荧光观测来看，东营凹陷观测到 1～3 期油气充注，烃类包裹体发深黄色—橙色荧光油包裹体的均一温度介于 65～130℃之间，而发蓝白色荧光油包裹体均一温度介于 80～170℃之间。显然，介于 80～120℃之间发蓝白色荧光的油包裹体在捕获时期应为发黄色荧光油包裹体（图 3-16）。

实际上，与油包裹体同期的盐水包裹体均一温度才是真正代表捕获时期的最小地层古温度。东营凹陷与油包裹体同期的盐水包裹体均一温度统计分布（图 3-17）显示，发蓝白色荧光油包裹体的同期盐水包裹体均一温度介于 95～170℃之间，而发黄色荧光油包裹体同期盐水包裹体均一温度介于 105～135℃之间，

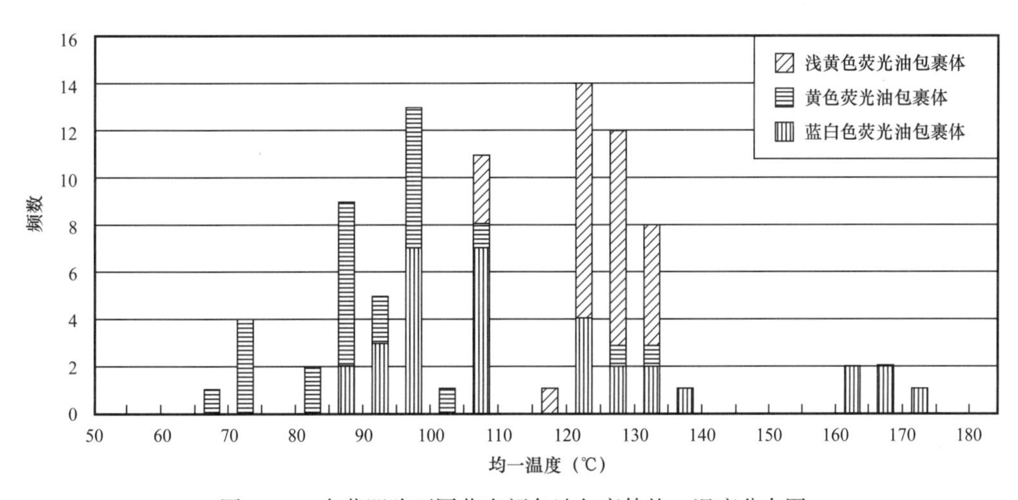

图 3-16　东营凹陷不同荧光颜色油包裹体均一温度分布图

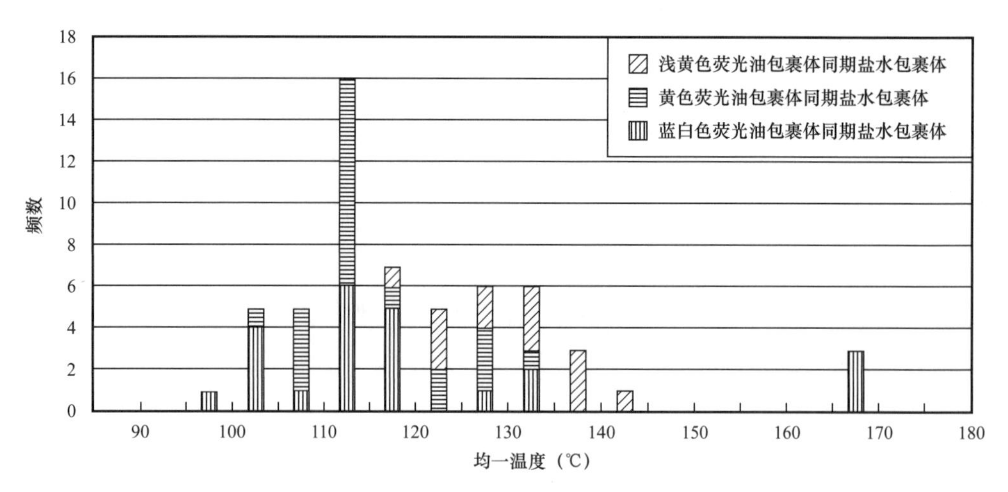

图 3-17　东营凹陷不同荧光颜色油包裹体和同期盐水包裹体均一温度分布图

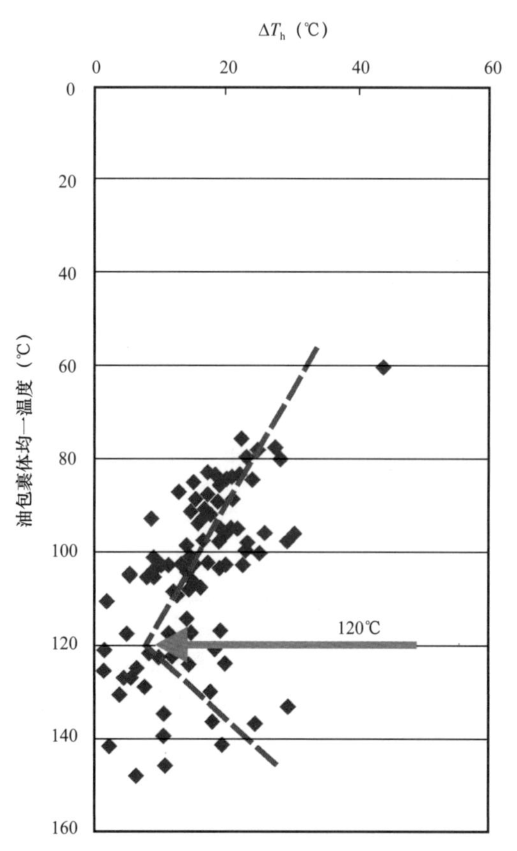

图 3-18　东营凹陷油包裹体均一温度—ΔT_h 关系图

ΔT_h—同期盐水包裹体均一温度减去油包裹体均一温度

橙色荧光油包裹体同期盐水包裹体均一温度介于 120～145℃之间。那么，同期盐水包裹体均一温度介于 95～145℃之间发蓝白色荧光油包裹体即为后期裂解而形成的“假”高成熟度油包裹体。这说明简单运用蓝白色荧光油包裹体指示高成熟度是存在问题的。

根据有机流体包裹体荧光颜色观察和均一温度—ΔT_h 关系（图 3-18）发现，部分发蓝白色荧光油包裹体为捕获后经历了高于 130～145℃地温而再度裂解的蚀变结果（图 3-19）。由此解决了长期以来国际上能否运用荧光颜色准确衡量油包裹体成熟度的争议——剔除这部分原来为发黄色荧光，后期蚀变成的蓝白色假高成熟度油包裹体，还是可以根据荧光颜色来划分油气充注期次的。

东营凹陷沙河街组早期充注油气以发黄色荧光或浅白色荧光（密度分异）为主，代表早期成熟油充注（图 3-20、图 3-21）；晚期充注油气以发浅黄色—蓝白色荧光为主（图 3-22、图 3-23）。浅层馆陶组、沙一段、沙二段以发浅白色和深黄色荧光油包裹体为主，表明其成熟度相对较低（图 3-24 至图 3-26）；中层的沙三段以发浅黄色和蓝白色荧光油包裹体为主，以成熟—高成熟度油为特征（图 3-27）；深层的沙四段以发蓝白色荧光为主，反映高成熟度油气充注特征（图 3-28）。

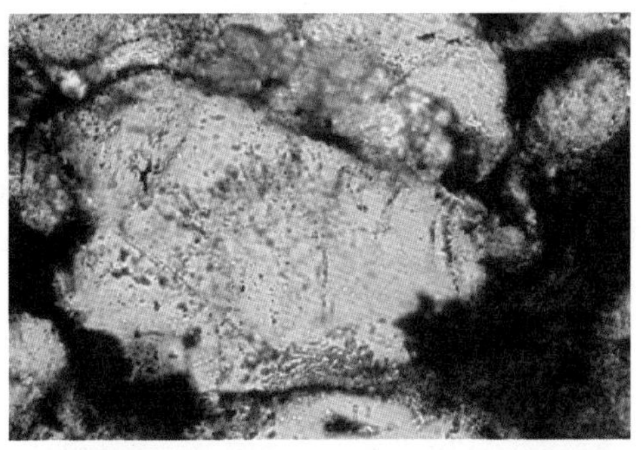
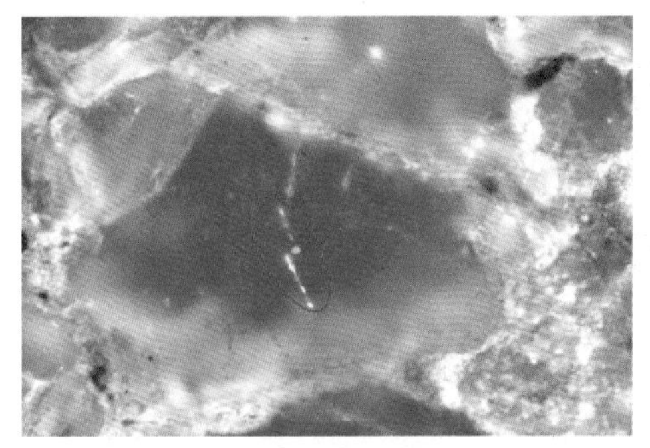

(a) 早期充注黄色荧光原油，后期裂解成蓝白色荧光原油；牛斜44井，2967.69m，含油粉细砂岩，$Es_3^{中}$，穿石英裂纹中见发蓝白色荧光油包裹体；T_{haq}=104.5℃，T_{hoil}=85.5℃，ΔT_h=19℃

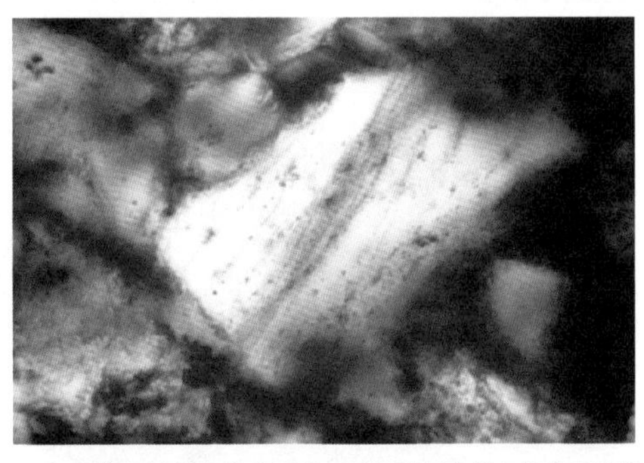
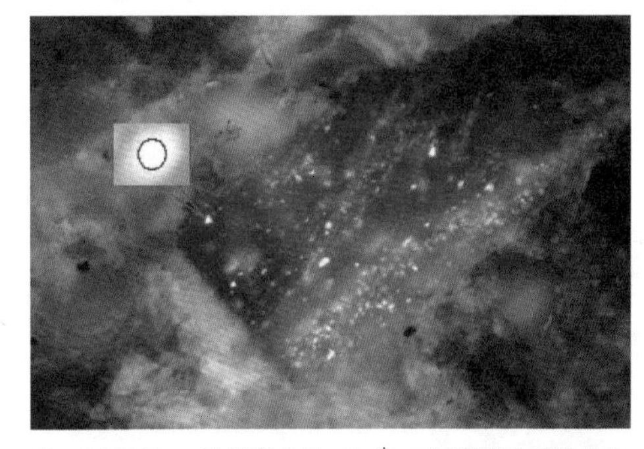

(b) 早期充注黄色荧光原油，后期裂解成蓝白色荧光原油；史111井，3649.89m，油浸细砂岩，$Es_3^{中}$，石英颗粒内裂纹中见发蓝白色荧光油包裹体；T_{haq}=108℃，T_{hoil}=91℃，ΔT_h=17℃

(c) 早期充注黄色荧光原油，后期裂解成蓝白色荧光原油；史108井，3334.00m，油斑粉砂岩，$Es_3^{中}$，穿石英颗粒裂纹中见发蓝白色荧光的油水两相、单一液相及气液两相油包裹体，光谱主峰505nm；T_{haq}=103.1℃，T_{hoil}=79.7℃，ΔT_h=23.4℃

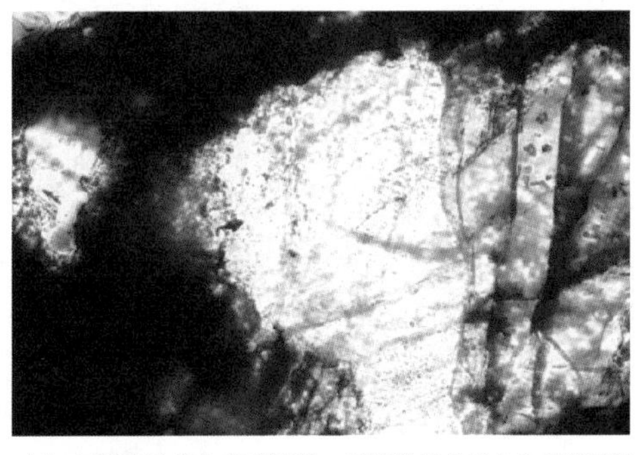
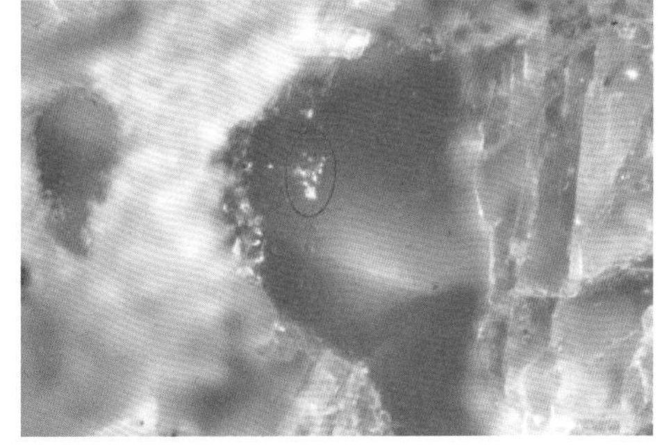

(d) 早期充注黄色荧光原油，后期裂解成蓝白色荧光原油；牛104井，3052.00m，油浸粉砂岩，$Es_3^{中}$，穿石英颗粒裂纹中见大量发蓝白色荧光的油包裹体；T_{haq}=117.5℃，T_{hoil}=102.4℃，ΔT_h=15.1℃

图 3-19　东营凹陷沙三段中亚段沉积早期发黄色荧光油包裹体被捕获后裂解成发蓝白色荧光油包裹体

(a) 透射光

(b) 荧光

图 3-20 石英次生加大边中见大量发深黄色荧光油包裹体（早期充注）

永 53 井，2253.55m，Es_4，油浸含砾中砂岩，数值代表均一温度（℃）

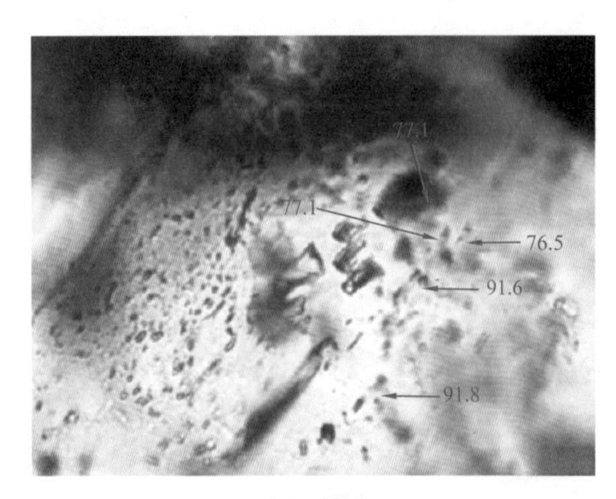

(a) 透射光

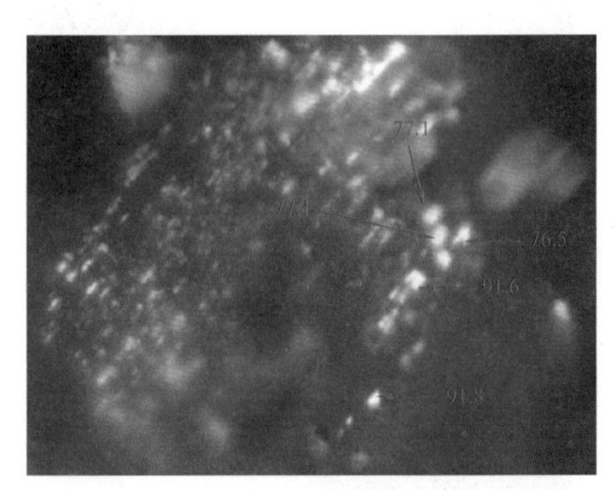

(b) 荧光

图 3-21 长石节理中大量发黄色荧光和少量发浅白色荧光油包裹体（早期充注）

河 148 井，3019.00m，Es_3，油浸粉砂岩，数值代表均一温度（℃）

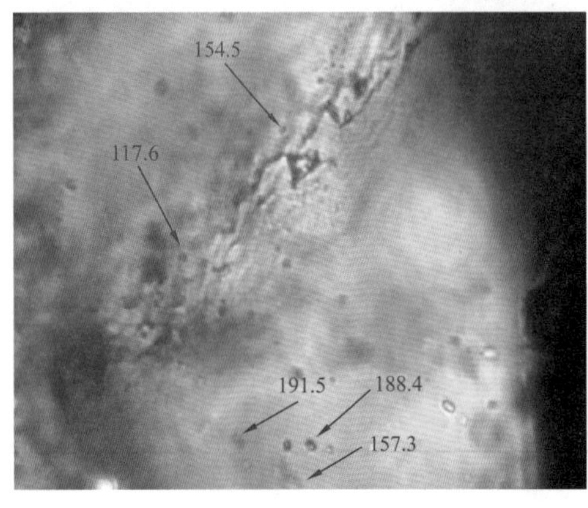

(a) 透射光

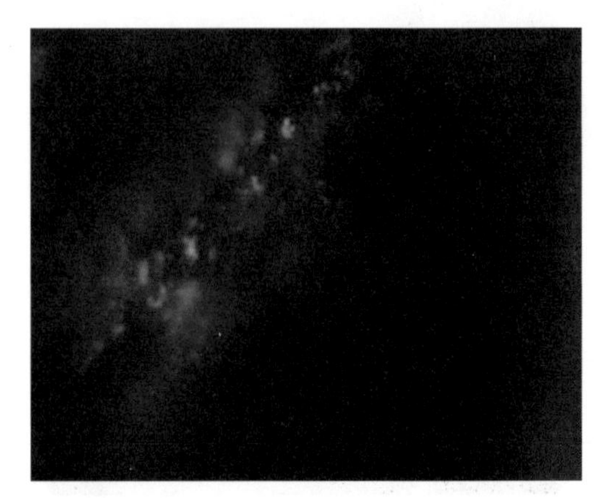

(b) 荧光

图 3-22 穿石英颗粒裂纹中发淡黄色荧光油包裹体及石英颗粒内裂纹中的盐水包裹体（晚期充注）

盐 16 井，2224.87，Es_4，细砂岩，数值代表均一温度（℃）

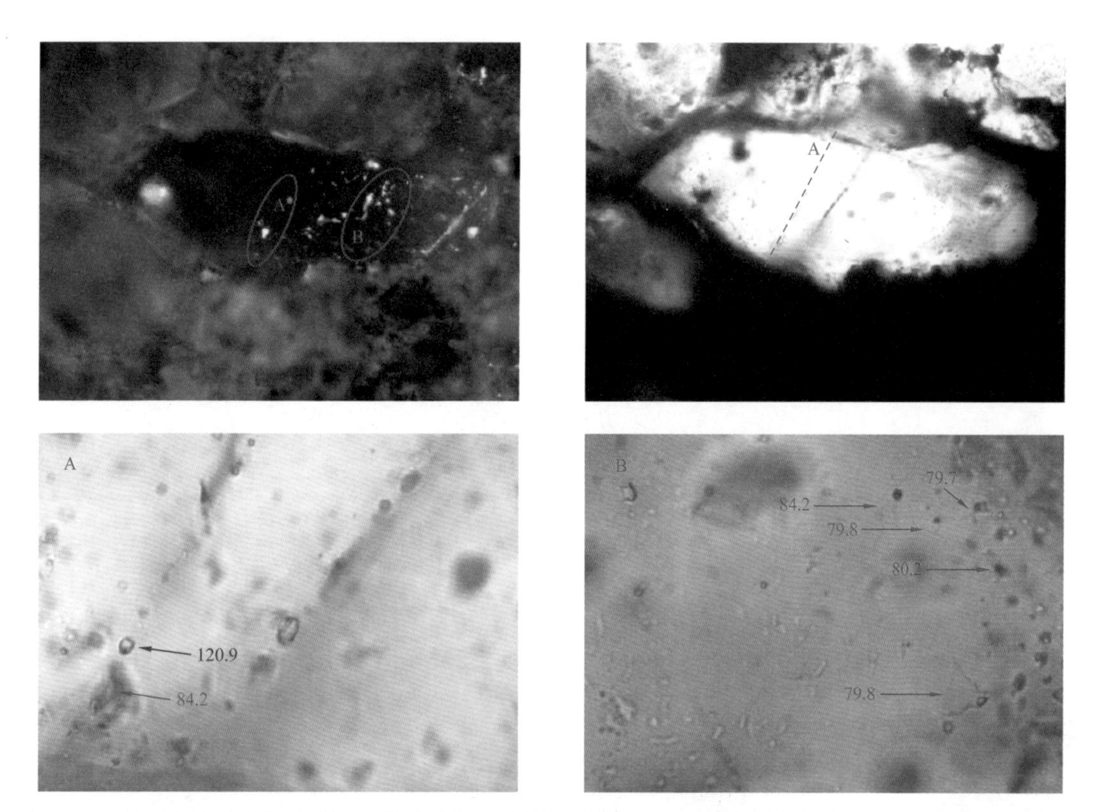

图 3-23　穿石英颗粒裂纹中发淡黄色荧光油包裹体及其同期盐水包裹体（A 处）和穿石英颗粒裂纹中发淡黄色荧光的油包裹体（B 处）

中晚期充注，王 63 井，2848.02m，Es_3中，油浸细砂岩，数值代表均一温度（℃）

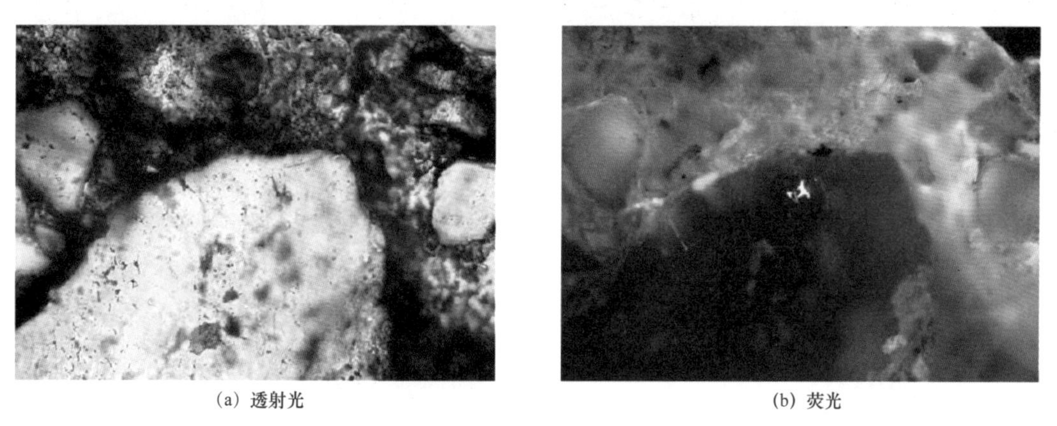

(a) 透射光　　(b) 荧光

图 3-24　石英颗粒内裂纹中可见发黄色荧光油包裹体

陈 311 井，1252.0m，Ng，油浸细砂岩

2. 流体包裹体显微测温分析

流体包裹体显微测温，特别是对应于烃类包裹体的同期盐水包裹体显微测温是划分油气充注期次和确定古地温（梯度）的主要依据。考虑到不同井和不同深度段采集的流体包裹体显微测温能够划分各自的期次，通过精细埋藏史投影法统一到同一个时间轴上，就可以确定油气成藏期次和成藏时期。

将同期盐水包裹体均一温度投影到各自的埋藏史图上，如图 3-29 所示，就可以获得各个测点各期次的充注年龄值。将这些年龄值再投影到统一的时间轴上，就可以对这些样品检测到的油气进行统一分期，并确定其成藏期次和成藏时期。

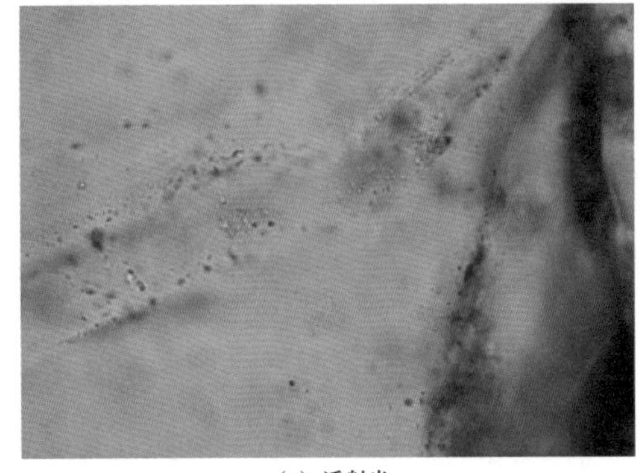

(a) 透射光

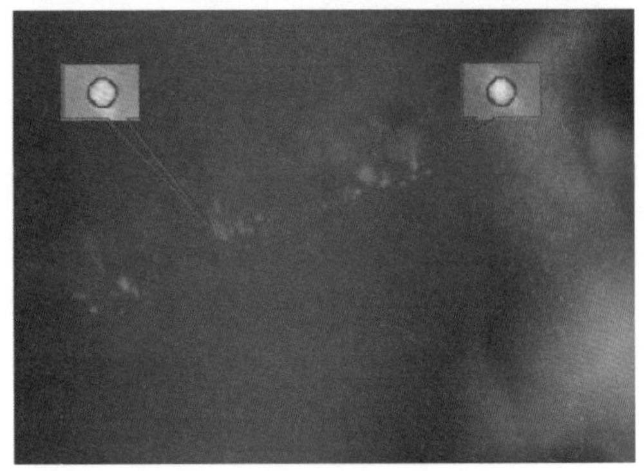

(b) 荧光

图 3-25 穿石英颗粒裂纹中见发橘黄色荧光油包裹体

河 29 井，2445.25m，Es_2，油浸中粗砂岩

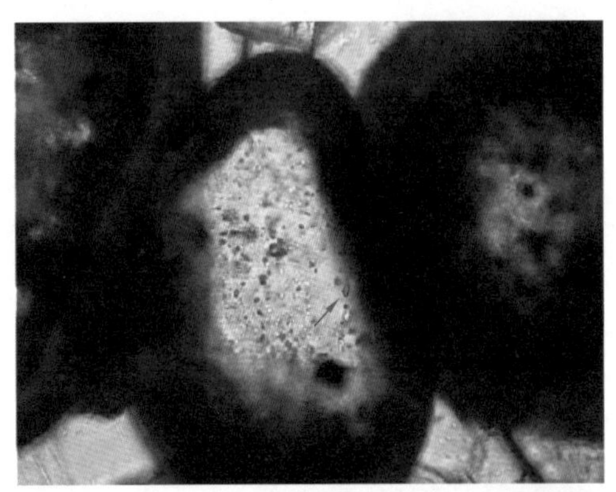

(a) 透射光

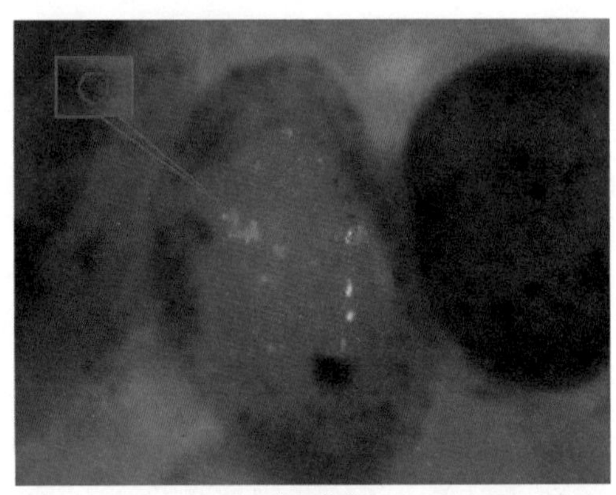

(b) 荧光

图 3-26 石英颗粒内裂纹中见发浅白色荧光油包裹体

河 141 井，2052.61m，Es_1，钙质胶结中砂岩

(a) 透射光

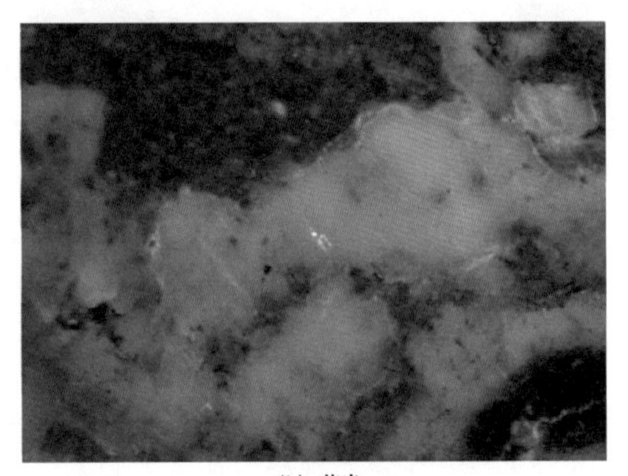

(b) 荧光

图 3-27 泥岩裂缝方解石脉充填，见高成熟度发白色荧光油包裹体

坨 711 井，3277.04m，Es_3

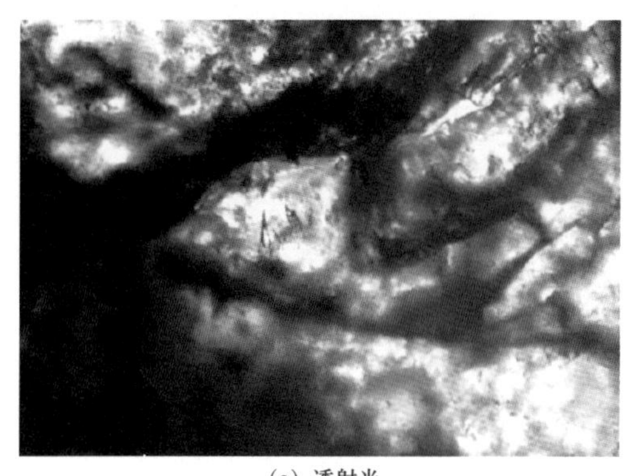
(a) 透射光

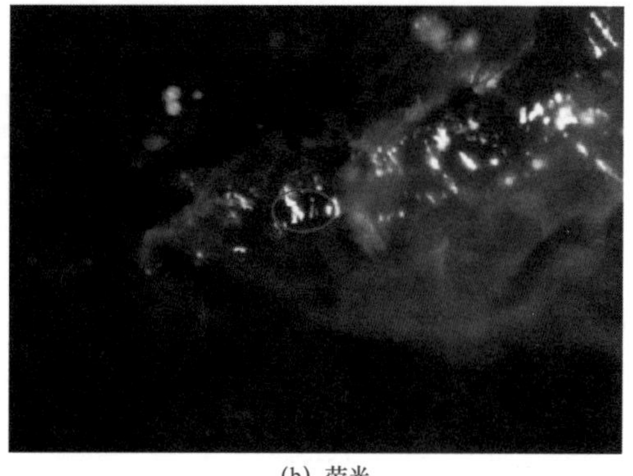
(b) 荧光

图 3-28　穿石英颗粒裂纹中发蓝白色荧光油包裹体

丰 8 井，4181.50m，Es_4，粗砂岩

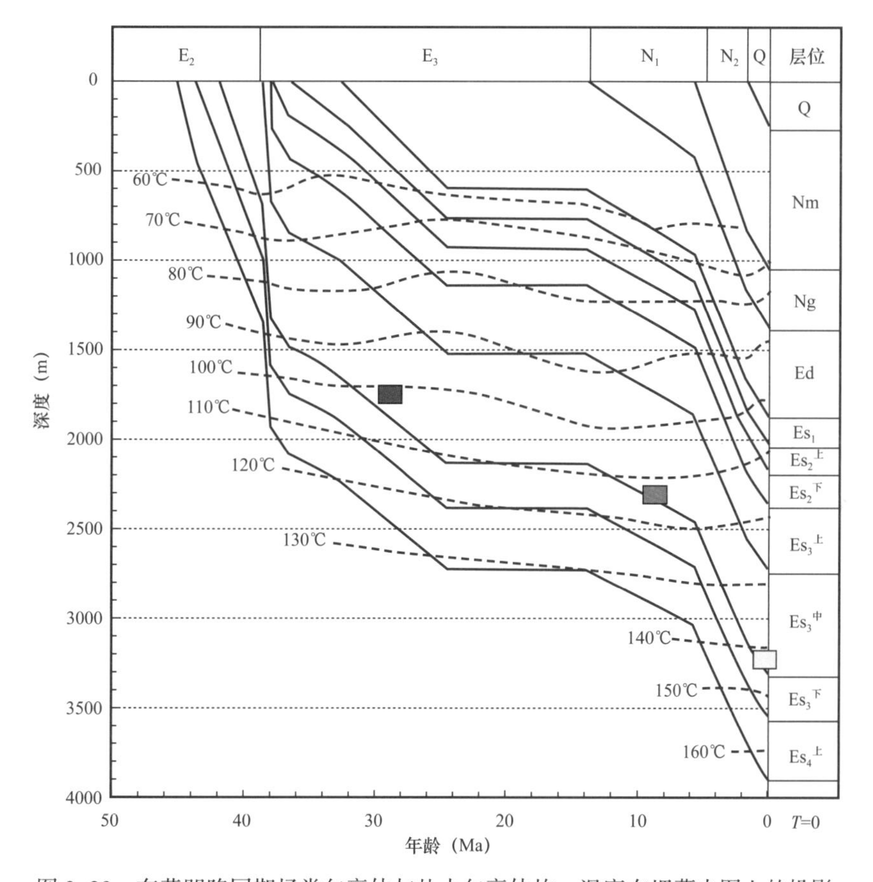

图 3-29　东营凹陷同期烃类包裹体与盐水包裹体均一温度在埋藏史图上的投影

运用此种方法确定的东营凹陷油气成藏事件（图 3-30），可见总体发育三期油气充注：（1）第一期充注，34—24Ma；（2）第二期充注，13.8—8.0Ma；（3）第三期充注，8.0Ma 至今。其中，24—13.8Ma 为成藏间歇期。然而，各个洼陷油气充注过程明确不同：牛庄洼陷和利津洼陷发育三期充注，最早充注时期在 34Ma 左右，但主要充注期次是第二期和第三期，尤其是第三期的晚期充注奠定了最终油气分布格局；博兴洼陷分析的三口井流体包裹体样品仅检测到第三期充注。

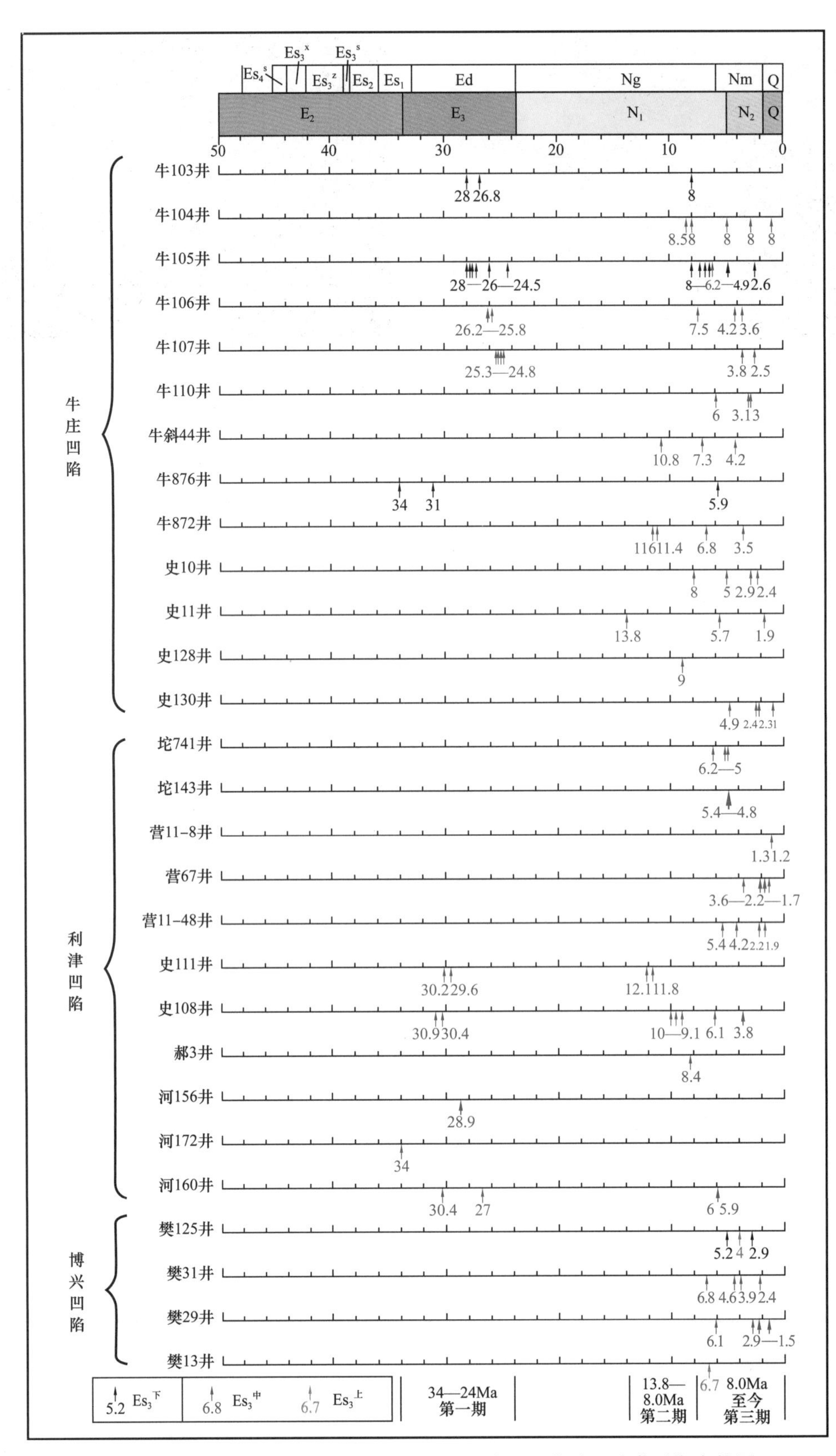

图 3-30　东营凹陷流体包裹体方法确定的油气充注期次和成藏时期事件图

综上所述，与烃类包裹体共生的盐水包裹体均一温度分期，以及投影到精细埋藏史图获得其充注年龄，再统一到同一时间轴上综合确定成藏期次和成藏时期，不但与前文的烃类包裹体荧光颜色和微束荧光光谱分析取得了较为一致的结果，而且在东营凹陷获得较理想的结果，明确了东营凹陷油气成藏事件的期次和时间。

二、古流体压力热动力学模拟

1. 古流体压力热动力学模拟原理

如果流体化学成分已知，那么就可以运用适当的状态方程构筑被包裹流体的 p—T 相图和等容线。然而，目前还不能定量分析单个成岩包裹体的成分，显微光谱数据也不能生成精确的 pVT 模型。运用共焦荧光扫描显微镜（confocal laser scanning microscopy）能够生成单个烃类包裹体假 3D 图像，从而精确地测定单个烃类包裹体的气液比和油水比；爆裂仪法或真空研磨仪外接四极质谱仪能够获得群体包裹体化学成分，并以此作为与某期盐水包裹体共生烃类包裹体成分的近似代表，来构筑该烃类包裹体的 p—T 相图和等容线。另外，还需要系统测定共生盐水和烃类流体包裹体的均一温度。运用同期盐水包裹体和含烃或烃类包裹体化学体系在 p—T 空间投影的等容线单值变化和不同组成流体包裹体等容线在此 p—T 空间只相交一次的物理特性，即可确定烃类流体包裹体最小捕获压力。如图 3–31 所示，ABC 线为烃类包裹体或含烃盐水包裹体等容线，AB 段为气液两相共存，到 B 点均一为液相。T_{hB} 为含烃盐水或烃类流体包裹体均一温度，T_{hC} 为同期盐水包裹体均一温度。利用 T_{hC} 近似于该期次流体包裹体的捕获温度这一假设条件，与烃类包裹体或含烃盐水包裹体等容线对应的压力，即为最小捕获压力。根据流体包裹体化学组成、同期盐水和含烃包裹体均一温度和室内温压条件下的气液比等参数，美国 Calsep 公司发展了运用流体包裹体模拟其捕获最小压力的方法——共生盐水包裹体均一温度与（含）烃类流体包裹体等容线交会法，以及相应的 pVT 模拟软件——VTFLINC（图 3–32）。

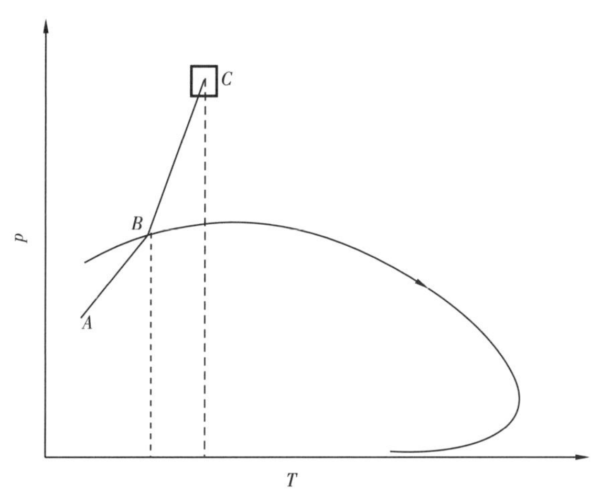

图 3–31　流体包裹体热动力学模拟最小捕获压力求取示意图（据 I. A. Munz，2001，修改）

如上所述，模拟流体包裹体的最小捕获压力，需要知道盐水包裹体的均一温度（T_h）以及与其共生的同期含烃盐水包裹体或烃类包裹体的均一温度、气液比和流体相组成。需要准备以下热动力学模拟参数：

（1）包裹体的均一温度及包裹体盐度测定（NaCl 质量分数）。流体包裹体均一温度（T_h）和冰点温度（T_m）测定使用的是英国 Linkam 公司的最新产品 THMS 600G 自动冷热台，测定误差为 ±0.1℃；显微镜为日本品牌 Olympus，另配 100 倍长焦工作镜头。均一温度测定时的升温速率为 4～5℃ /min。包裹体盐度是根据冰点温度换算的盐度，即 NaCl 质量分数（Bodnar，1993）。测定出包裹体冰点温度时的降温速率为 6～8℃ /min。在测试烃类包裹体的均一温度时，选择和盐水包裹体共生的同期烃类包裹体和含烃盐水包裹体进行测试。

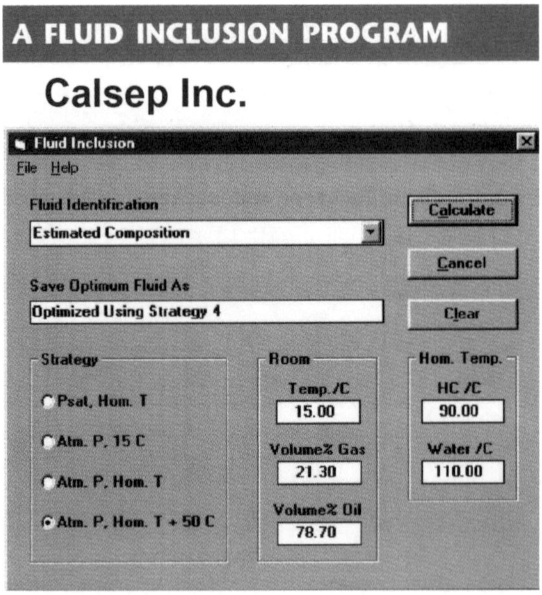

图 3-32　利用流体包裹体获取古压力信息的 VTFLINC 软件界面

（2）流体包裹体气液比的测定。本次测定的样品大都为石英颗粒裂纹及其次生加大边中的流体包裹体，为避免包裹体后期变形的影响，测定时尽量选择较小的流体包裹体进行测定，可近似看作球体，因此，运用带 100 倍 8mm 长焦工作镜头的 Olympus 显微镜测定室温、室压条件下流体包裹体气、液直径，计算其半径立方比，即为该流体包裹体的气液比。

（3）流体包裹体成分。运用真空研磨仪外接四极质谱仪获得其群体包裹体化学成分，作为测定期次包裹体的平均成分。

运用上述方法，获得了各期次油包裹体与同期盐水包裹体数据对。运用真空研磨仪外接四极质谱仪获得烃类包裹体平均成分（表 3-3）。

将各期次盐水包裹体的均一温度及其共生的同期含烃盐水包裹体或烃类包裹体的均一温度、气液比和化学组成输入 VTFLINC 软件，通过运行该软件，即可获得热动力学模拟结果——各期次流体包裹体的最小捕获压力。

表 3-3　真空研磨法测定油包裹体流体成分结果

分析结果（摩尔分数）													
成分	CO_2	C_1	C_2	C_3	i–C_4	n–C_4	i–C_5	n–C_5	C_6	C_7	C_8	C_9	C_{10}
含量	0.280	62.060	9.500	6.190	1.280	2.540	0.980	1.390	2.260	1.823	1.570	1.351	2.164
成分	C_{12}	C_{13}	C_{16}	C_{18}	C_{19}	C_{22}	C_{27}	C_{37}	N_2				
含量	0.862	1.380	1.023	0.758	0.562	0.725	0.523	0.359	0.420				

相关符号说明如下：

（1）T_h 为均一温度（℃）数据对，T_{hoil} 为油包裹体或含烃盐水包裹体均一温度，T_{haq} 为对应同期盐水包裹体均一温度，通过迭代法可获得该期盐水包裹体的均一温度平均值下最小捕获压力的最大值；

（2）G/L 为气液比（%）；

（3）d 为结合埋藏史恢复的古埋深（m）；

（4）t 为结合埋藏史获得的捕获时间（Ma）；

（5）p 为热动力学模拟获得的古压力（MPa）；

（6）p_c 为古压力系数计算值。

2. 古流体压力模拟精度分析

为了获得成藏期较为可靠的温度—压力条件参数，有必要对运用流体包裹体均一法获得的古温度和热动力学模拟获得的古流体压力存在的误差进行分析，若误差在接收范围之内，则在此基础上进行古流体势恢复。

流体包裹体显微测温和古流体压力热动力学模拟结果的误差分析有三种途径：一是与地层温度—压力数值模拟结果的比较；二是最晚一期的古温度—压力与今实测地层温度—压力比较；三是地层温度—压力数值模拟结果与今实测地层温度—压力比较。

通过选择第三期（8Ma 至今）盐水包裹体均一温度与其今地温对比（图 3-33）发现，东营凹陷流体包裹体均一温度系统地高于今地层温度约 15℃。出现这种系统差值，并不是反映流体包裹体的均一温度不准，反而证明了流体包裹体均一温度是可靠的，它真实地记录了地温历史；同时反映了东营凹陷由于处于裂后热沉降阶段，盆地出现冷却的地质过程。

第三期流体包裹体热动力学模拟获得的 8Ma 至今的古流体压力与今地层测试压力对比结果如图 3-34 所示，从中可看出二者斜率基本一致，表明运用流体包裹体热动力学模拟获得的古流体压力也是可靠的。

三、古流体压力恢复原理

鉴于流体包裹体样品采集于不同深度，要想获得某个时期的古流体压力平面等值线图，首先要将这些样品恢复到当时的埋深；其次，要根据样品深度统计分布，选择样品分布最多的古深度（统计均值，图 3–35），作这个古深度的古流体压力切片，即可得到各个油气成藏时期的古流体压力平面等值线图。不在此古深度的样品，由于选择以沙三段中亚段样品为主，将假设在统一流体压力系统之中，采取静水压力梯度插值法求取，即高于此古深度的样品将加上其与古深度段的流体压力差值，低于此古深度的样品将减去其与古深度段的流体压力差值。

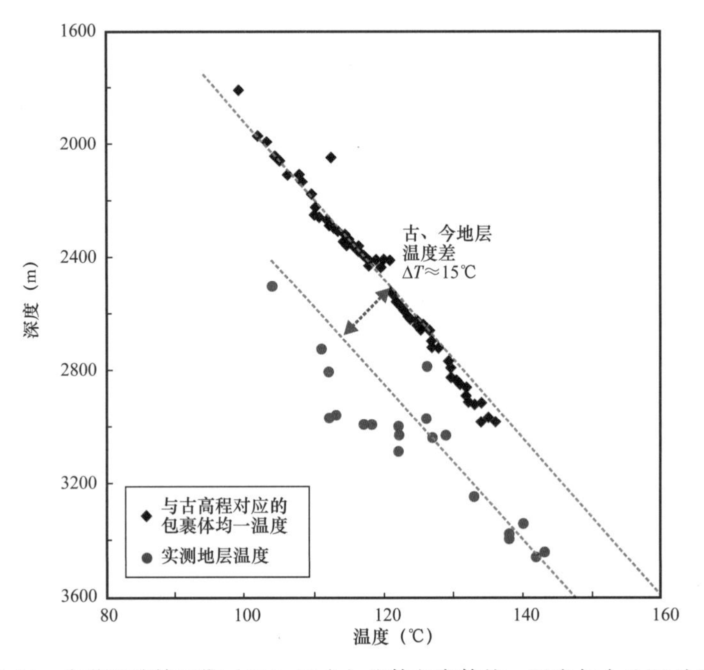

图 3–33　东营凹陷第三期（8Ma 至今）流体包裹体均一温度与今地温对比图

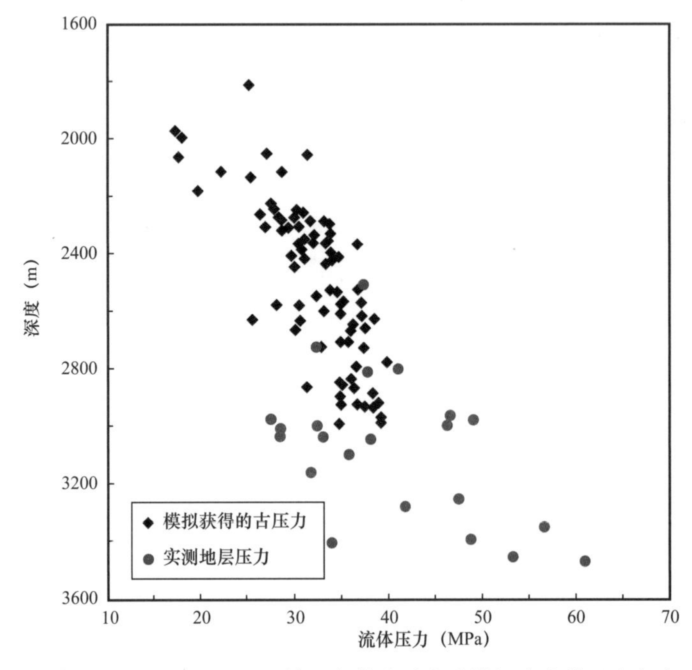

图 3–34　东营凹陷第三期（8Ma 至今）流体包裹体热动力学模拟古流体压力与今地层压力对比图

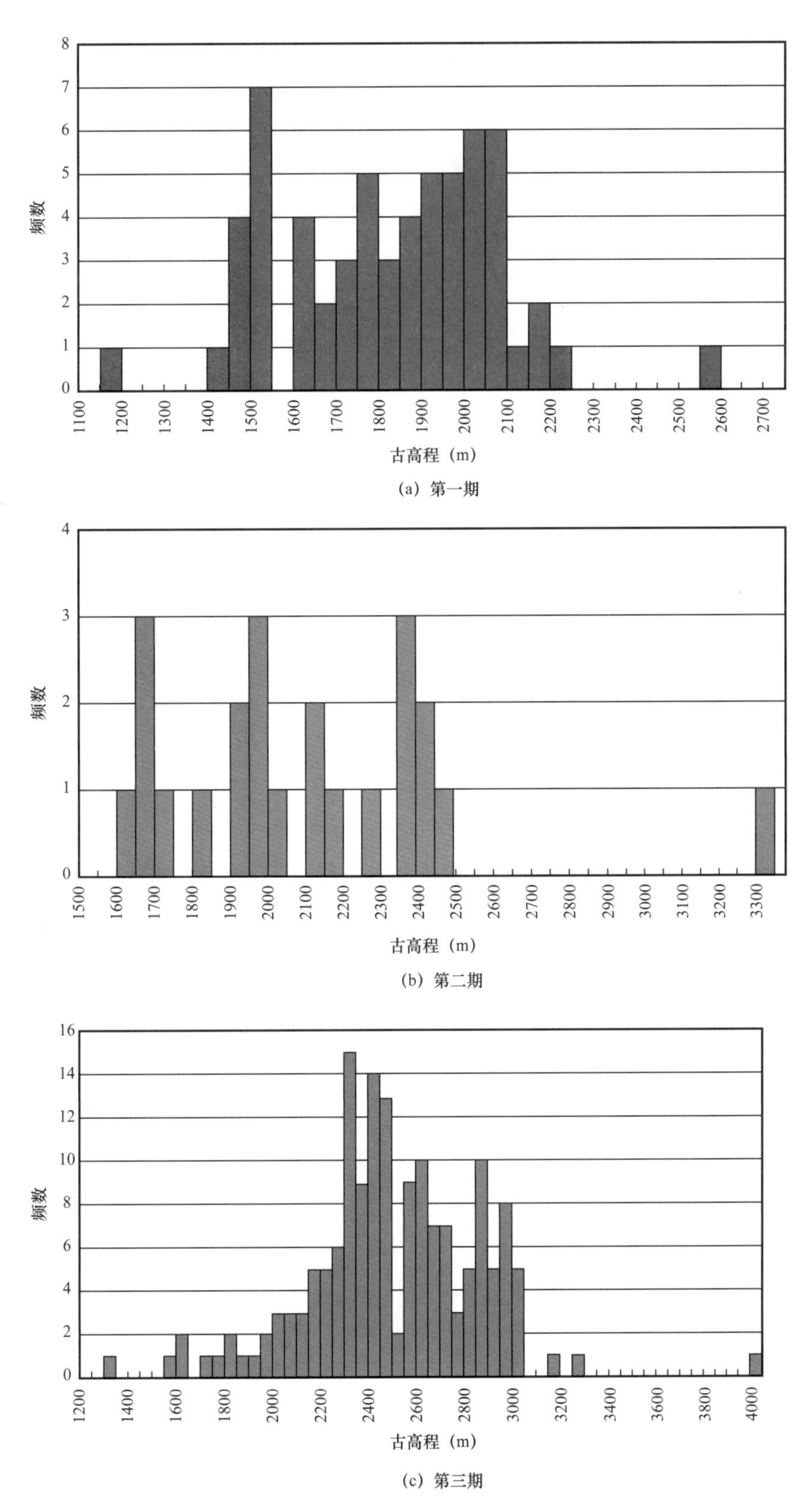

图 3-35　东营凹陷第一期至第三期油气充注时期样品古深度统计分布直方图

第四节　古流体压力场演化过程

根据上述古流体压力热动力学模拟原理、方法和技术，对东营凹陷、惠民凹陷和沾化＋车镇凹陷所采集样品获得数据对的样品开展了热动力学模拟。

一、东营凹陷古流体压力场演化

将模拟获得的古流体压力除以其古埋深（由精细埋藏史投影法获得）所对应的古静水压力，即可得到古流体压力系数和捕获年龄。将古压力系数对地质年龄作图，可得到古流体压力系数随时间轴的演化。

东营凹陷古流体压力系数随时间轴演化趋势（图 3-36）表明：（1）东营凹陷中深层，尤其是牛庄洼陷、利津洼陷沙三段，是自 10Ma 左右才开始发育异常超压（压力系数>1.2）的，且一直持续至今；（2）压力系数呈现三个旋回性，对应于三期油气充注，即第一期 34—24Ma 油气充注以常压系统为特征，第二期 13.8—8.0Ma 油气充注开始出现低幅异常超压，第三期 8.0Ma 至今油气充注发育中等—较强的异常超压；（3）东营凹陷深层沙四段—孔店组与中深层不一样，早期 38—26Ma 油气充注既发育低幅超压也有常压，晚期 10—2Ma 油气充注以常压为主。

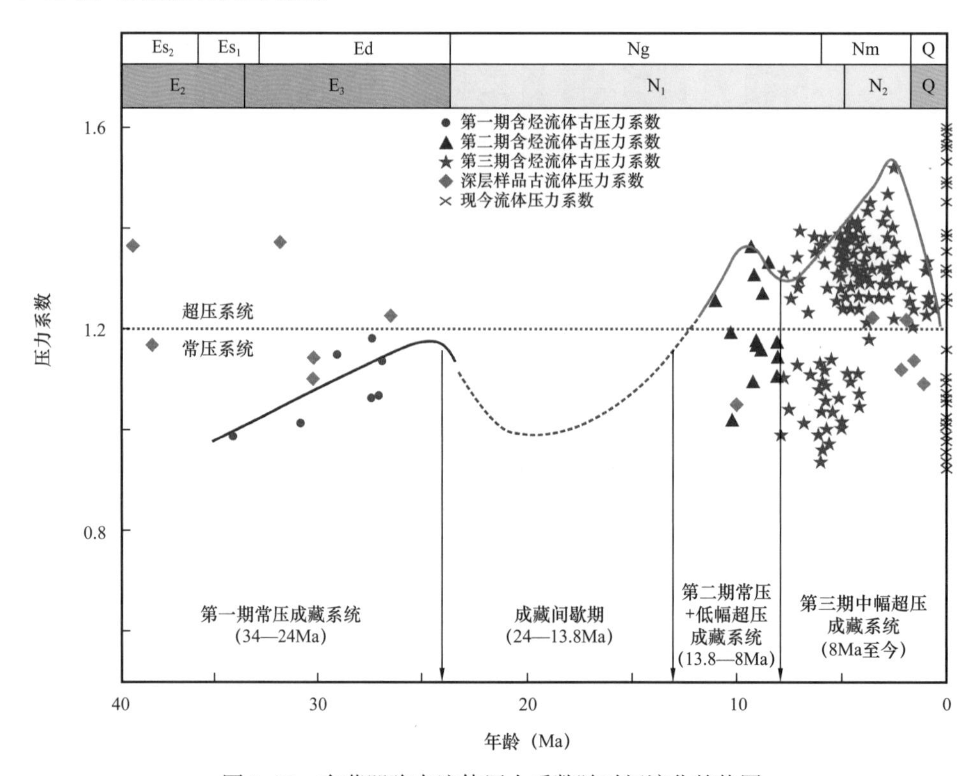

图 3-36　东营凹陷古流体压力系数随时间演化趋势图

运用上述方法，获得了东营凹陷沙三段中亚段第一期油气充注时期的古深度为 2350m（对应于今埋深 2960m）；第二期油气充注时期的古深度为 1950m（对应于今埋深

3130m）；第三期油气充注时期的古深度为 1900m（对应于今埋深 3298m）。

第一期油气充注时期（34—24.8Ma），东营凹陷沙三段中亚段古流体压力系数等值线图（图 3-37）表明，除了利津洼陷发育中等强度超压之外，其他地区基本为常压系统。

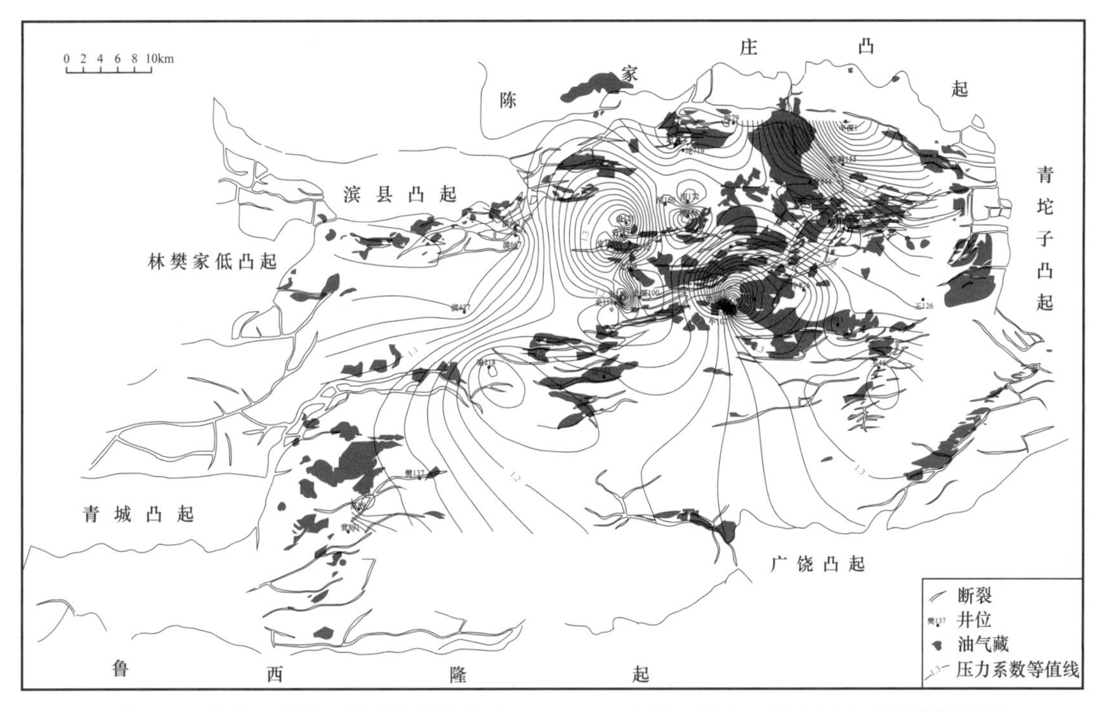

图 3-37　东营凹陷第一期油气充注期（34—24.8Ma）沙三段中亚段古压力系数等值线图

第二期油气充注时期（13.8—8Ma），东营凹陷沙三段中亚段古流体压力系数等值线图（图 3-38）表明，发育以牛庄、民丰和利津洼陷为中心的三个子超压系统；博兴洼陷和南部斜坡带为常压系统；环洼陷带既是断层发育带，也是常压系统发育带，是有利的泄压和油气聚集带。

第三期油气充注时期（8Ma 至今），东营凹陷沙三段中亚段古流体压力系数等值线图（图 3-39）表明，与第二期相比，超压中心基本没变，但超压范围进一步扩大，超压幅度进一步加强，在这三个洼陷局部出现中等—较强超压中心；沿着控洼边界断层也出现串珠状超压，主要与断层超压传递有关。

二、东营凹陷古流体势特征

东营凹陷沙三段中亚段第一期油气充注时期（34—24.8Ma）古油势等值线与沙三段油藏平面分布叠合图（图 3-40）显示，牛 106—牛 105 井区的高油势中心主要与低序次断层超压传递有关；博兴洼陷的梁 218 井区是一个次级高油势中心；第一期油气大部分充注于油势低于 7kJ/kg 阈值的古流体势区域圈闭内；辛 165 井区以南区域为民丰高势区和牛 106—牛 105 井区高势区之间的相对低势区，利津洼陷北坡和牛庄洼陷南坡均是第一期有利的油气低势聚集带。

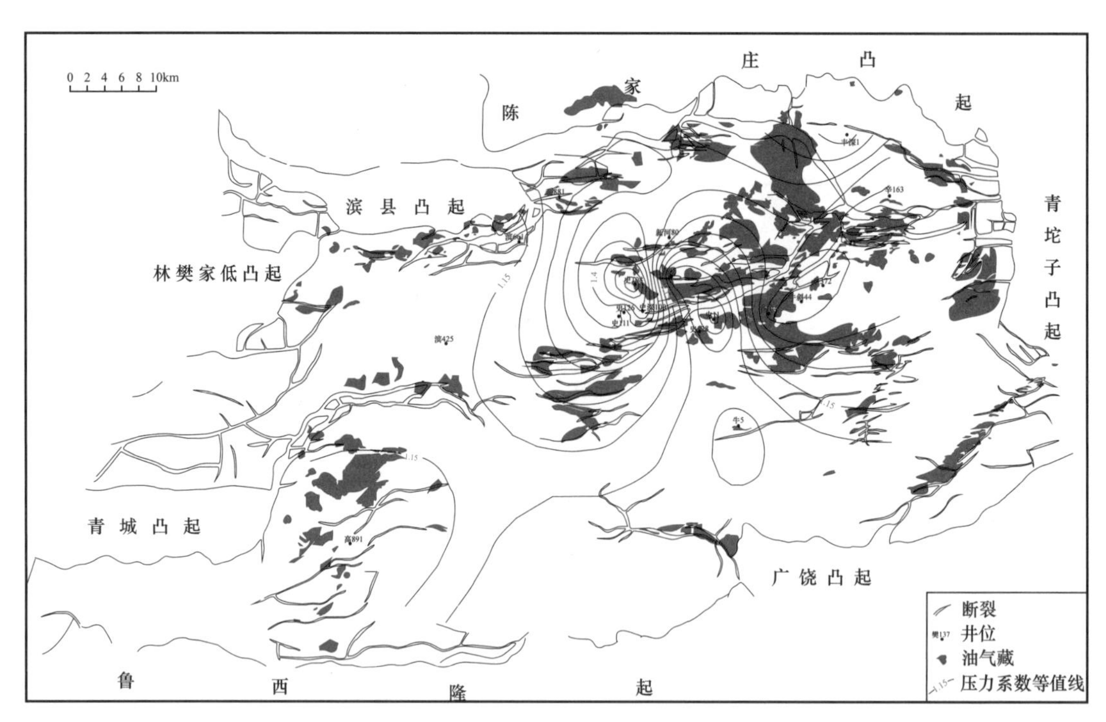

图 3-38　东营凹陷第二期油气充注时期（13.8—8Ma）沙三段中亚段古压力系数等值线图

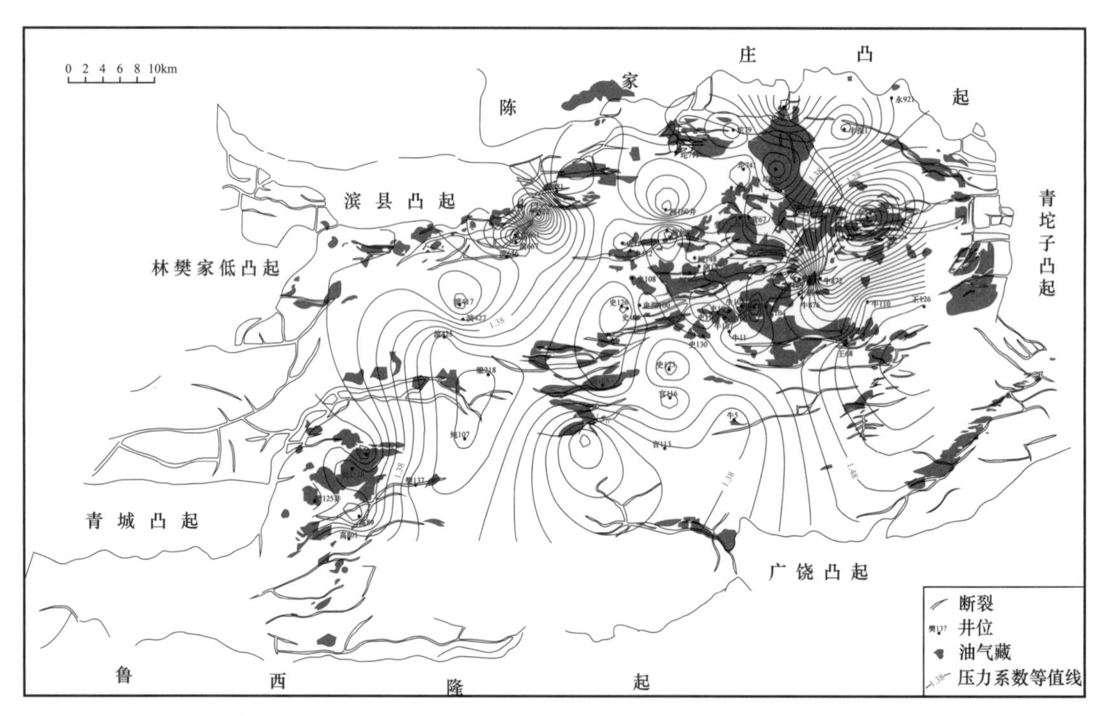

图 3-39　东营凹陷第三期油气充注时期（8Ma 至今）沙三段中亚段古压力系数等值线图

东营凹陷沙三段中亚段第二期油气充注时期（13.8—8Ma）古油势等值线与沙三段油藏平面分布叠合图（图 3-41）显示，发育牛庄洼陷和利津洼陷两大与烃源岩相关的高油势中心，围绕这两个高油势中心的周边区域为第二期相对低势的有利油气充注带，特别是郝 3—史 11—牛 104 井区，为这两个高油势供烃的相对低势区，是最有利的第二期成藏带；民丰洼陷在第二期油气充注时期高势区比第一期大大减小，缩至丰深 1 井区。若以 10.5kJ/kg 的古流体势作为阈值的话，该时期大部分区域均可满足势控成藏条件。

东营凹陷沙三段中亚段第三期油气充注时期（8Ma 至今）古油势等值线与沙三段油藏平面分布叠合图（图 3-42）显示，发育牛庄、民丰、利津和博兴洼陷四个与烃源岩相关的高油势中心，而沿着断裂带发育的局部高油势中心主要与断层超压传递有关；油气围绕高油势中心呈环状分布，说明流体势为 22kJ/kg 的阈值以下区域均有利于油气充注成藏。

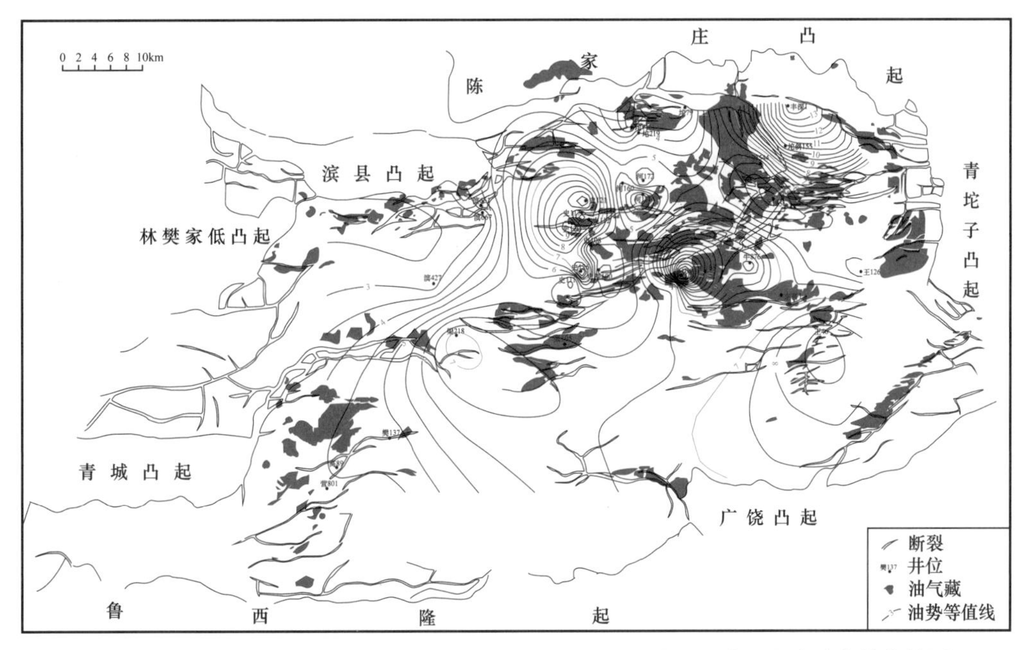

图 3-40　东营凹陷第一期油气充注时期（34—24.8Ma）沙三段中亚段古油势等值线图

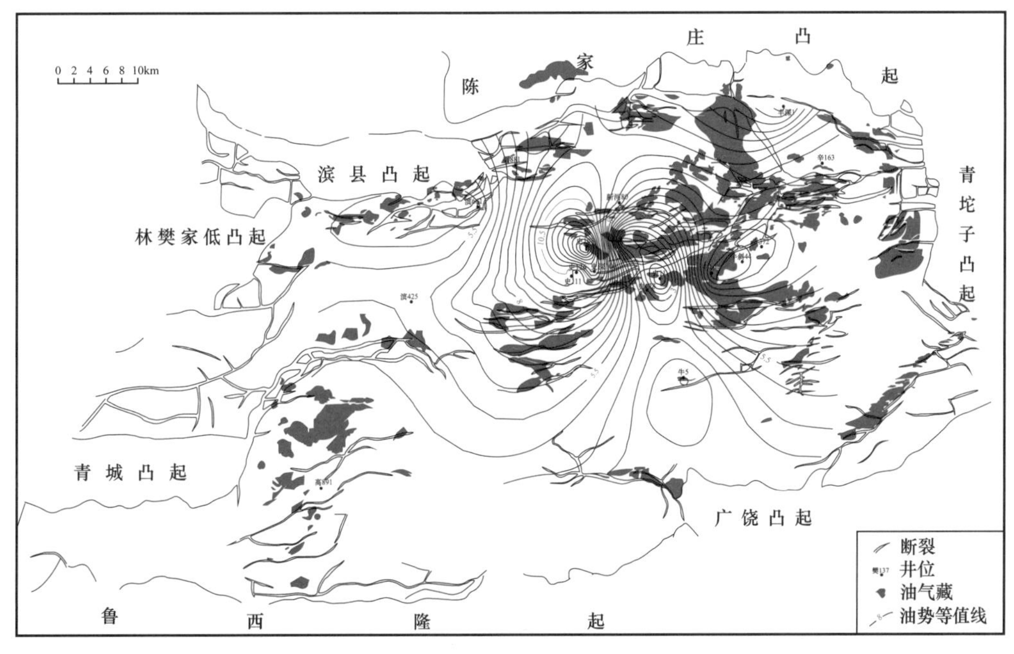

图 3-41　东营凹陷第二期油气充注时期（13.8—8Ma）沙三段中亚段古油势等值线图

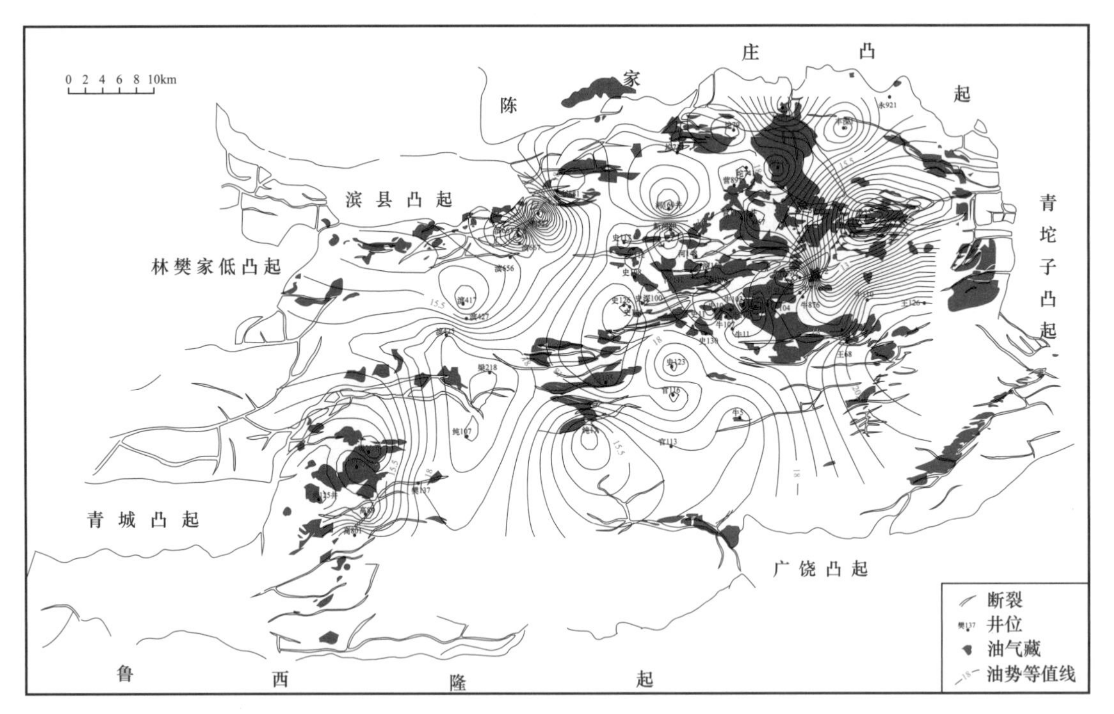

图 3-42　东营凹陷第三期油气充注时期（8Ma 至今）沙三段中亚段古油势等值线图

第四章　相—势控藏物理模拟实验

通过地下温压条件物理模拟实验，研究储集岩中油气充注过程及其主控要素，模拟成藏过程中相、势、流态条件分别发生变化时，不同储集砂体的油气运聚机理及含油饱和度增长规律，明确储集物性和成藏动力等因素对油气充注的影响，建立相—势控藏量化模型，深化对油气成藏机理的认识。

第一节　层间非均质砂层相—势控藏模拟实验

非均质性是砂岩储层的重要特征，不同沉积相的砂体具有不同的非均质性。砂体的非均质性是影响地下流体运移和聚集的重要因素。砂层尺度下，“相”主要体现在砂层的非均质性程度，即渗透率级差上；“势”主要体现在充注方式和充注能量上。相—势耦合成藏主要体现在不同非均质程度，即不同渗透率级差的砂层在不同能量条件下，油气运移路径和通道与含油层位的差异，不同砂层具有不同的相—势控藏特征。

一、实验模型与实验方法

根据地质模型，结合实验条件和研究目的，设计了层间非均质实验模型（图4-1）。共分两种级差——18.7和49.0（表4-1），为断层稳态充注。

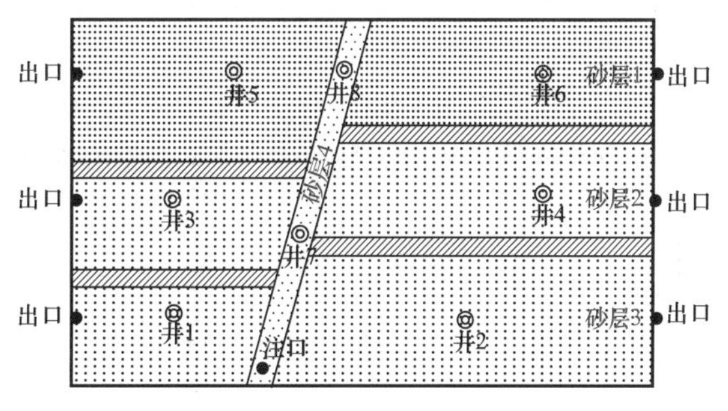

图4-1　层间非均质实验模型

表4-1　层间非均质各砂层物性参数

韵律类型	砂层	粒度（mm）	孔隙度（%）	渗透率（mD）	级差
正韵律1	砂层1	0.05～0.10	31	416	18.7
	砂层2	0.20～0.25	33	3746	
	砂层3	0.30～0.35	33	7816	
	砂层4	0.80～1.00	33	59940	
正韵律2	砂层1	0.05～0.10	31	416	49.0
	砂层2	0.10～0.15	33	1156	
	砂层3	0.50～0.55	33	20396	
	砂层4	0.80～1.00	33	59940	

二、实验结果分析

1．断层稳态充注层间非均质砂层 1

1）石油运移和聚集过程

级差为 18.7 时，油首先进入断层砂层 4 中。随后，油开始在中部砂层 2 中运移，在断层两侧呈前锋面运移，且在下盘中运移速率较快。随着油的注入，砂层 2 中断层两侧的含油面积逐渐增大，且有部分油在砂层 3 中断层两侧呈前锋面运移，但运移较砂层 2 中低许多。当注油时间达 19h 48min 时，砂层 2 中已基本充满油，而砂层 3 只有与断层接触的部位还有较少部分油。到实验稳定后，砂层 2 充满油，砂层 3 中仅靠砂层 3 和砂层 2 中间的隔层下有一较窄的油层，且总体上下盘的含油饱和度大于上盘（图 4–2）。

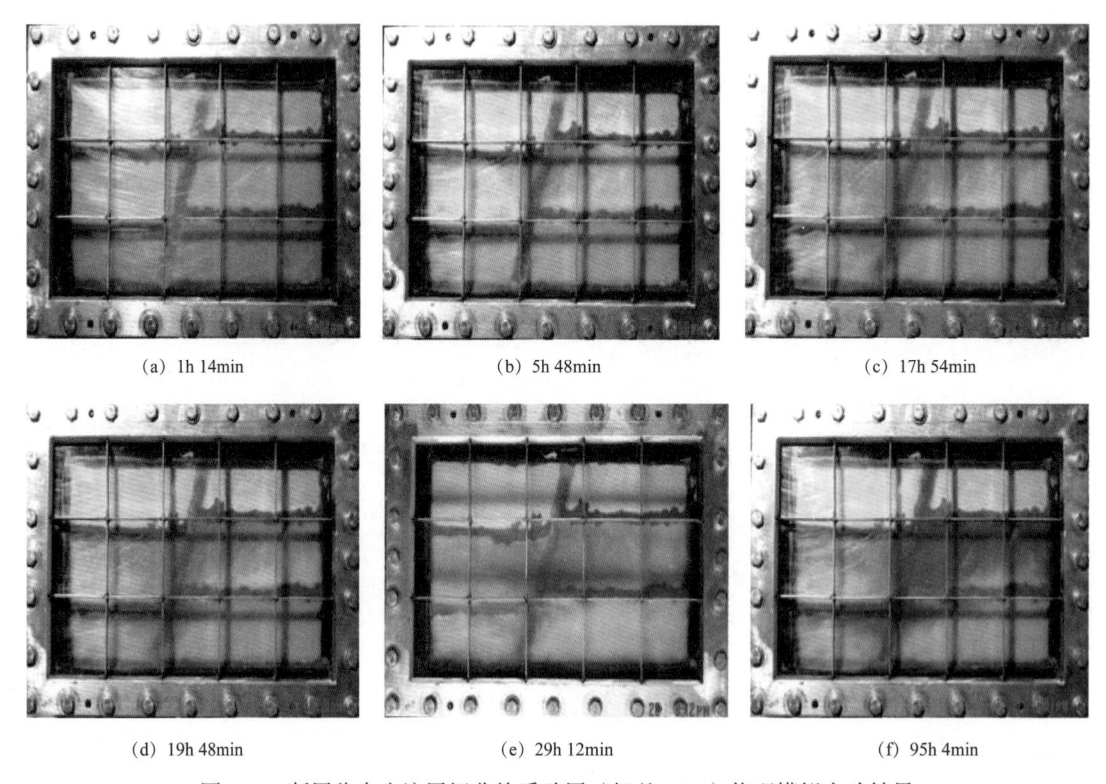

(a) 1h 14min　(b) 5h 48min　(c) 17h 54min

(d) 19h 48min　(e) 29h 12min　(f) 95h 4min

图 4–2　断层稳态充注层间非均质砂层（级差 18.7）物理模拟实验结果

2）流体势分布

流体势在剖面上的主要分布特征为：整体变化比较稳定，除断层注油口处由于注入压力的影响较大外，总体上呈上大下小的格局。砂层 2 和砂层 3 为低势区，是油运移聚集的有利地带（图 4–3）。

各层内流体势在剖面上的特征为：上部细粒砂层流体势较大，向下流体势逐渐变小，等值线近乎水平。实验中共设 8 个监测点，各砂层上盘和下盘各一个点；总体上各砂层两盘的两个点的流体势值相差较少，但上盘的流体势稍大于下盘，导致下盘中油的运聚效率稍高（图 4–4）。

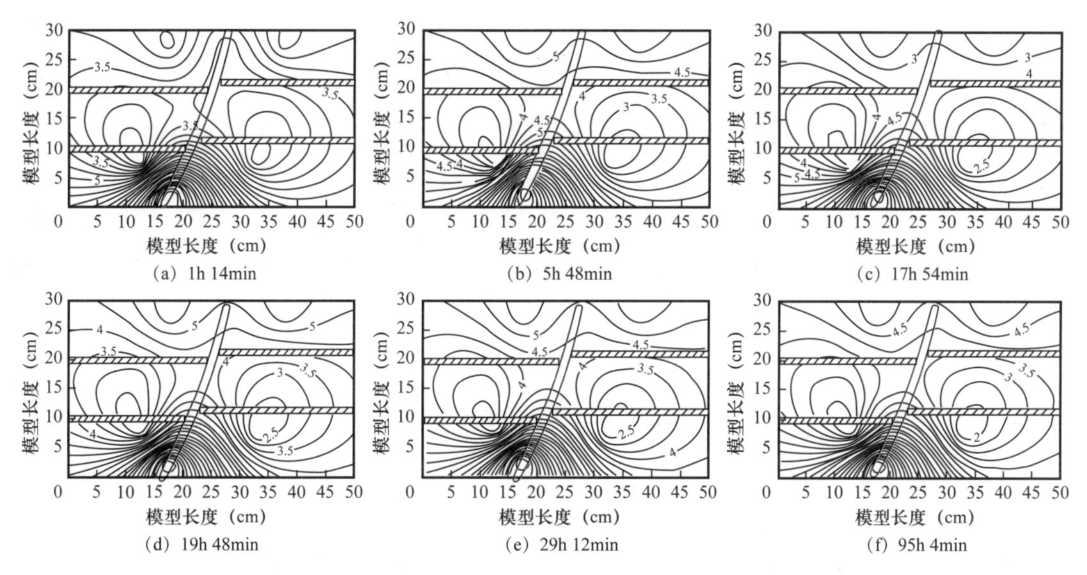

图 4–3　断层稳态充注层间非均质砂层（级差 18.7）不同时间流体势剖面图

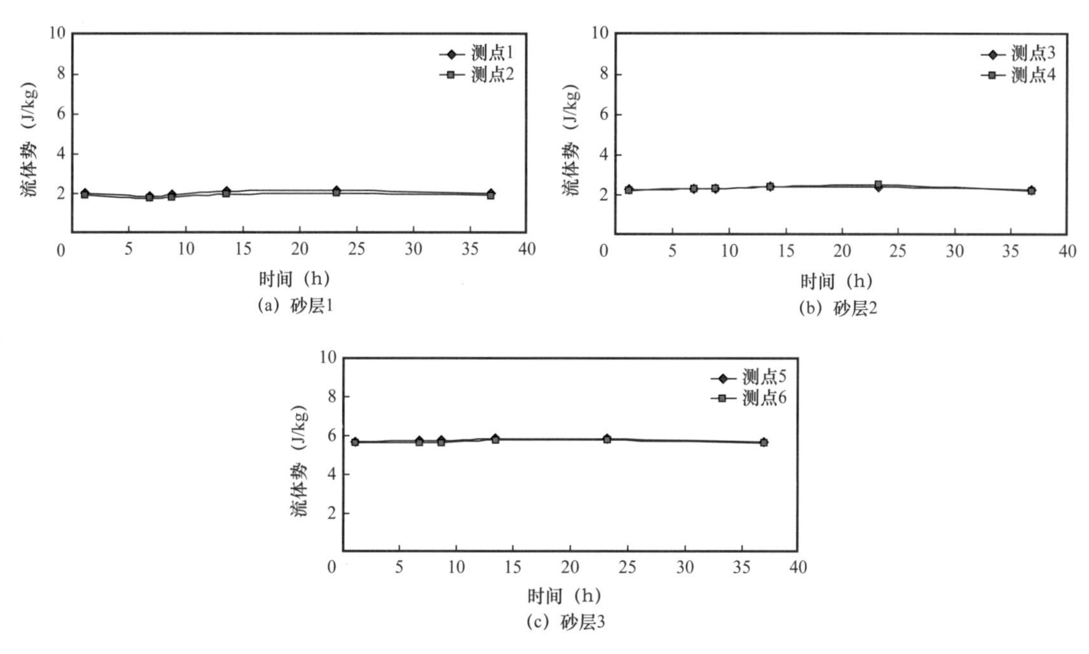

图 4–4　断层稳态充注层间非均质砂层（级差 18.7）各砂层内测点流体势变化图

2. 断层稳态充注层间非均质砂层 2

1）石油运移和聚集过程

级差为 49.0 时，油首先进入断层砂层 4 中。随后，油开始在下部砂层 3 中运移，在断层两侧呈前锋面运移，且在下盘中运移速率较快。随着油的注入，砂层 3 中断层两侧的含油面积逐渐增大，且有部分油在砂层 2 中断层两侧显示，但运移较砂层 3 中低许多。当注油时间达 23h 15min 时，砂层 3 两侧出口排油。到实验稳定后，砂层 3 为含油层，且总体上下盘的含油饱和度大于上盘（图 4–5）。

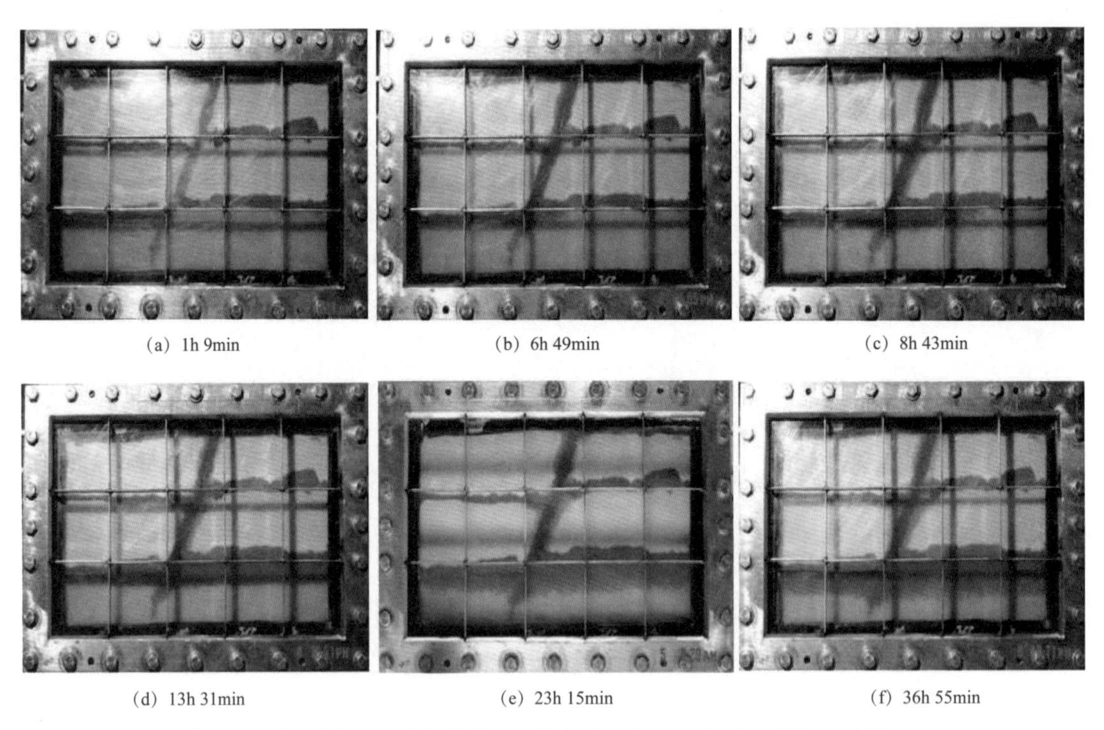

(a) 1h 9min (b) 6h 49min (c) 8h 43min

(d) 13h 31min (e) 23h 15min (f) 36h 55min

图 4-5 断层稳态充注层间非均质砂层（级差 49.0）物理模拟实验结果

2）流体势分布

流体势在剖面上的主要分布特征为：整体变化比较稳定，除断层注油口处由于注入压力的影响较大外，总体上呈上大下小的格局。砂层 2 和砂层 3 为低势区，是油运移聚集的有利地带（图 4-6）。

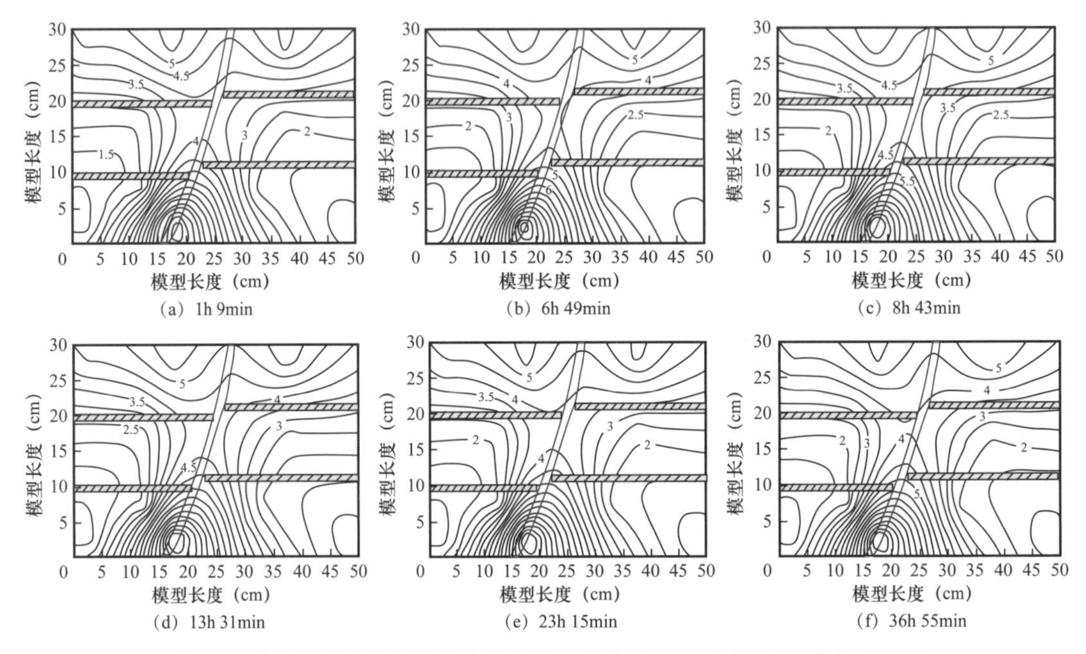

(a) 1h 9min (b) 6h 49min (c) 8h 43min

(d) 13h 31min (e) 23h 15min (f) 36h 55min

图 4-6 断层稳态充注层间非均质砂层（级差 49.0）不同时间流体势剖面图

各层内流体势在剖面上的特征为：上部细粒砂层流体势较大，向下流体势逐渐变小，等值线近乎水平。实验中共设 8 个监测点，各砂层上盘和下盘各一个点；总体上各砂层两盘两个点的流体势值相差较少，但上盘的流体势稍大于下盘，导致下盘中油的运聚效率稍高（图 4–7）。

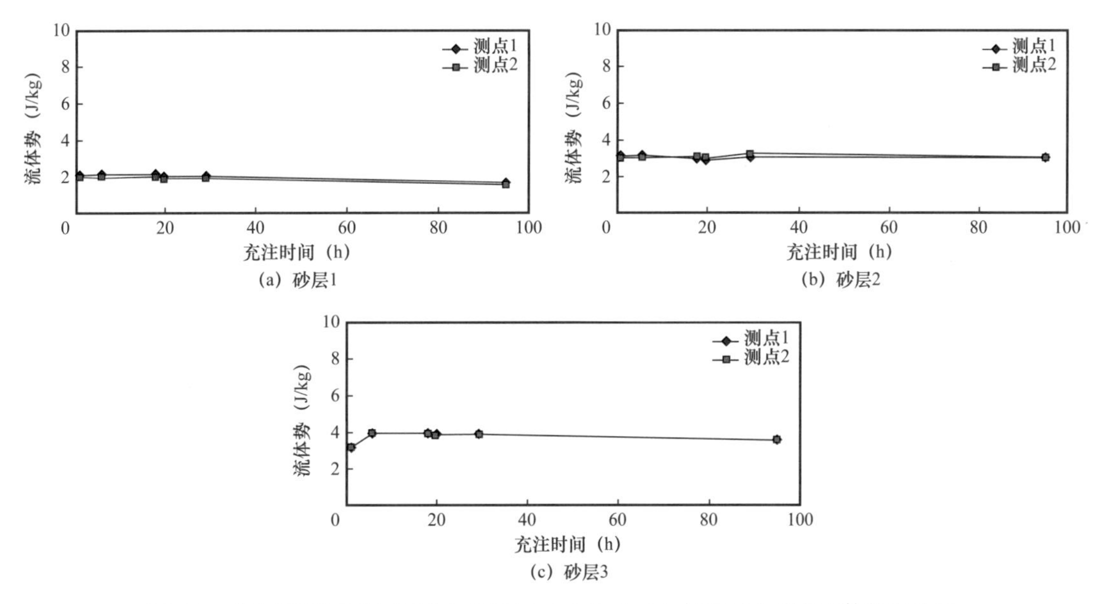

图 4–7　断层稳态充注层间非均质砂层（级差 49.0）各砂层内测点流体势变化图

三、层间非均质砂层相—势控藏特征分析

1. *储层物性对层间非均质砂层油气成藏的影响*

沉积和成岩作用的差异导致砂体中存在渗透性较差的夹层，对油气成藏造成一定影响。据实验结果可以看出：与层内非均质砂层实验模拟的结果基本相同，可能是此次实验采用断层充注，层间夹层受断层分隔，从而导致砂层间连通性较好。渗透率级差仍然控制着砂层中油的运移和充注层位。小级差实验中，油首先充注渗透率中等的砂层 2，随后在砂层 2 中迅速向前运移，并在断层与砂层 3 接触部位有油进入。达到稳定状态后，砂层 2 中的油运移至左右边界，而砂层油分布范围有限，可见层间小隔层还是对油的运移起了一定的封隔作用。在渗透率级差较大的实验中，油仅在下部渗透率最大的砂层 3 中运移和聚集，直至稳定状态后，运移至左右边界。

2. *流体势分布对层间非均质砂层油运移的影响*

流体势反映了油气运移的动力和能量条件。油气总是从高势区向低势区运移，并在相对低势区聚集成藏。油气主要的运移方向是等势线比较密集区。两种级差下流体势在剖面上的分布基本相同，断层的沟通作用使三个砂层成为一个连通体，降低了夹层对油气运移和聚集的影响。

3. *相—势耦合控制油气运移路径*

通过分析模型中层间非均质砂层的物性和流体势分布特征，将其相—势耦合发现，砂层的孔隙结构和物性决定着优势通道的形成，流体势分布则控制着油运移的方向，所以相—势共同控制着油气运移的路径（图 4–8，图 4–9）。

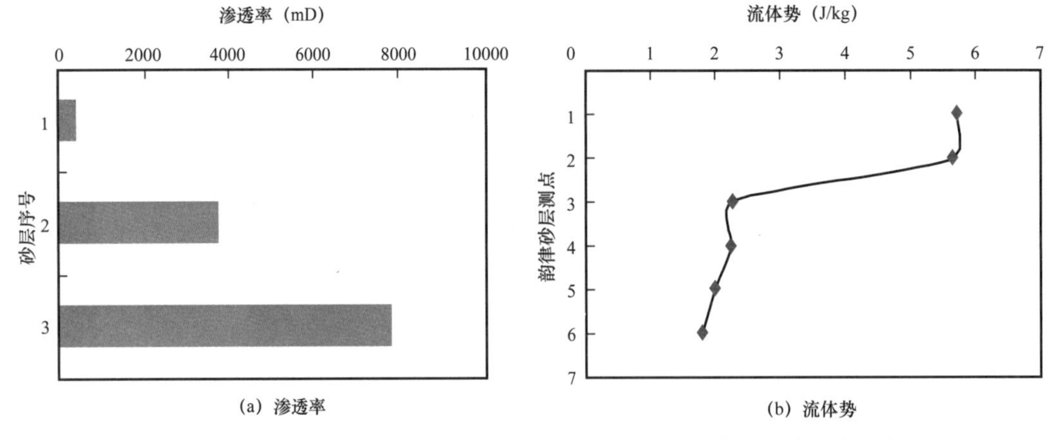

图 4–8 断层稳态充注层间非均质砂层（级差 18.7）流体势与渗透率分布

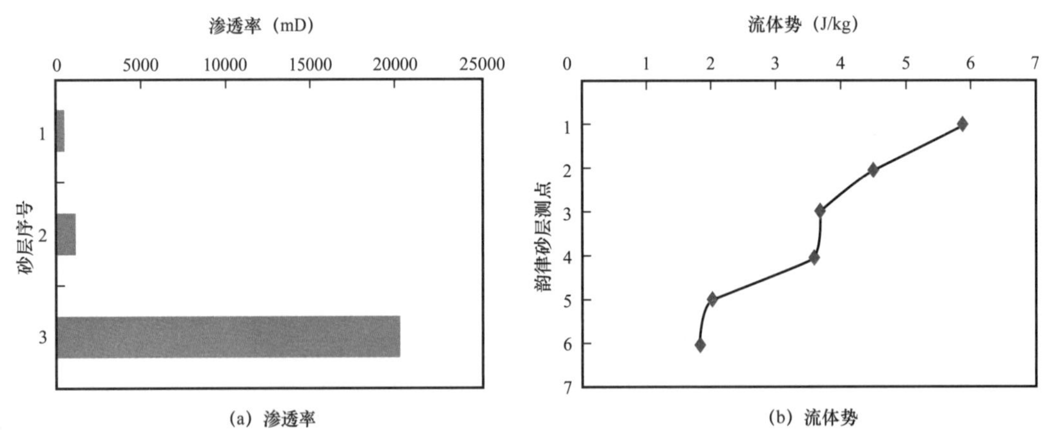

图 4–9 断层稳态充注层间非均质砂层（级差 49.0）流体势与渗透率分布

第二节 岩心尺度下相—势控藏模拟实验

不同沉积相的砂体不但形成了不同的砂岩、泥岩组合，导致砂层尺度下的非均质性和油水层分布的差异性，而且在岩心尺度下也表现为非均质性，导致不同孔隙度和渗透率的岩心含油饱和度差别较大，即表现为岩心尺度下的相—势成藏。在模拟实验研究的基础上，探讨了岩心尺度下的相—势成藏特征和机理。

在东营凹陷北部陡坡带、中央背斜带和洼陷带采集沙三段和沙四段低渗透岩心 30 多块，所取岩心的渗透率范围主要集中在 0.1～30mD 之间，孔隙度主要分布在 10%～20% 之间（表 4–2），完成了 30 个低渗透岩心石油运移特征模拟实验。实验时，首先进行地层水渗流模拟实验，研究地层水在低渗透岩心中的渗流特征，然后充注油，进行石油运移模拟实验，探讨低渗透岩心中的石油运移特征。

表 4-2　实验岩心物性及实验条件

实验编号	岩心编号	直径（cm）	长度（cm）	孔隙度（%）	渗透率（mD）	水黏度（mPa·s）	油黏度（mPa·s）
1	Y1	2.52	7.69	18.1	14.00	1.14	6.53
2	Y2	2.52	5.86	17.3	2.30	1.14	6.53
3	Y3	2.52	6.19	17.0	1.71	1.14	6.53
4	Y4	2.52	5.07	18.7	6.19	1.14	6.53
5	Y5	2.52	7.48	17.9	7.21	1.14	6.53
6	Y6	2.53	5.01	17.3	7.61	1.14	6.53
7	Y7	2.53	5.04	17.5	4.35	1.14	6.53
8	Y8	2.52	6.19	17.0	1.71	1.14	22.78
9	Y9	2.53	5.06	18.4	0.48	1.14	6.53
10	Y10	2.53	4.53	17.2	0.87	1.14	6.53
11	Y11	2.53	5.10	18.5	0.73	1.14	6.53
12	Y12	2.53	4.98	14.3	0.44	1.14	6.53
13	Y13	2.53	5.27	13.3	0.12	1.14	6.53
14	Y14	2.53	4.95	13.2	0.14	1.14	6.53
15	Y15	2.60	7.79	16.7	1.90	1.14	6.53
16	Y16	2.52	8.27	17.3	7.62	1.14	6.53
17	Y17	2.52	7.95	20.1	45.50	1.14	6.53
18	Y18	2.51	6.73	21.7	12.20	1.14	6.53
19	Y19	2.51	7.08	20.1	7.90	1.14	6.53
20	Y20	2.51	6.54	21.9	21.70	1.14	6.53
21	Y21	2.52	3.12	16.0	0.84	1.14	6.53
22	Y22	2.52	6.01	14.5	10.40	1.14	22.78
23	Y23	2.51	5.93	13.2	3.20	1.14	22.78
24	Y24	2.51	6.67	13.6	4.40	1.14	22.78
25	Y25	2.51	6.31	12.9	1.61	1.14	22.78
26	Y26	2.51	6.32	15.9	11.20	1.14	22.78
27	Y27	2.51	6.81	22.3	6.47	1.14	22.78
28	Y28	2.54	7.51	15.0	7.58	1.14	22.78
29	Y29	2.50	6.82	21.5	2.89	1.14	22.78

一、实验方法和步骤

本实验采用恒压法，即为选定不同的岩心前压力，直至出口流体速度接近于流体注入时的速度（出口端压差基本趋于恒定或变化很小时为参考），记录出口流速；改变注入岩心前压力，至出口流体速度接近于流体注入时的速度，记下此时出口流速，依次类推，共选取 6 个不同的注入岩心前压力，分别记录数据，直至实验结束。具体实验步骤如下：

（1）将本组单相水渗流实验的岩心小心地装入岩心夹持器内，拧紧两端，连接好管线，岩心夹持器的进口端通过压力表、中间容器（内装实验用油）与 ISCO 泵相连接，出口下方接通精密自动计量仪（图 4-10）。

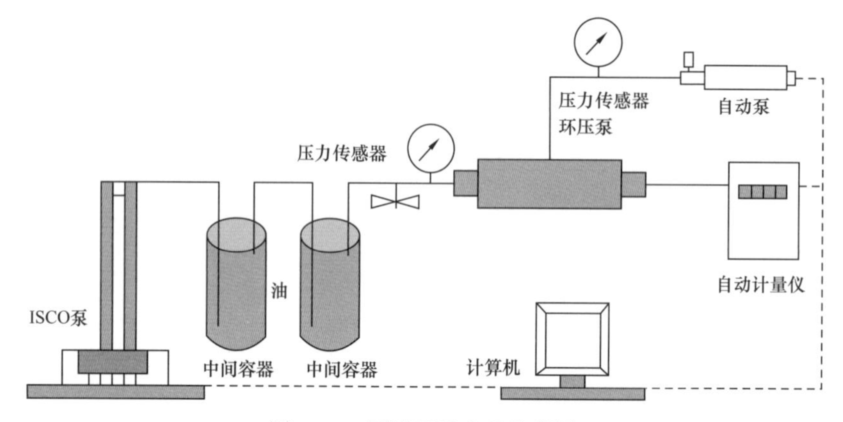

图 4-10　石油运移实验流程图

（2）用环压泵给岩心加环压（实验过程中随岩心前压力的变化而变化，始终保持比岩心前压力大 2MPa），主要是使流体能顺利通过岩心断面，不至于因为环压减小而使流体沿岩心与岩心夹持器接触的壁通过。

（3）启动 ISCO 泵，先设定恒定压力 p_1，等注入流速基本稳定后，记录此时出口流速 Q_1 和出口排出的水量 V_1，然后改变压力为 p_2 继续实验，等稳定后记录出口流速 Q_2 和出口排出的水量 V_2。依次类推分别记录 p_3、p_4、p_5、p_6 恒定压力下对应的出口流速 Q_3、Q_4、Q_5、Q_6 和出口排出的水量 V_3、V_4、V_5、V_6。

根据实验结果绘制的低渗透砂体石油运移渗流曲线表明：

（1）在低渗流速度下，渗流曲线呈现非线性关系，而且曲线段多凹向速度轴。随着渗流速度的增大，曲线的非线性段向线性段连续过渡（图 4-11）。

（2）岩心渗透率不同，渗流曲线的位置、非线性段的曲线曲率、变化范围和直线段在 x 轴的截距不同。岩心渗透率越低，渗流曲线越偏向横坐标，岩心渗透率越高，渗流曲线越偏向纵坐标；岩心渗透率越低，渗流曲线非线性段延伸越长，曲线曲率越小，直线段在 x 轴的截距越大（图 4-11）。

（3）流体黏度不同，渗流曲线的位置、非线性段的曲线曲率、变化范围和直线段在 x 轴的截距不同。流体黏度越低，渗流曲线越偏向横坐标，流体黏度越高，渗流曲线越偏向纵坐标；流体黏度越低，渗流曲线非线性段延伸越长，曲线曲率越小，直线段在 x 轴的截距越大（图 4-12，表 4-3）。

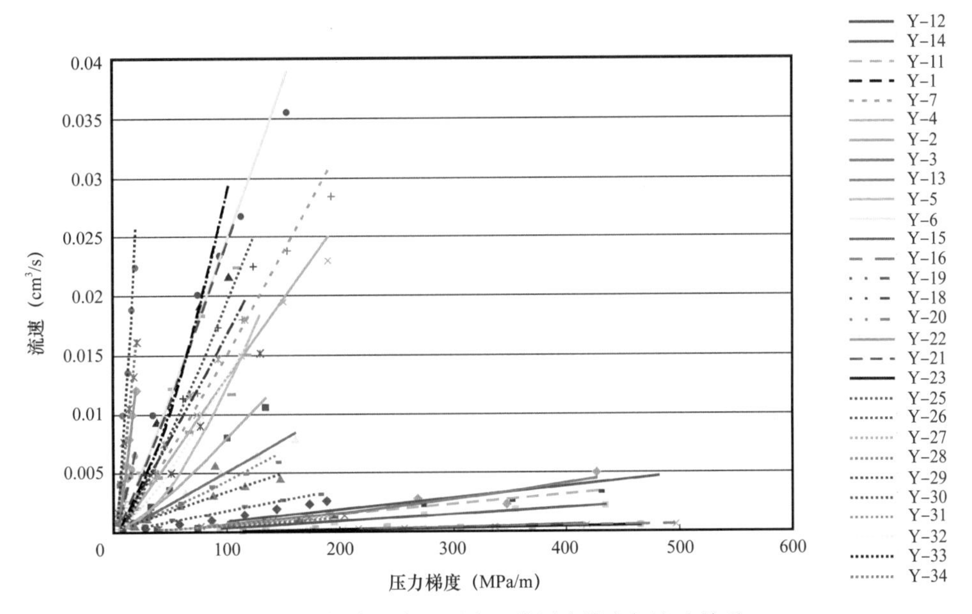

图 4-11　低渗透岩心石油运移压力梯度与流速关系

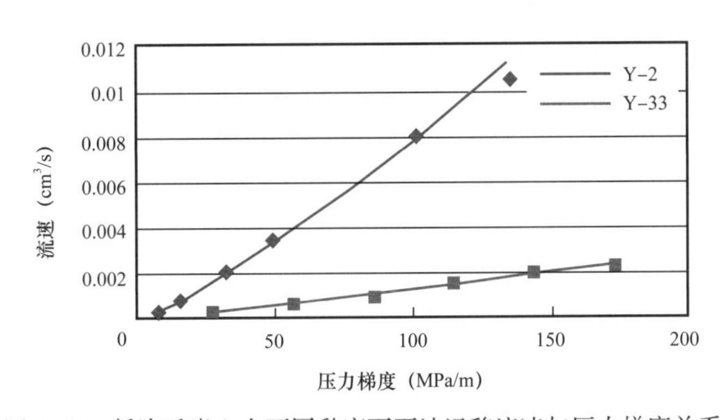

图 4-12　低渗透岩心在不同黏度下石油运移流速与压力梯度关系

表 4-3　渗透率大致相等的低渗透岩心在不同黏度下石油运移实验数据

岩心编号	岩心直径（cm）	样品长度（cm）	孔隙度（%）	渗透率（mD）	油黏度（mPa·s）
Y-2	2.52	5.86	17.3	2.30	6.53
Y-33	2.50	6.82	21.5	2.89	22.78

在低渗透砂岩石油运移模拟实验基础上，进行含油饱和度增长模拟实验，通过不同驱替压力下油驱水模拟实验，研究低渗透砂岩含油饱和度增长过程，从而认识油气成藏特征。

二、低渗透砂岩相—势耦合控藏特征分析

1. 含油饱和度增长过程和特征

随着石油充注压差的增大，岩心中的含油饱和度不断增大，但增大的过程可划分为三个阶段，即快速增长阶段、缓慢增长阶段和稳定阶段（图 4-13）。这三个阶段的压差和含油

饱和度大小与岩心的物性密切相关。例如对于样品 Y1，渗透率为 14.0mD，其快速增长阶段的含油饱和度可达 48.6%，对应的压差则只有 0.471MPa，同时缓慢增长阶段和稳定阶段的含油饱和度和压差也存在明显的差异（图 4–13a）；而对于样品 Y12，渗透率为 0.44mD，其快速增长阶段的含油饱和度可达 42.2%，对应的压差则高达 4.76MPa（图 4–13b）。

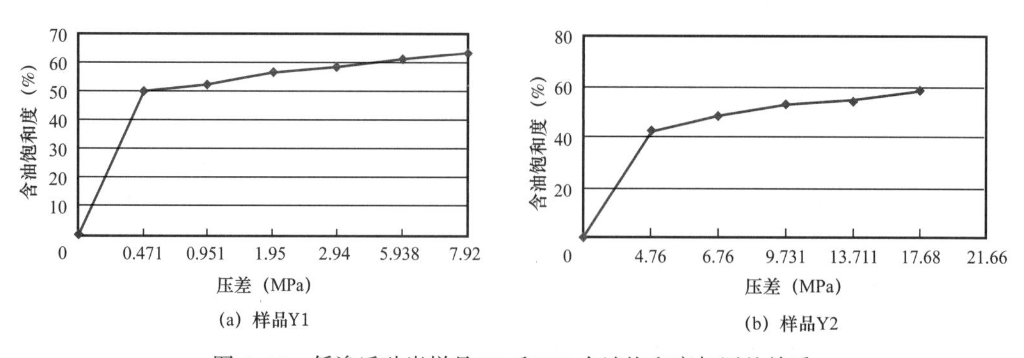

图 4–13　低渗透砂岩样品 Y1 和 Y2 含油饱和度与压差关系

一般来说，岩心的含油饱和度随着孔隙度和渗透率的增大而增大，但是实验结果表明，岩心的含油饱和度与孔隙度和渗透率的关系并不是简单的线性关系，即并不是简单的随孔隙度和渗透率的增加而增大，其关系比较复杂（图 4–14，图 4–15），这与实际统计结果基本一致。而且，物性差不多的岩心，含油饱和度相差很大，甚至物性较差岩心的含油饱和度大于物性较好岩心的含油饱和度。这一方面说明含油饱和度并不是仅受孔隙度和渗透率的影响，可能还受其他因素，如充注动力的影响；另一方面可能也说明含油饱和度受岩心孔隙结构的影响，即虽然岩心的孔隙度和渗透率基本一致，但由于孔隙结构的差异，导致含油饱和度的差异。

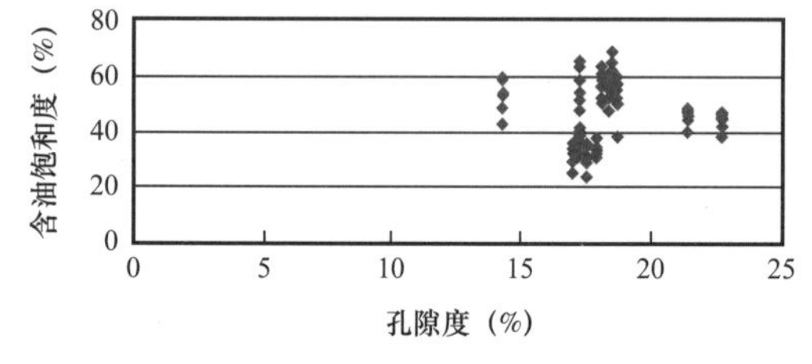

图 4–14　低渗透砂岩的含油饱和度与孔隙度关系

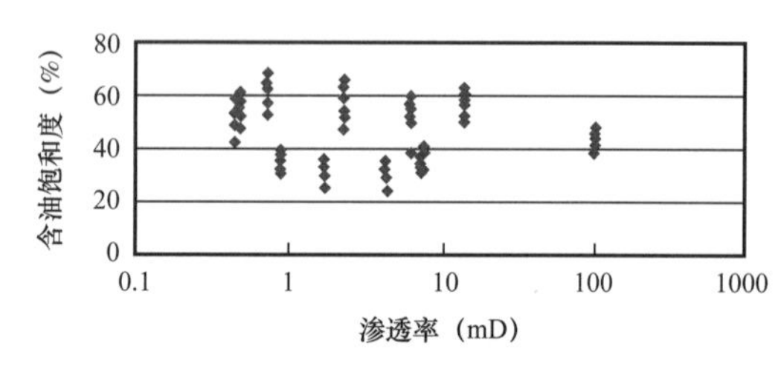

图 4–15　低渗透砂岩的含油饱和度与渗透率关系

充注动力（压差）与含油饱和度具有相对较好的关系（图 4–16）。充注动力（压差）越大，含油饱和度越高，表明相对于岩心物性而言，充注动力（压差）对含油饱和度的影响更大。

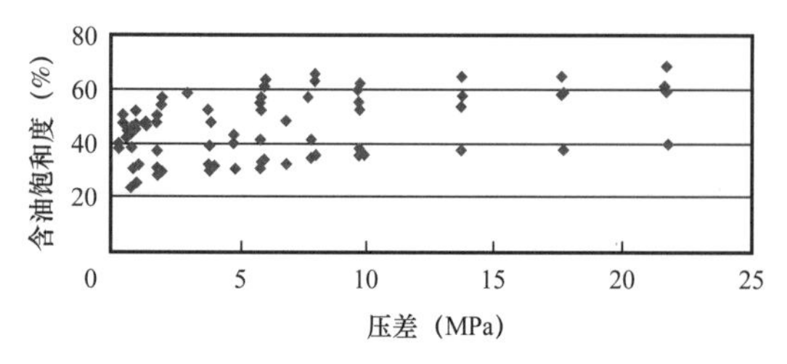

图 4–16　低渗透砂岩的含油饱和度与充注动力（压差）的关系

前人研究结果表明，在低渗透储层或致密储层中，一般具有含油或含气饱和度低（大多小于 60%）、含水饱和度高（>40%）的特点。低渗透岩心成藏模拟实验结果也表明，岩心中的含油饱和度大部分在 35%～60% 之间（图 4–16）。含油饱和度大于60%时的充注动力（压差）一般大于12MPa，而一般情况下低渗透储层的充注动力（压差）一般小于12MPa，因此低渗透储层的含油饱和度一般小于60%。

2. 低渗透砂岩“相—势”耦合控藏分析

砂岩的油气成藏可以归结为充注动力（压差）和接受条件（孔隙度和渗透率）两方面。将低渗透岩心充注动力（压差）—渗透率（孔隙度）—含油饱和度关系进行耦合，可以分析低渗透储层的油气成藏特征。

从低渗透岩心充注动力（压差）—孔隙度/渗透率—含油饱和度关系图（图4-17，图4-18）可知，低渗透岩心充注动力（压差）—孔隙度/渗透率与含油饱和度具有较好的关系，尤其是充注动力（压差）—渗透率与含油饱和度的关系更好。在渗透率小于1.0mD的区域（I_1、I_2和I_3），当压差小于8MPa时，平均含油饱和度仅有33%，随着压差增大，平均含油饱和度可达46%和49.8%，可以成藏；在渗透率为1.0～10mD的区域（II_1、II_2和II_3），当压差小于8MPa时，平均含油饱和度可达43.4%，可以成藏，随着压差增大，平均含油饱和度增大；在渗透率为10～50mD的区域（III_1、III_2和III_3），当压差小于8MPa时，平均含油饱和度就可达57.1%，可以成藏。

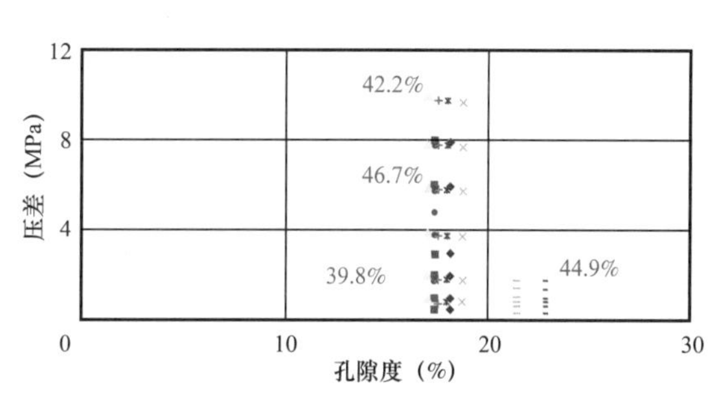

图4-17　低渗透砂岩充注动力（压差）—孔隙度—含油饱和度关系图

红色标注数据为含油饱和度

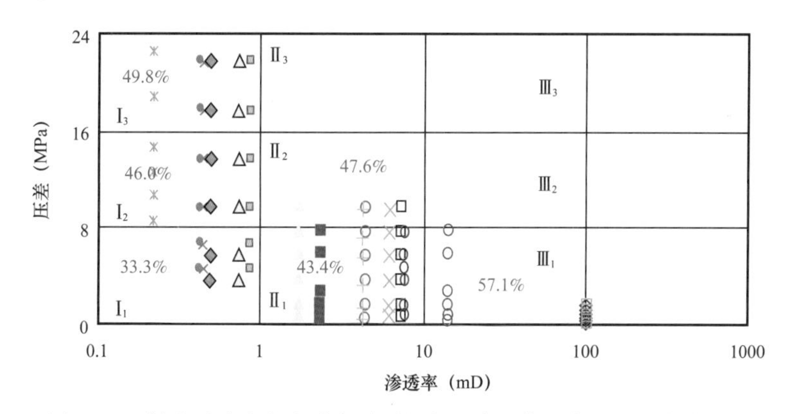

图4-18　低渗透砂岩充注动力（压差）—渗透率—含油饱和度关系图

红色标注数据为含油饱和度

将含油饱和度40%作为油气成藏临界饱和度，可以得到不同黏度下，含油饱和度达到40%时的低渗透砂层充注动力（压力梯度）—物性（渗透率）—含油饱和度耦合方程，即低渗透砂层相—势耦合成藏定量模型。位于该方程之上为成藏区，之下为非成藏区（图4-19，图4-20）。考虑黏度和渗透率的共同影响，得到含油饱和度达到40%时的低渗透砂层充注动力（压力梯度）—视流度—含油饱和度耦合方程，即低渗透砂层相—势耦合成藏定量模型。位于该方程之上为成藏区，之下为非成藏区（图4-21）。

三、常规和高渗透砂岩相—势耦合控藏分析

东营凹陷北部陡坡带、中央背斜带和洼陷带采集沙四段、沙三段、沙二段、沙一段和东营组及馆陶组实际岩心，常规和高渗透率范围主要集中在50～500mD，孔隙度主要分布在15%～30%之间。

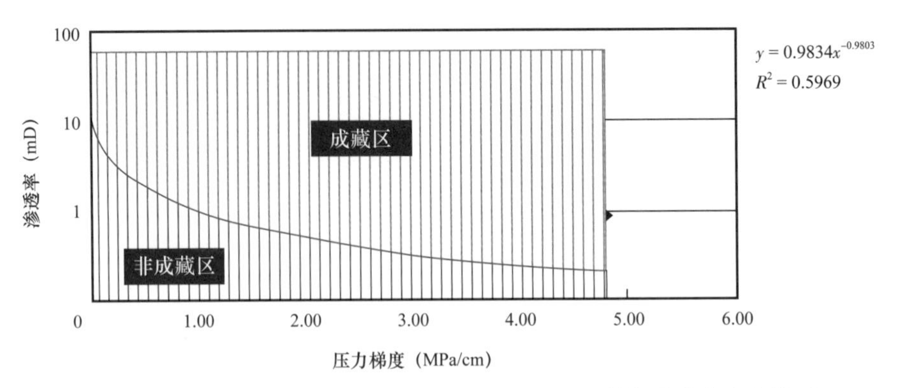

图4-19　流体黏度为6.53mPa·s时低渗透砂岩相—势耦合成藏定量模型

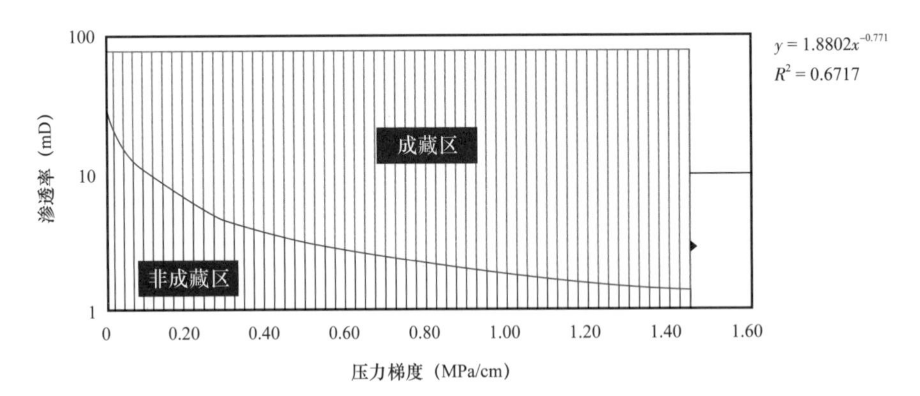

图4-20　流体黏度为22.78mPa·s时低渗透砂岩相—势耦合成藏定量模型

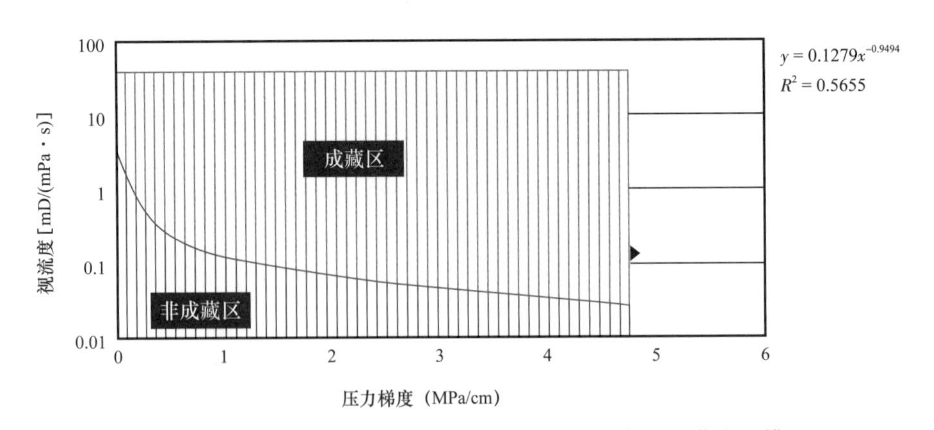

图4-21　考虑黏度和渗透率时低渗透砂岩相—势耦合成藏定量模型

从常规和高渗透岩心充注动力（压差）—孔隙度/渗透率与含油饱和度的耦合关系图（图4-22，图4-23）中可知，常规和高渗透岩心充注动力（压差）—孔隙度/渗透率

与含油饱和度具有较好的耦合关系。在渗透率小于 10mD 的区域，当压差小于 0.4MPa 时，平均含油饱和度仅有 49.42%，随着压差增大，平均含油饱和度可达 57.79% 和 58.08%，可以成藏；在渗透率大于 100mD 的区域，当压差小于 0.4MPa 时，平均含油饱和度可达 53.73%，可以成藏，随着压差增大，平均含油饱和度增大。

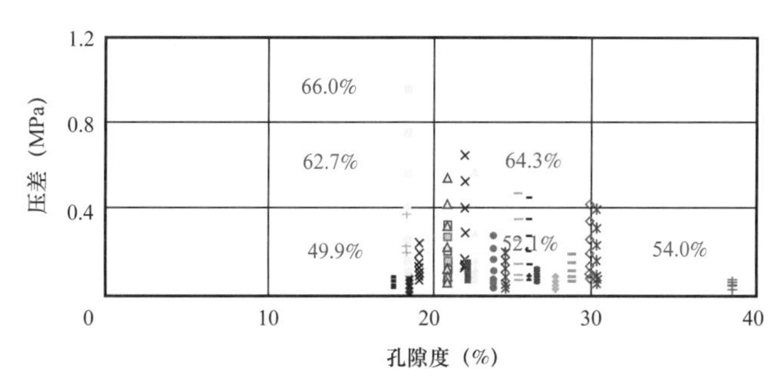

图 4-22　常规和高渗透砂岩充注能量（压差）—孔隙度—含油饱和度耦合关系图

红色标注数据为含油饱和度

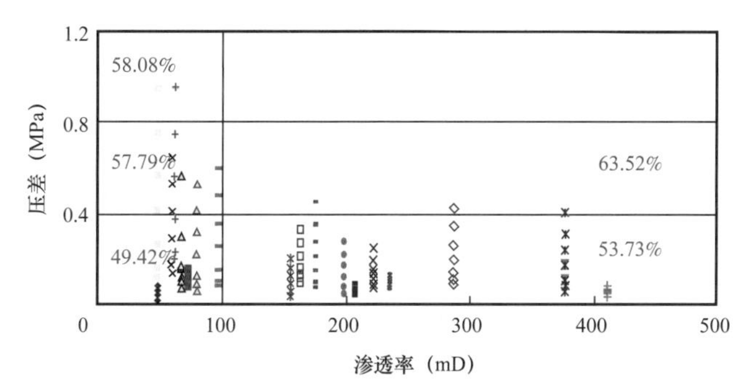

图 4-23　常规和高渗透砂岩充注能量（压差）—渗透率—含油饱和度耦合关系图

红色标注数据为含油饱和度

将含油饱和度 40% 作为油气成藏临界饱和度，可以得到不同黏度下，含油饱和度达到 40% 时的常规和高渗透砂层充注动力（压力梯度）—物性（渗透率）—含油饱和度耦合方程，即常规和高渗透砂层相—势耦合成藏定量模型。位于该方程之下为成藏区，之上为非成藏区（图 4-24，图 4-25）。

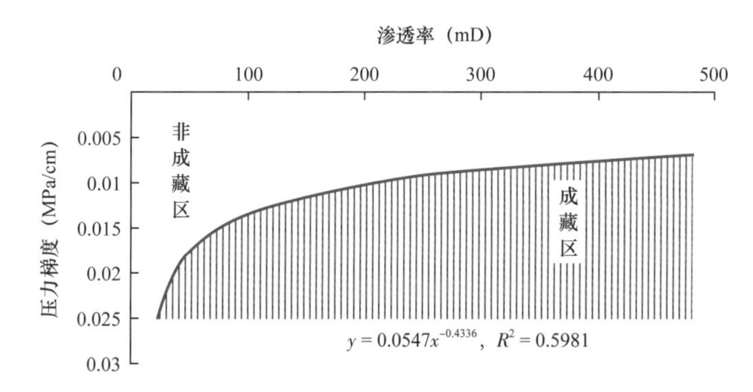

图 4-24　流体黏度为 7.2mPa·s 时常规和高渗透砂岩相—势耦合成藏定量模型

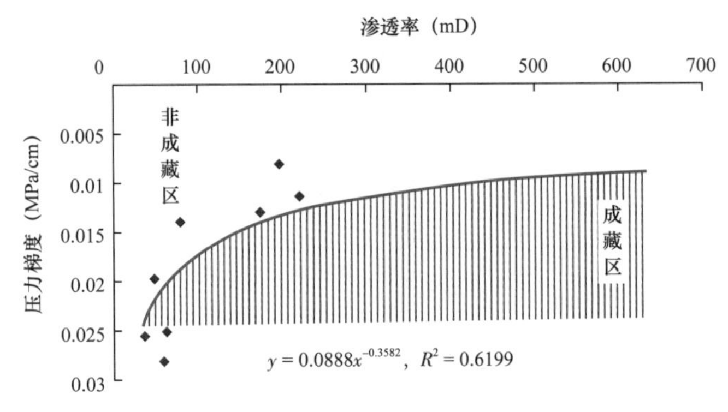

图 4–25　流体黏度为 19.2mPa·s 时常规和高渗透砂岩相—势耦合成藏定量模型

其中，流体黏度 7.2mPa·s 时，常规和高渗透砂岩相—势耦合成藏定量模型为 $y=0.0547x^{-0.4336}$，相关系数 $R^2=0.5981$；流体黏度为 19.2mPa·s 时，常规和高渗透砂岩相—势耦合成藏定量模型 $y=0.0888x^{-0.3582}$，相关系数 $R^2=0.6199$；为考虑黏度和渗透率的共同影响，得到含油饱和度达到 40% 时的常规和高渗透砂层充注动力（压力梯度）—视流度—含油饱和度耦合方程，即常规和高渗透砂层相—势耦合成藏定量模型，$y=0.0308x^{-0.3582}$，$R^2=0.6199$。位于该方程之下为成藏区，之上为非成藏区（图 4–26）。

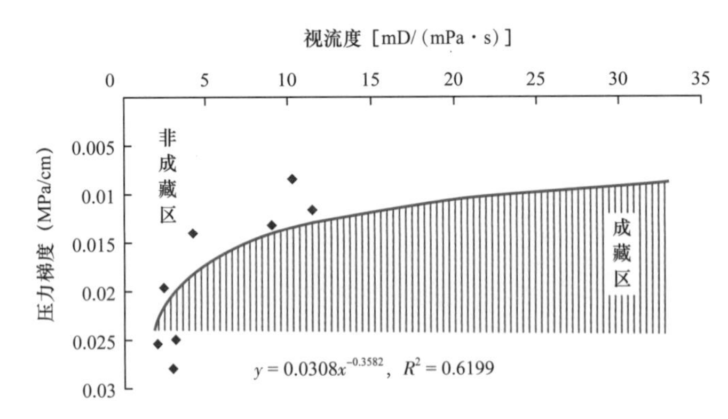

图 4–26　考虑黏度和渗透率时常规和高渗透砂岩相—势耦合成藏定量模型

第三节　实验成果及认识

一、岩心尺度下的相—势耦合控藏特征

实际岩心石油运移和成藏模拟实验结果表明，岩心尺度下，相—势耦合成藏主要体现在视流度上，相—势耦合成藏主要表现在对油气运移的渗流特征与含油饱和度大小的影响。视流度不同，油气运移的渗流特征和含油饱和度大小也不同。

（1）当视流度小于 1mD/（mPa·s）时，油气运移的渗流曲线主要表现为上凹型渗流特征，此时岩心的渗透率一般小于 10mD，在足够的充注压力下，含油饱和度一般小于 50%，大多在 35%～50%之间；

（2）当视流度为 1～10mD/（mPa·s）时，油气运移的渗流曲线主要表现为变性达西流渗流特征，此时岩心的渗透率一般为 10～100mD，在足够的充注压力下，含油饱和度一般小于 60%，大多在 35%～60%之间；

（3）当视流度大于 10mD/（mPa·s）时，油气运移的渗流曲线主要表现为线性达西流渗流特征，此时岩心的渗透率一般大于 100mD，在足够的充注压力下，含油饱和度一般大于 50%，大多在 60%～70%之间。

二、砂层尺度下的相—势耦合控藏特征

砂层尺度下，相—势耦合成藏主要体现在砂层的非均质性，即渗透率级差上，而相—势耦合成藏主要表现在对油气运移路径、通道和含油层位的影响。级差不同，油气运移路径、通道和含油层位也不同。

对于层间非均质砂层，渗透率级差仍然控制着砂层中油的运移和充注层位。小级差实验中，油首先充注渗透率中等的砂层 2，随后在砂层 2 中迅速向前运移，并在断层与砂层 3 接触部位有油进入。达到稳定状态后，砂层 2 中的油运移至左右边界，而砂层油分布范围有限，可见层间小隔层还是对油的运移起了一定的封隔作用。在渗透率级差较大的实验中，油仅在下部渗透率最大的砂层 3 中运移和聚集，直至稳定状态后，运移至左右边界。将其相—势耦合发现，砂层的孔隙结构和物性决定着优势通道的形成，流体势分布则控制着油运移的方向，所以相—势共同控制着油气运移的路径。

三、砂体尺度下的相—势耦合控藏特征

砂体尺度下，相—势耦合成藏主要体现在砂体类型，即砂体的沉积相类型，而相—势耦合成藏主要表现在对油气聚集特征与油气充满度的影响。砂体的沉积相类型不同，油气聚集特征与油气充满度也不同。

不同沉积相砂体，油气成藏条件具有很大的差异。统计结果表明，河流相、滨浅湖—滩坝相、三角洲、扇三角洲相、近岸水下扇相、浊积扇相砂体，油气成藏条件存在着很大差别，相—势耦合成藏特征不同，油气聚集特征与油气充满度也不同。

四、相—势耦合控藏定量模型和图版

将不同温压、不同地层水矿化度下的岩心达到不同含油饱和度时的压力梯度和渗透率进行耦合，可得到不同渗透率下岩心达到不同含油饱和度时的相—势耦合定量模型和图版（图 4–27）：

（1）含油饱和度为 30%时，相—势耦合定量模型为 $y = 0.3369e^{-0.7588x}$，$R^2 = 0.6298$；

（2）含油饱和度为 40%时，相—势耦合定量模型为 $y = 1.0128e^{-1.768x}$，$R^2 = 0.6555$；

（3）含油饱和度为 50%时，相—势耦合定量模型为 $y = 1.1813e^{-1.7162x}$，$R^2 = 0.7521$；

（4）含油饱和度为 60%时，相—势耦合定量模型为 $y = 1.5672e^{-1.4942x}$，$R^2 = 0.6374$；

（5）含油饱和度为 70%时，相—势耦合定量模型为 $y = 3.0144e^{-1.8085x}$，$R^2 = 0.8648$。

考虑黏度和渗透率的共同影响，得到不同含油饱和度的岩心充注动力（压力梯度）—视流度—含油饱和度耦合方程，即岩心尺度下相—势耦合成藏定量模型及图版（图 4–28）：

（1）含油饱和度达到 30%时，相—势耦合定量模型为 $y = 0.1173e^{-1.1791x}$，$R^2 = 0.6203$；

（2）含油饱和度达到 40%时，相—势耦合定量模型为 $y = 0.1771e^{-1.7259x}$，$R^2 = 0.6735$；

（3）含油饱和度达到 50%时，相—势耦合定量模型为 $y = 0.2226e^{-1.7704x}$，$R^2 = 0.7532$；

（4）含油饱和度达到 60%时，相—势耦合定量模型为 $y = 0.3633e^{-1.5939x}$，$R^2 = 0.6650$；

（5）含油饱和度达到 70%时，相—势耦合定量模型为 $y = 0.5777e^{-2.5579x}$，$R^2 = 0.8765$。

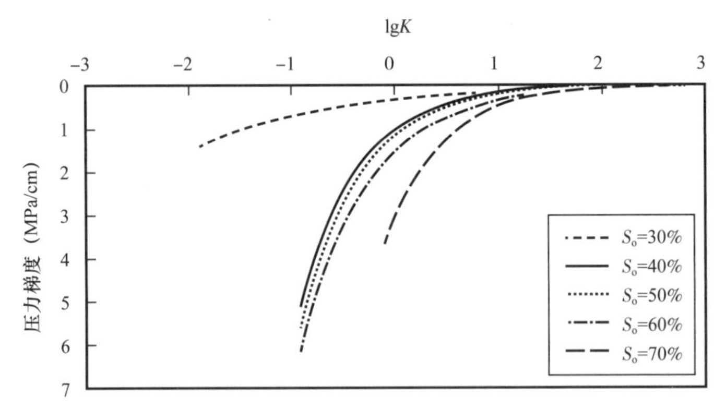

图 4-27 不同含油饱和度下砂岩岩心相—势耦合成藏图版

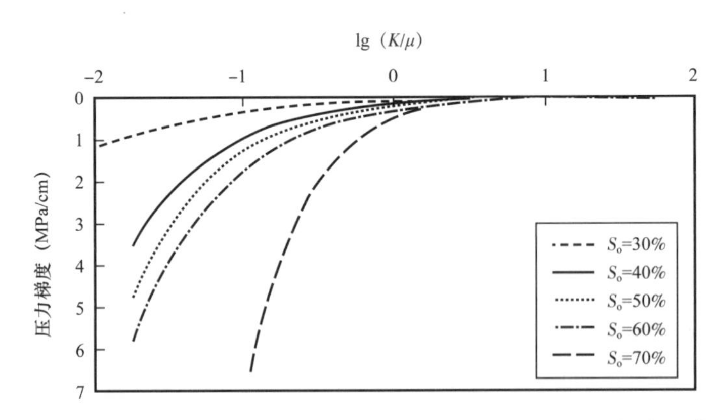

图 4-28 考虑黏度和渗透率时不同含油饱和度砂岩岩心相—势耦合成藏图版

为了检验图版的可靠性，利用胜一区坨 107 区块的资料进行验证，验证结果表明，实验结果与实际资料吻合性比较好（图 4-29）。

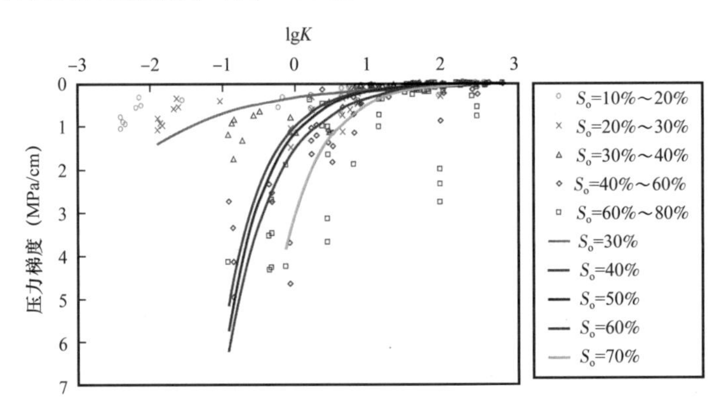

图 4-29 不同含油饱和度砂岩相—势耦合成藏图版的实际资料验证

第五章　相—势控藏作用及定量表征

通过对东营凹陷典型油气藏相—势控藏关系的剖析，研究主要成藏时期相—势关系的空间变化特点及油气成藏的基本特征、模式和分类等，结合油藏物性演化规律、不同类型流体动力的控藏作用原理、物理模拟实验研究，确定影响相—势控藏关系的主要地质因素，总结探索适合断陷盆地实际地质情况的相—势控藏关系的量化表述方法。

第一节　相控油气作用

一、相的概念与层次

相这一概念最早由丹麦地质学家斯丹诺（N. Steno，1669）首先引入地质文献，在地质学中应用中时，相是指一定地质时期内地表某一部分的全貌。1938 年瑞士地质学家格列斯利（A. Gressly，1938）开始把相的概念用于沉积岩，他认为："相是沉积物变化的总和，它表现为这种或那种岩性的、地质的或古生物的差异"。Teichert（1958）与 Krumbein 等（1963）对此作了很好的概括，相是一种具有特定特征的岩石体。

20 世纪初至今几十年来，相的概念随着沉积学、古地理学的发展而广为流行，不少学者对它进行了详尽的论述，其中有三种主要观点。一是将相理解为环境的同义词，认为相即是环境；二是地层的观点，把相简单地看作地层的横向变化；三是认为相就是能表明沉积条件的岩性特征和古生物特征的有规律综合。综合上述定义，相即在一定条件下形成的、能够反映特定的环境或过程的沉积物（岩）的物质表现。

任何一个含油气盆地，在油气生成、运移和聚集成藏过程中，按照相对油气的控制作用，可以将相从宏观到微观理解为四个不同的研究层次，即构造相、沉积相、岩相和岩石物理相。构造环境和构造位置控制着岩石沉积时的环境和后期成岩作用，形成各种类型的沉积体系，造成砂体富集程度的差异；不同沉积体系下形成的岩石具有不同的岩石学类型和特征。因此，构造—沉积—成岩—储集是一个有先后顺序逐步进行的控制着油气富集的过程，构造相—沉积相—岩相—岩石物理相是一个宏观到微观分级表征油气富集的流程。

二、相控油气作用特征

相是分层次的，在不同的构造单元上形成不同的沉积相带，而不同的沉积相带又控制了不同岩相及物理相的发育。储层相特征参数的不同使储层的含油性也存在相应的差异。本研究通过统计地质特征分析，逐一剖析构造相、沉积相、岩相和岩石物理相对油气的控制作用。

统计东营凹陷不同构造相带、不同沉积相带、不同类型油藏共798个，其中地层油藏82个、构造油藏490个、岩性油藏226个，发现三种类型油藏的储量比例基本持平，说明东营凹陷的构造油藏与地层油藏、岩性油藏已经成为三足鼎立的趋势（图5-1）。

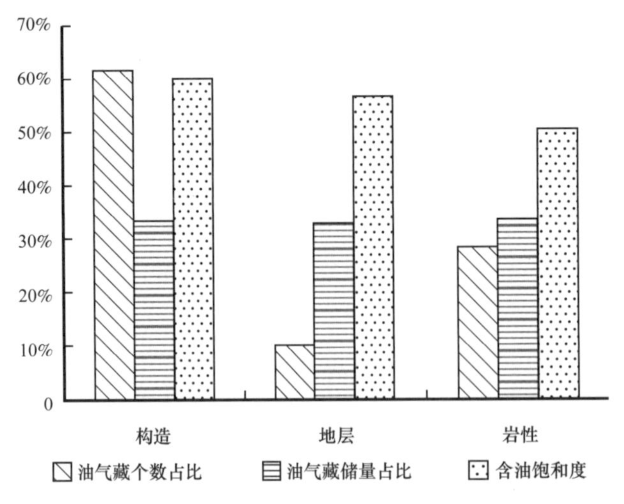

图5-1　东营凹陷油藏类型分布比例及储量分布柱状图

1. 构造相控油气作用

东营凹陷发育四个二级构造单元——北部陡坡带、南部缓坡带、洼陷带和凹中隆起带（即中央隆起带）。不同构造带所处位置及古地貌的不同，物源差异等因素导致其在沉积相带分布和油气聚集等方面有明显差异（图5-2至图5-5）。

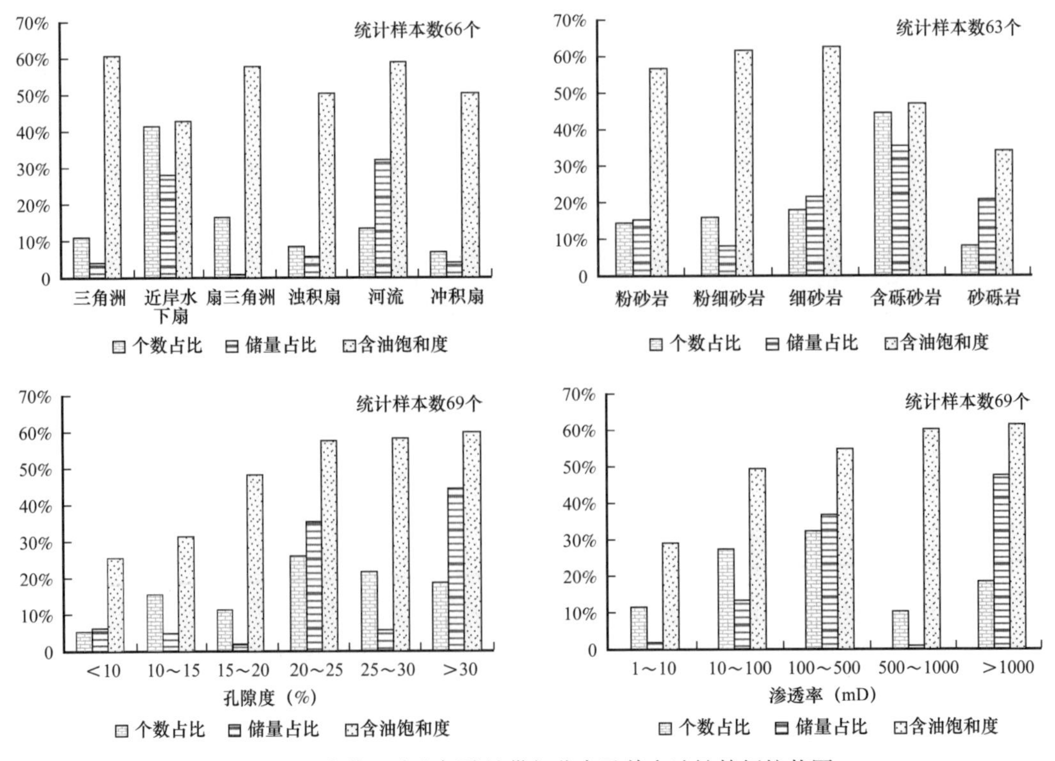

图5-2　东营凹陷北部陡坡带相分布及其含油性特征柱状图

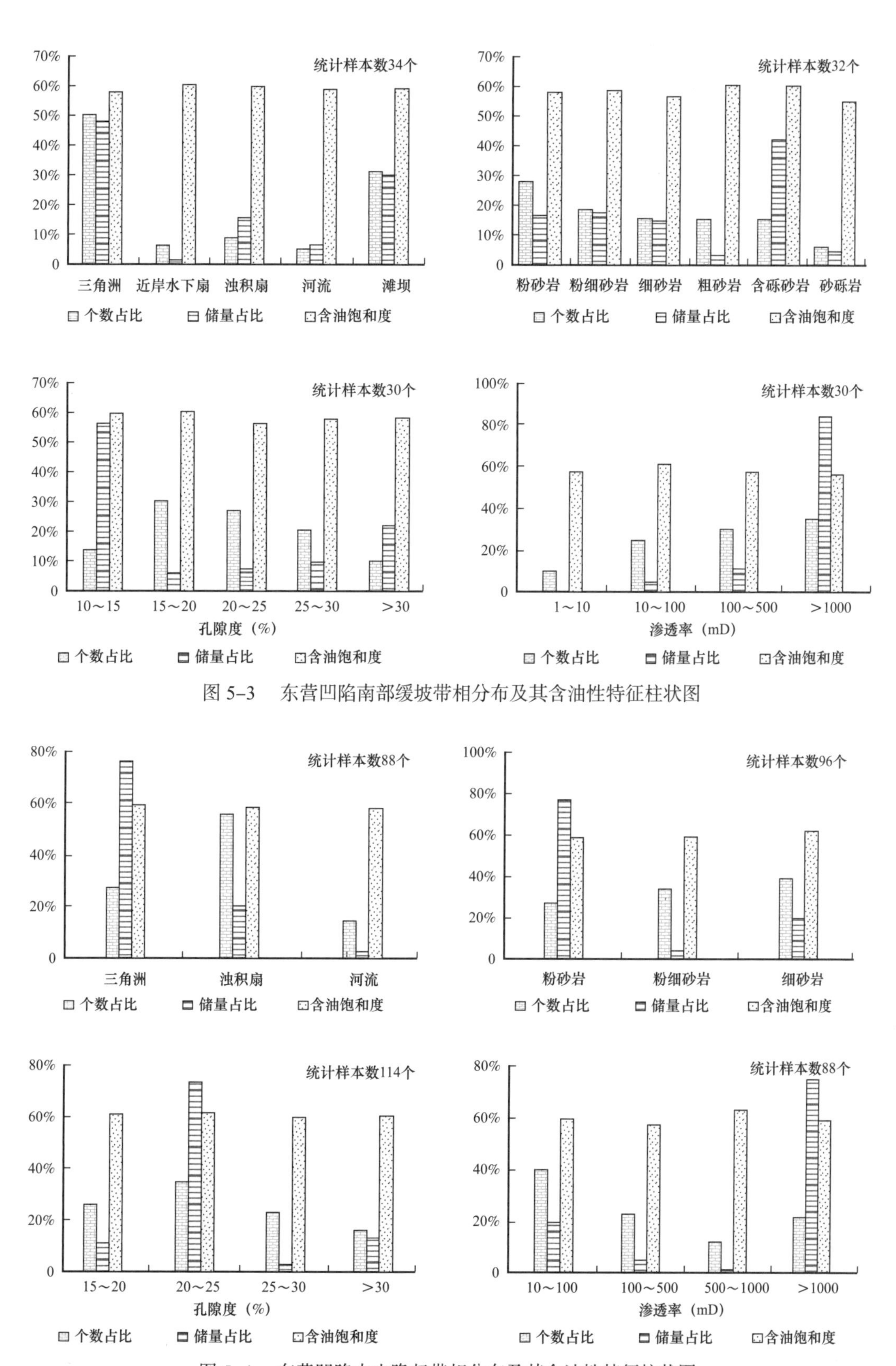

图 5-3　东营凹陷南部缓坡带相分布及其含油性特征柱状图

图 5-4　东营凹陷中央隆起带相分布及其含油性特征柱状图

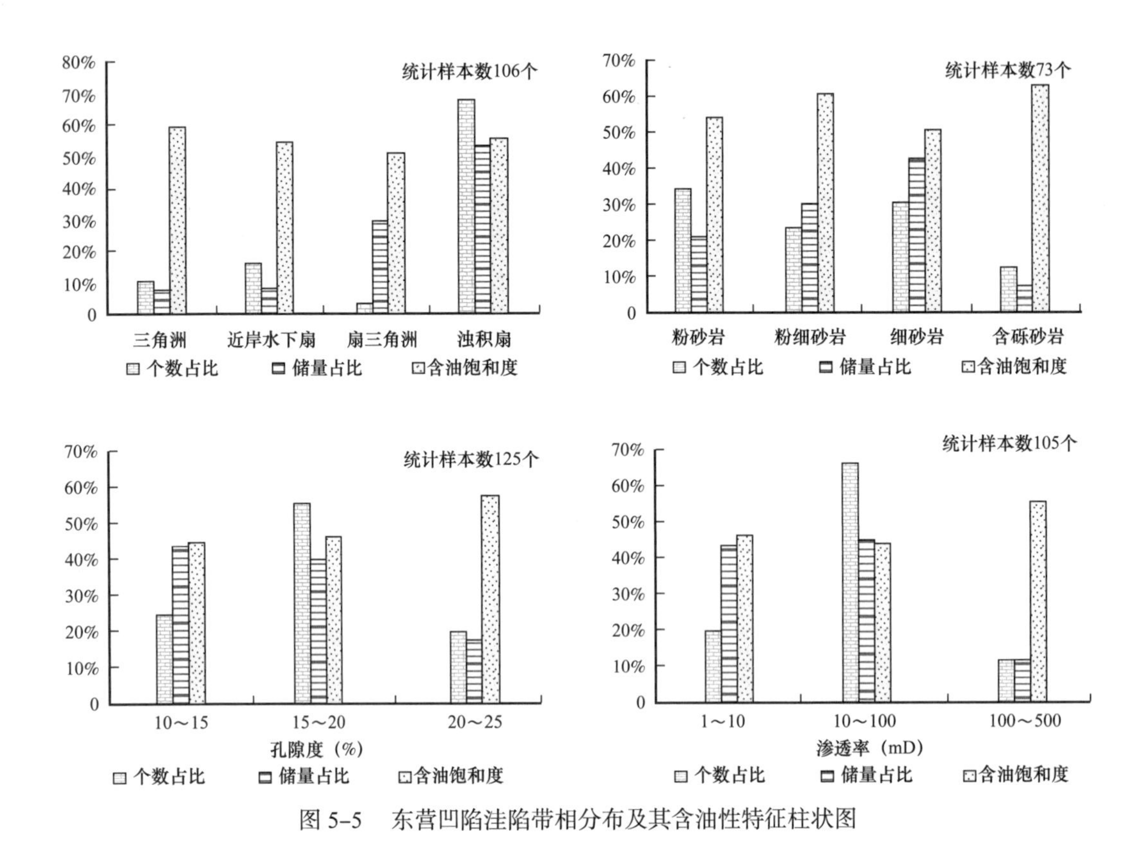

图 5-5　东营凹陷洼陷带相分布及其含油性特征柱状图

东营凹陷四个构造带的沉积相、岩相和岩石物理相的分布都有各自的特点，从而也影响了油气的分布和富集。从油藏数量的分布来看，以中央隆起带为最多，其次为洼陷带，再次为北部陡坡带和南部缓坡带。而从储量分布来看，同样以中央隆起带最为丰富，而北部陡坡带虽然油藏个数不如洼陷带，但其储量位居四个构造相带的第二位，洼陷带的油气储量排第三位，南部缓坡带的油气储量相对最少。从储层的微观含油饱和度分析看，中央隆起带和南部缓坡带的稍占优势，最小的为洼陷带（图 5-6）。

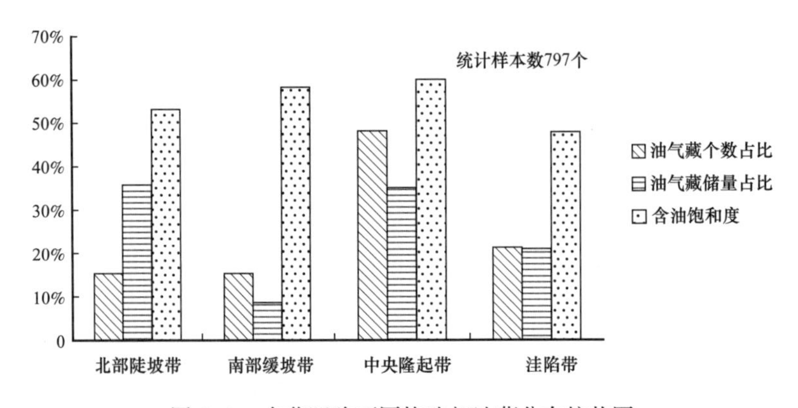

图 5-6　东营凹陷不同构造相油藏分布柱状图

2. 沉积相控油气作用

东营凹陷碎屑岩沉积体系主要包括洪积扇、河流、扇三角洲、近岸水下扇、滨浅湖滩坝、三角洲、浊积扇等，统计四个洼陷带、北部陡坡带、南部缓坡带和中央隆起带的有利相带分布结果，显示有利沉积相带的顺序依次是浊积扇、三角洲、近岸水下扇、河流相、滨浅湖滩坝和扇三角洲（图 5-7至图 5-11）。由于这些沉积体系所处的构造位置、砂体的储集性能、与烃源岩的接触关系等的差异，造成不同的沉积体系、沉积相带和微相对油气藏的形成和富集作用存在差异。下面以东营凹陷主要沉积体系为例，阐述其岩相及岩石物理相特征与油气分布富集的特征。

3. 岩相控油气作用

从东营凹陷所有储层的岩相统计结果分析，粉砂岩、砂岩和砾岩为主要岩相。其中以粉砂岩、粉细砂岩和细砂岩的含量最高、发育油藏个数最多，油气储量最大、其次为含砾砂岩，而粗砂岩仅发育了极小的比例。含油饱和度则以细砂岩和粉细砂岩最高，砂砾岩的含油饱和度最低（图 5-12）。

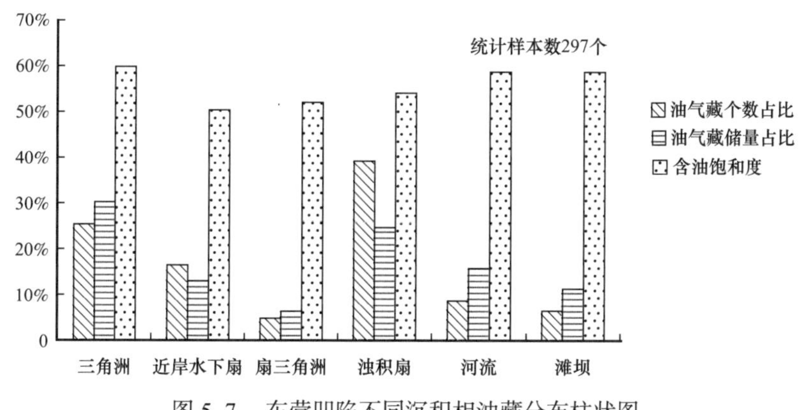

图 5-7　东营凹陷不同沉积相油藏分布柱状图

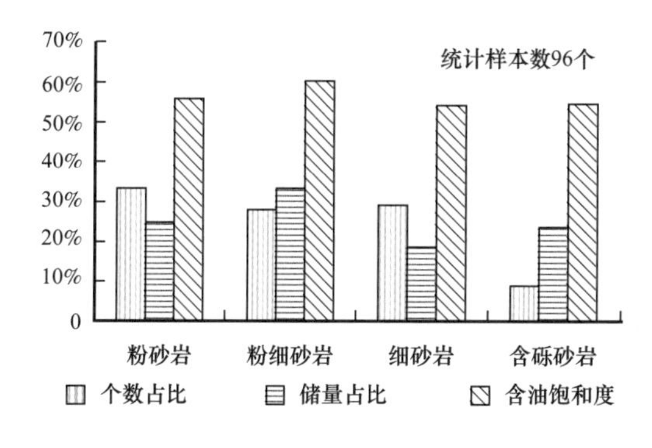

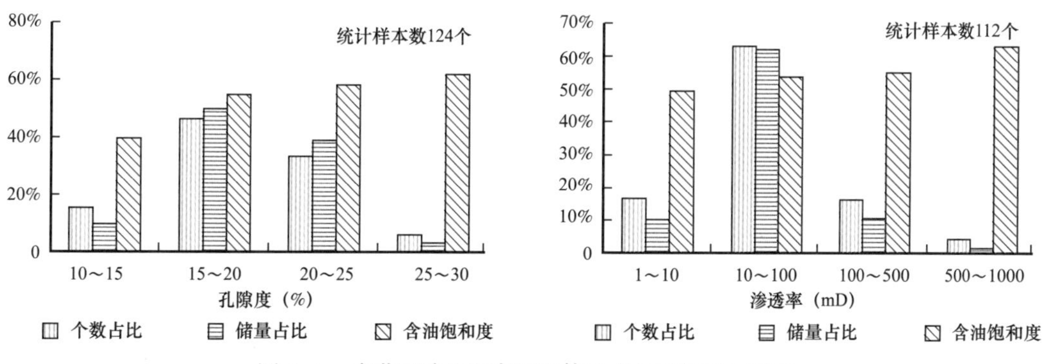

图 5-8　东营凹陷浊积扇沉积体系岩相及物理相特征

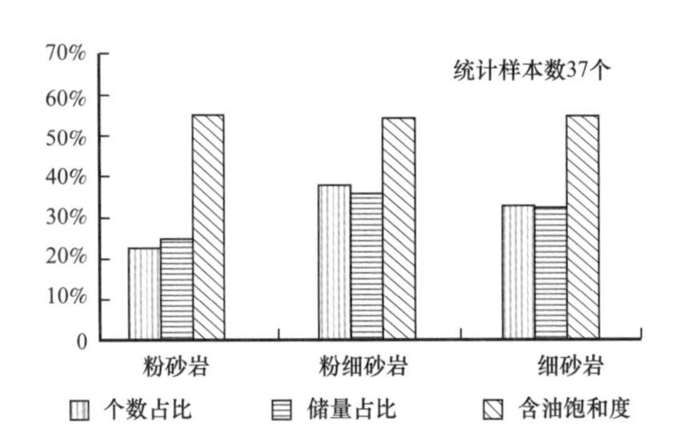

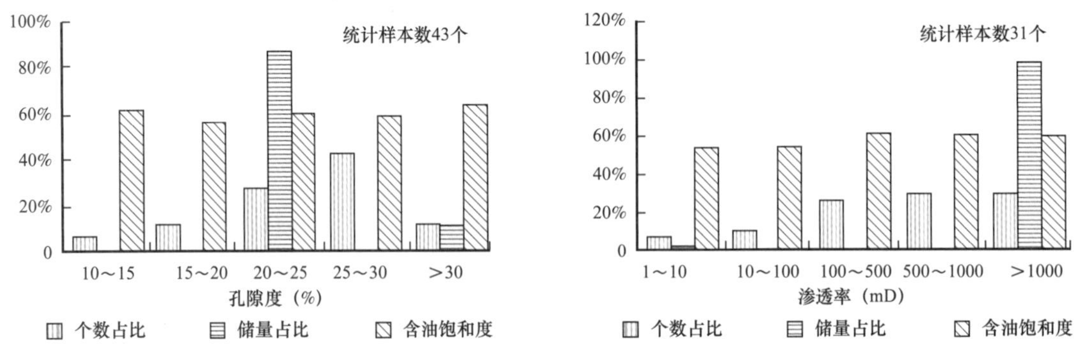

图 5-9　东营凹陷三角洲沉积体系岩相及物理相特征

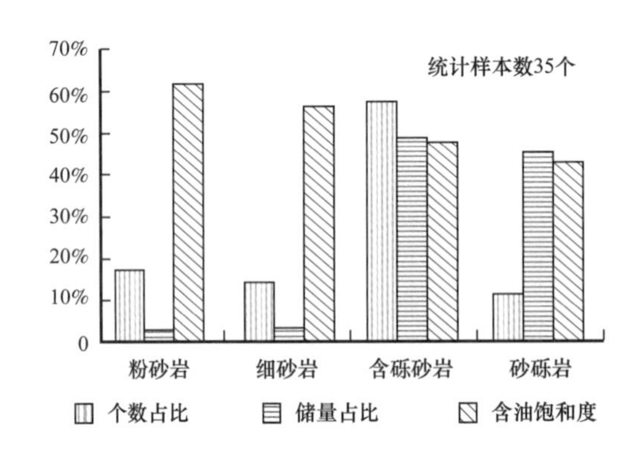

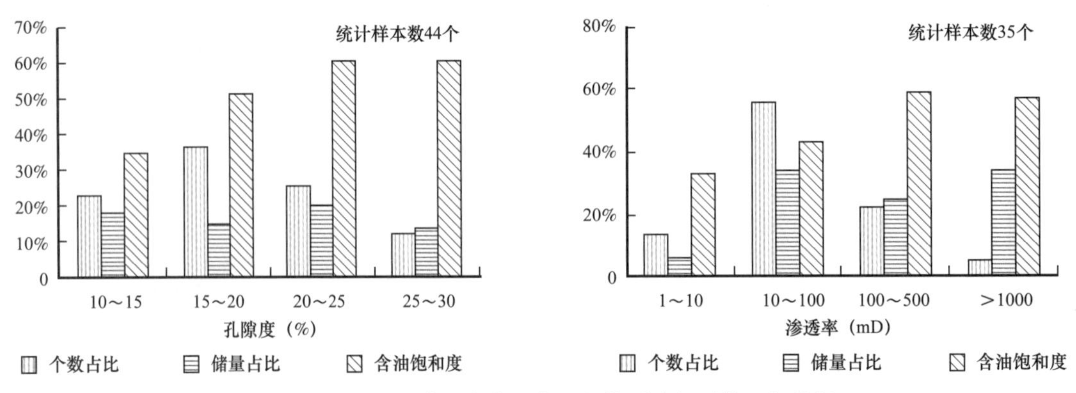

图 5-10　东营凹陷近岸水下扇沉积体系岩相及物理相特征

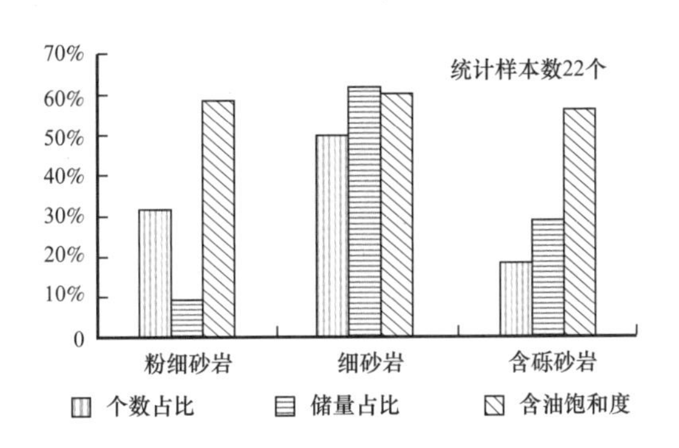

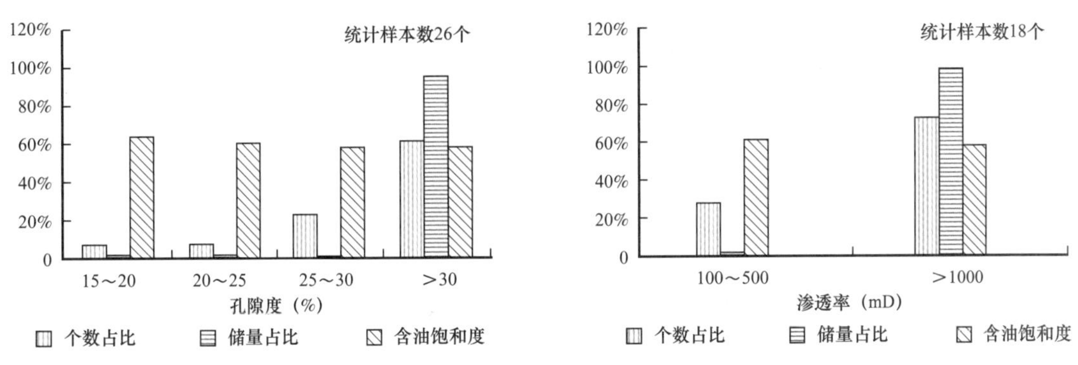

图 5-11　东营凹陷河流相沉积体系岩相及物理相特征

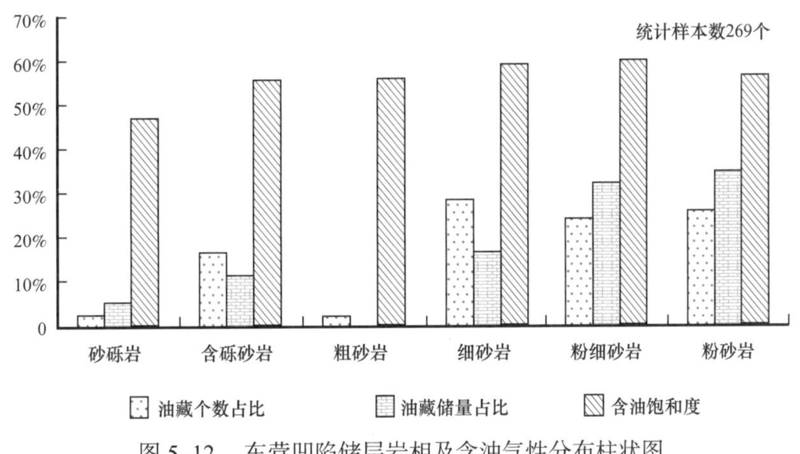

图 5-12　东营凹陷储层岩相及含油气性分布柱状图

对储层的岩石物理相进行分析发现相似的规律，就是随着粒径的逐渐增大，孔隙度和渗透率总体呈现先增大后减小的规律，即最优质储层不是分布在粒径最细的粉砂岩内，也不是分布在粒径最粗的砂砾岩内，而是在粉细砂岩和细砂岩体内；粒径越大，孔隙度、渗透率分布的区间范围就越大，油藏比例与储量分配就越不集中。随着储层孔隙度、渗透率的增高，含油饱和度是逐渐增高的（图 5-13 至图 5-16）。

4. 岩石物理相控油气作用

从东营凹陷岩石物理相的分布特征来看，孔隙度相对分布在 15%～30% 之间，渗透率在 10～500mD 范围内。随着储层孔隙度、渗透率的增大，含油饱和度逐渐增高。但是油气储量与砂体规模有直接关系，储量的最高峰集中在孔隙度为 20%～25%、渗透率大于 1000mD 的储层内（图 5-17）。同一储层内部，油气集中分布在高孔隙度、高渗透率的优相空间内。

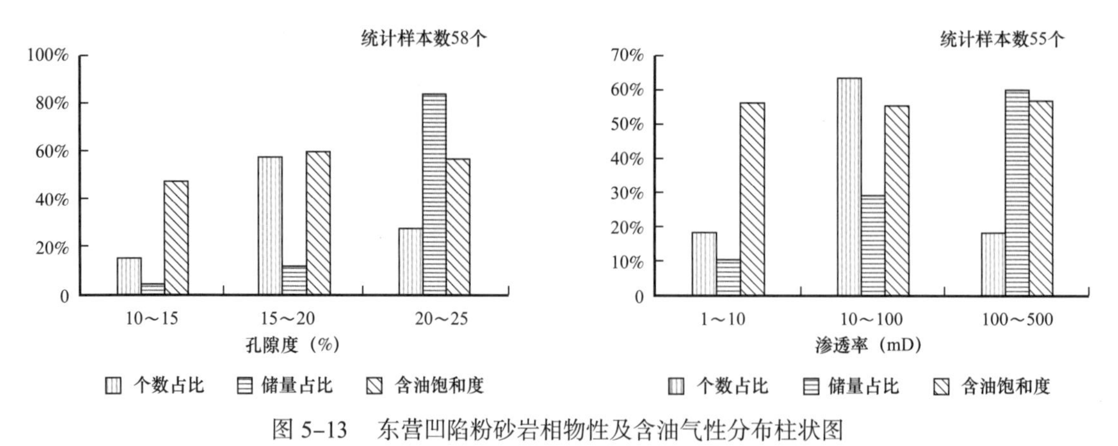

图 5-13　东营凹陷粉砂岩相物性及含油气性分布柱状图

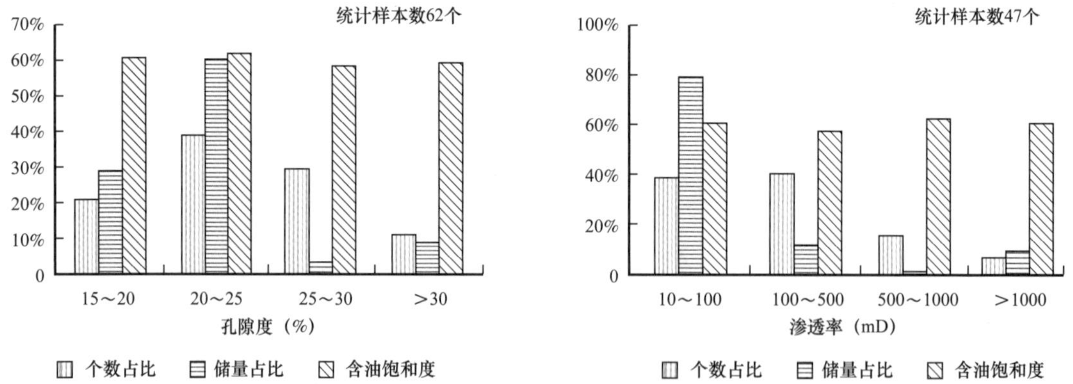

图 5-14　东营凹陷粉细砂岩相物性及含油气性分布柱状图

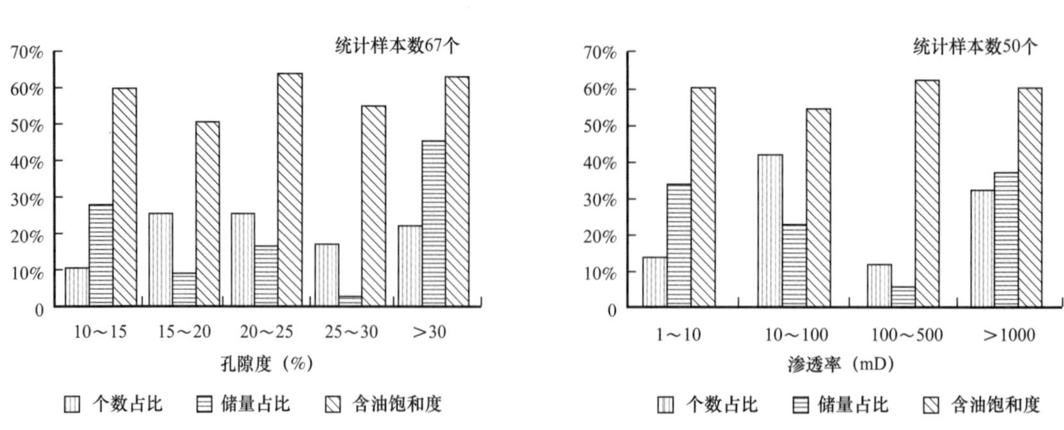

图 5-15　东营凹陷细砂岩相物性及含油气性分布柱状图

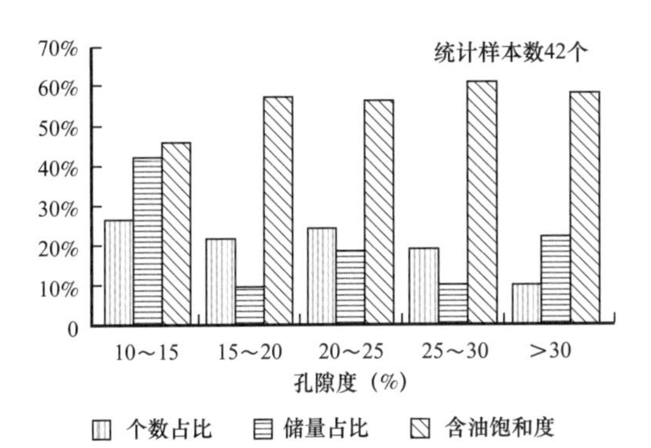

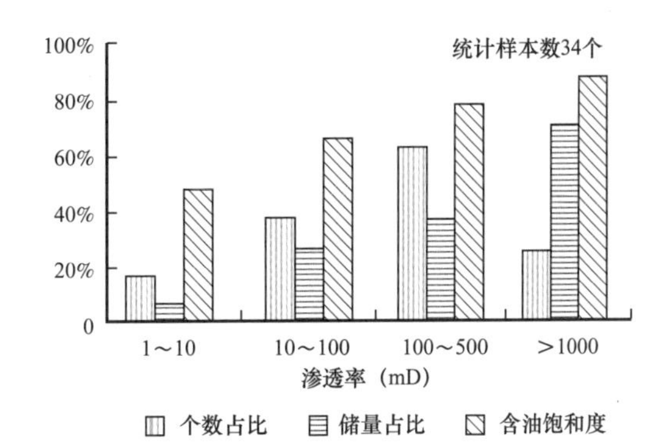

图 5-16　东营凹陷含砾砂岩相物性及含油气性分布柱状图

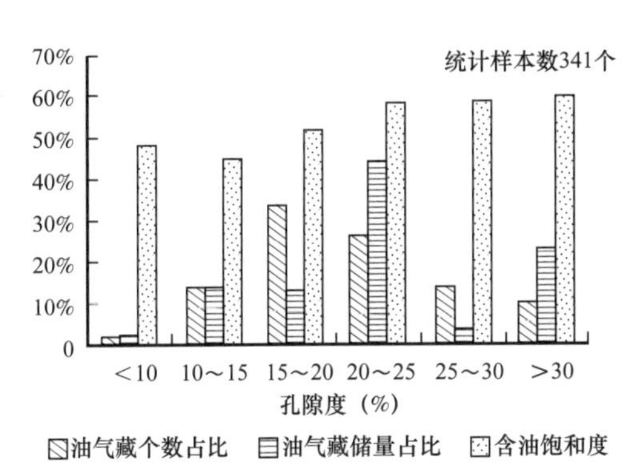

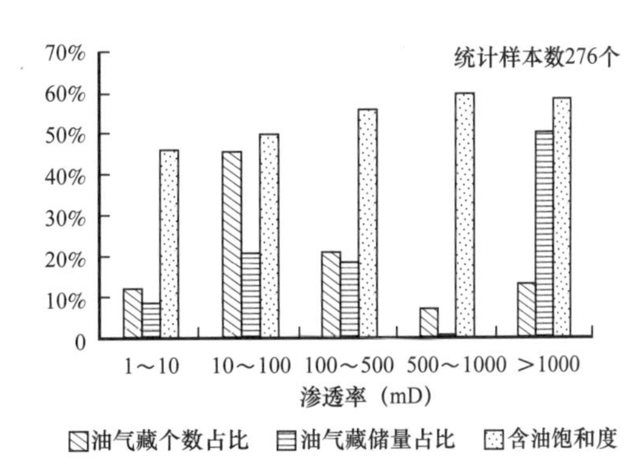

图 5-17　东营凹陷岩石物理相分布特征

三、相控油气作用模式与类型

1. 相控油气作用模式

1）储层高孔隙度、高渗透率与油气成藏

对东营凹陷 700～3700m 的 303 个碎屑岩油藏统计发现，1500m 以浅主要发育地层油气藏；1500～3200m（集中在 1500～2500m）主要发育构造油气藏；2500m 以深（集中在 2500～3500m）主要发育岩性油气藏。根据这些油藏平均物性的统计，结合区域的储层平均孔隙度随埋藏深度的变化情况，将二者进行比较可以发现，在某一埋藏深度时，油气藏具有相对的高孔隙度、高渗透率的特点（图 5-18，图 5-19）。

但不同的埋藏深度条件下，不同的油气藏类型，其绝对的孔隙度和渗透率值有所不同（图 5-20 至图 5-25）。浅部地层油气藏的孔隙度分布区间为 12%～39%，集中分布在 20%～35% 范围内；中部构造油气藏的孔隙度分布区间为 15%～38%，集中分布在 18%～32% 范围内；深部岩性油气藏的孔隙度分布区间为 12%～32%，集中分布在 12%～26% 范围内。可以看出，埋藏深度由浅至深，油气藏的平均孔隙度变小。渗透率分布也有这样的趋势，浅部地层油气藏的渗透率为 141～5000mD；中部构造油气藏的渗透率为 8～3000mD，在 10～1600mD 范围内较集中；深部岩性油气藏的渗透率为 0.3～3000mD，在 1～800mD 范围内较集中。

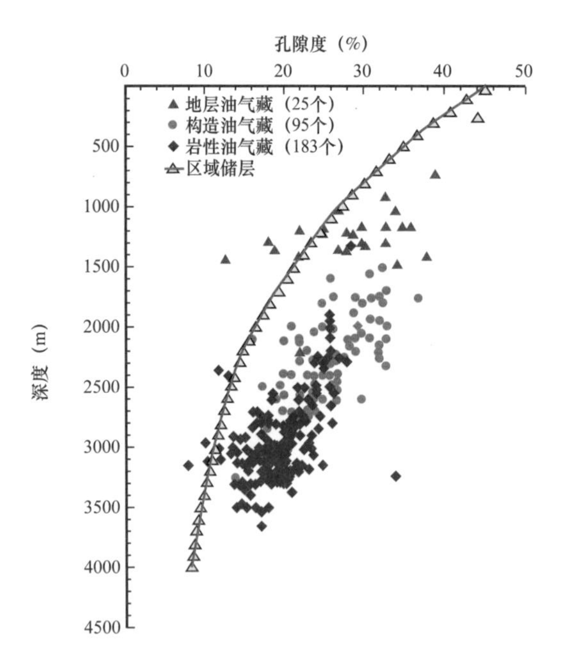

图 5-18　东营凹陷油气藏平均孔隙度与深度关系

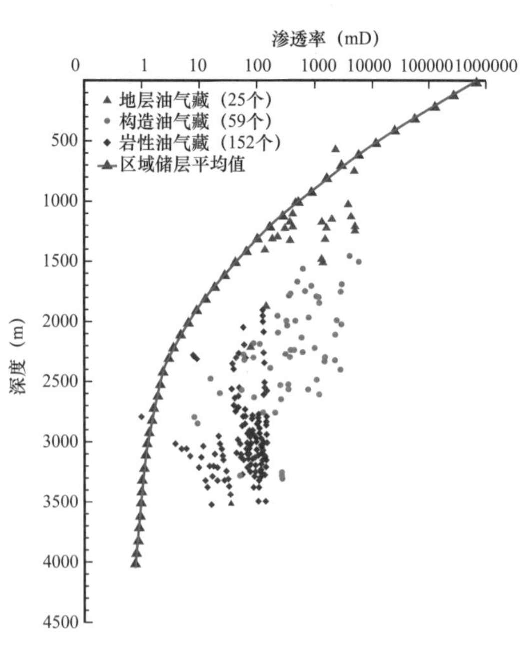

图 5-19　东营凹陷油气藏平均渗透率与深度关系

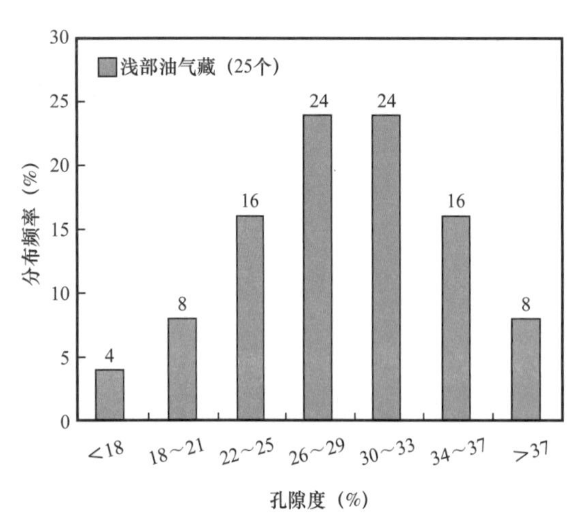

图 5-20　东营凹陷浅部油气藏孔隙度分布频率

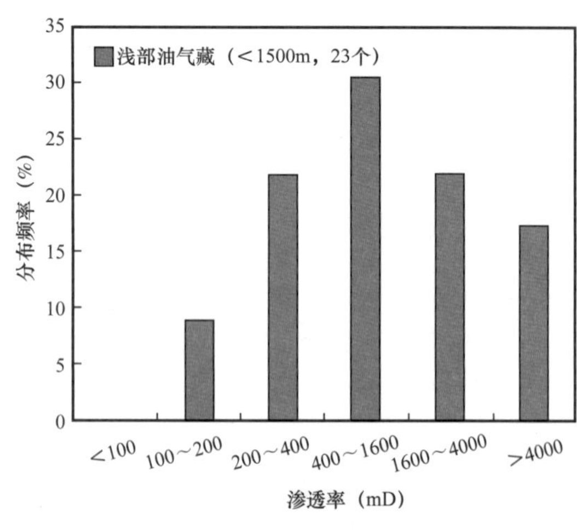

图 5-21　东营凹陷浅部油气藏渗透率分布频率

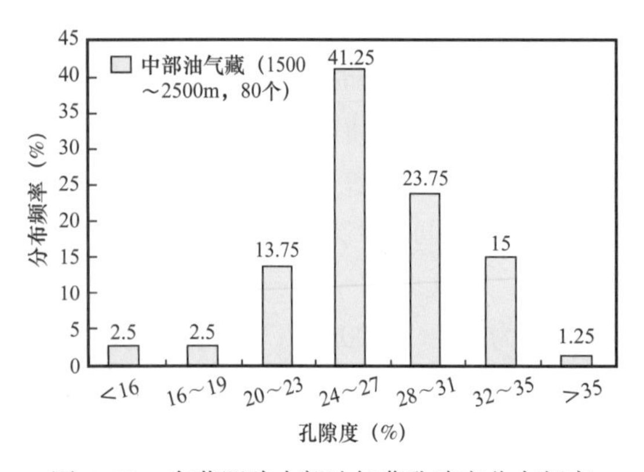

图 5-22　东营凹陷中部油气藏孔隙度分布频率

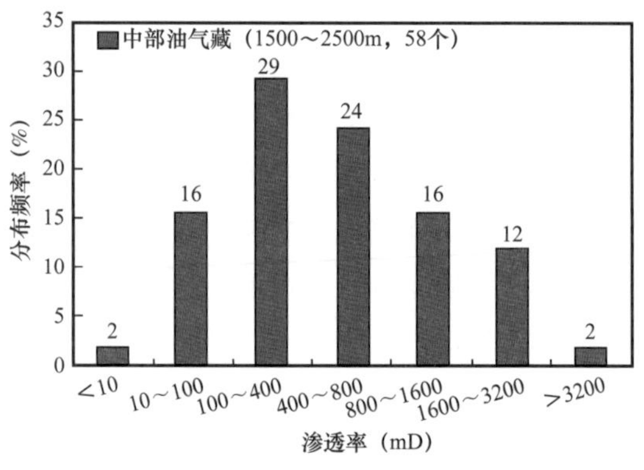

图 5-23　东营凹陷中部油气藏渗透率分布频率

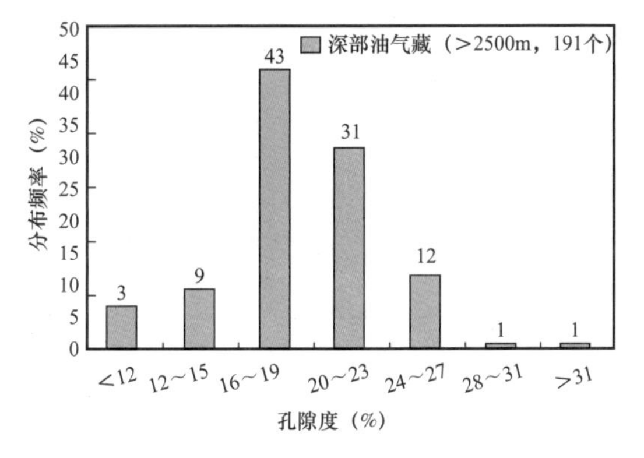

图 5-24　东营凹陷深部油气藏孔隙度分布频率

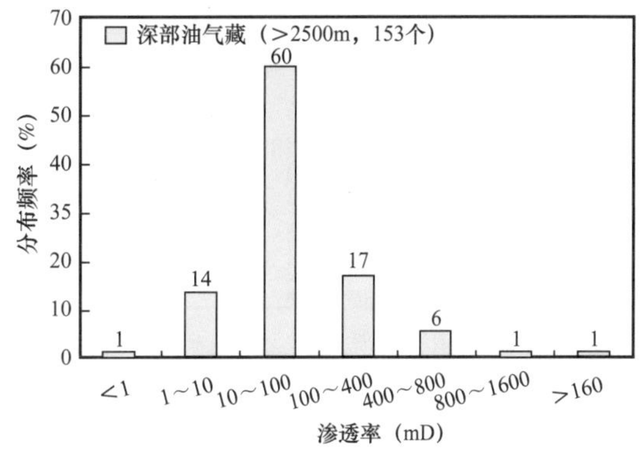

图 5-25　东营凹陷深部油气藏渗透率分布频率

统计东营凹陷不同埋藏深度下油藏（238 个）的平均孔隙度与平均渗透率的关系（图 5-26）发现，二者之间具有非常好的相关性。一般情况下，若油藏的孔隙度较大，则渗透率也较大。但不同类型不同埋藏深度下的油藏的孔隙度—渗透率对比关系存在差异。

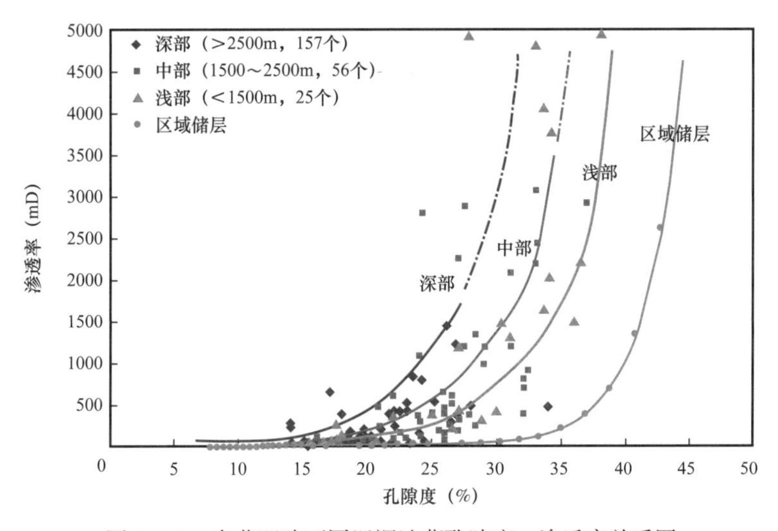

图 5-26　东营凹陷不同埋深油藏孔隙度—渗透率关系图

2）岩石优相与油气成藏

由东营凹陷 267 个油藏的岩性统计来看（图 5-27），油藏的平均岩性可以是泥质粉砂岩、粉砂岩、细砂岩、中砂岩、粗砂岩和含砾砂岩，甚至砾岩。但从油藏分布的个数来看，大部分油藏的储层岩性主要为粉砂岩、粉细砂岩、细砂岩和中砂岩。从储层平均粒径的分布来看，大都分布在 0.03～0.5mm 的区间范围内（图 5-28），这个范围也就是粉砂岩、粉细砂岩、细砂岩和中砂岩。

由东营凹陷油藏储层岩性和孔隙度的关系统计来看（图 5-29），储层的粒度中值大都分布在 0.1～0.4mm 之间，孔隙度大都分布在 15%～40% 之间。在粒度中值为 0.1～0.4mm 的区间内，油藏的孔隙度较高，一般也为 15%～40%；粒度中值为 0.1～0.4mm 的区间，不但为油藏大量发育的范围，而且也是高孔隙度、高渗透率的储集物性分布的范围，这个区间范围是优势相分布的区间，该区间主要分布了大量的粉砂岩、细砂岩和中砂岩。

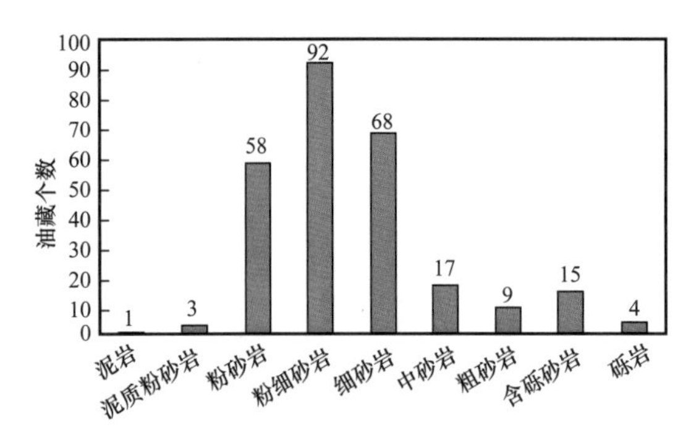

图 5-27　东营凹陷油藏的岩性分布

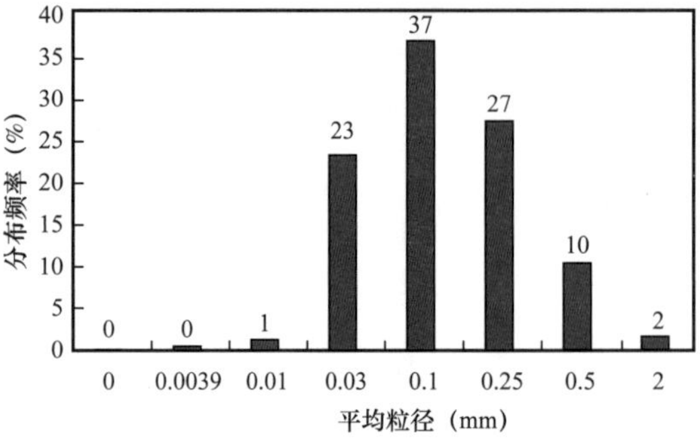

图 5-28　东营凹陷油藏的平均粒径分布

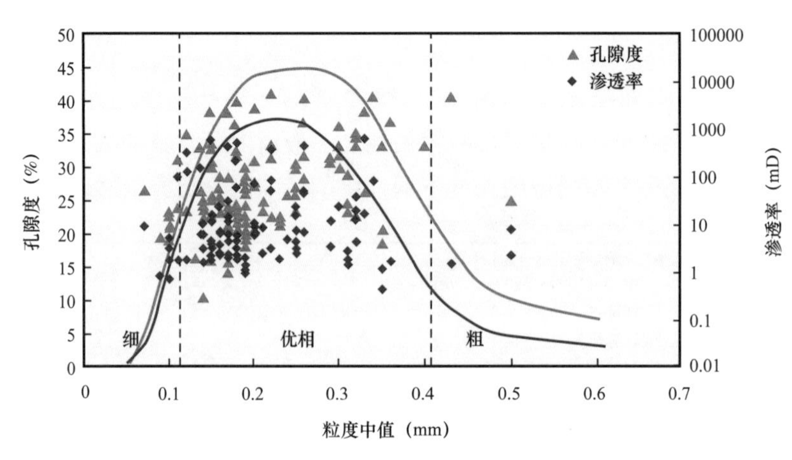

图 5-29　东营凹陷油藏物性与岩相分布图

3）高孔渗优相控藏基本模式

根据油藏物性和岩性分布的关系，总结出优相控藏的基本模式（图 5-30）。该模式可分为 4 个区。A 区油藏储层的颗粒较大、成分均匀、杂基少，因而其孔隙度和渗透率均较高，有利于油气的聚集。B 区分布在 A 区的下端，表示储层的颗粒虽然较大、成分和结构可能不均匀，储层的杂基含量较 A 区的高，因而其物性较差。C 区位于 A 区和 B 区的两侧，左侧由于粒度变细，储层的储集物性变差，右侧粒度虽然逐渐变粗，但由于颗粒中杂基含量高，储层的物性也变差。在左侧，由 C 区向 D 区，岩石颗粒进一步变细，逐渐成为泥岩和页岩，储集物性更差，适当地质条件下演变为盖层或烃源岩；在右侧，由 C 区向 D 区，储层颗粒进一步加粗，但储集物性却进一步变差，这是其杂基含量高、分选变差所致。

2. 相控油气作用基本类型

综合考虑相的不同层次的表征方法，结合相控油气的基本地质特点和模式，总结出相控油气作用的 7 个基本类型：

（1）陡坡带近岸水下扇—扇三角洲中扇高孔渗优相控藏模式；

（2）缓坡带三角洲前缘高孔渗优相控藏模式；

（3）缓坡带滨浅湖滩坝高孔渗优相控藏模式；

（4）深凹带浊积扇主体高孔渗优相控藏模式；

（5）中央断裂带三角洲前缘高孔渗优相控藏模式；

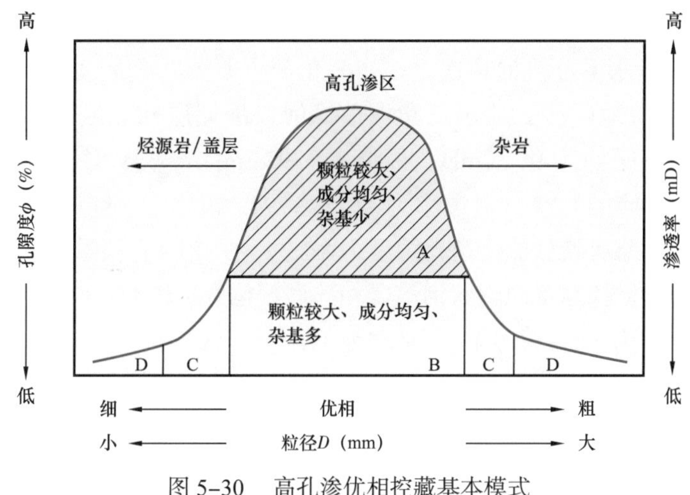

图 5-30　高孔渗优相控藏基本模式

（6）埋藏演化成岩溶蚀带高孔渗优相控藏模式；

（7）构造变动裂隙发育带高孔渗优相控藏模式。

东营凹陷古近系不同构造部位发育不同类型的沉积体系，这些沉积体系具有不同的物性特征，而且同一沉积体系内部还存在差异，部分微相的砂岩体孔渗性好（表 5-1）。

表 5-1　东营凹陷古近系不同构造部位储集砂体物性特征对比表

构造部位	沉积体系		孔隙度（%）	渗透率（mD）	代表地区
陡坡带	冲积扇	扇根砾岩体	9.2	5.75	郑家—王庄沙四段 北带—南坡沙四段
		扇中水道砂体	13.8	58.5	
		扇中水道砂体	20.35	12.5	
陡坡 / 缓坡	河流	边滩砂体	15～25	4000～5000	胜坨、宁海、永安镇、王家岗、草桥、八面河沙二段
缓坡带	滨浅湖	远岸滩坝砂体	31.2	523	草桥、八面河、纯化镇沙四段中上亚段
		近岸滩坝砂体	25.2	388	
陡坡带	近岸水下扇	扇中砂体	9～12	1.4～3.7	北带沙三段砂砾岩体
		扇根砂体	13.3～15.7	0.38～4.7	
缓坡 / 中央隆起带	三角洲	水下分流河道砂体	15～25	500～2500	王家岗、利津、牛庄、草桥沙三段上亚段、沙二段
		河口坝砂体	20～30	50～1500	
		席状砂体	20～25	50～500	
陡坡带	扇三角洲	水下分流河道砂体	20～32	280～1459	郑家、高青沙三段
		河口坝砂体	24～28	28～250	
洼陷带	浊积扇	滑塌浊积岩体	5～18	10～20	牛庄、东辛沙三段中亚段
	浊积扇	深水浊积扇砂体	20～25	500～5000	梁家楼

相同沉积相内不同的沉积微相具有不同的物性特征。如扇三角洲沉积，前缘河口坝砂体物性最好，前缘水下分流河道次之，扇三角洲平原辫状分流河道及前缘席状砂相对差（表5–2）。如草桥地区沙三段扇三角洲前缘河口坝储层孔隙度为26.8%～40.3%，平均为34.2%，渗透率平均为997.7mD，最高达4392.2mD；水下分流河道储层孔隙度为25.0%～38.3%，平均为34.2%，渗透率为11.86～794.4mD，比河口坝稍差；而永安镇—广利地区扇三角洲平原辫状分流河道孔隙度为8.23%～11.81%，渗透率为3.4～4.0mD，与前两者相比明显变差，这与平原辫状河道微相碎屑颗粒分选较差有关；永921地区扇三角洲前缘席状砂孔隙度为5.9%～19.4%，平均为11.45%，渗透率为0.53～150.4mD，与河口坝相比也明显变差，这与席状砂岩粒度较细、泥质含量高有关。不同埋藏深度段的相同成因砂体，物性也存在差异，如东营中央隆起带河155井浊积砂岩因其沉积微相差异、粒度差异、非均质性差异，导致不同部位砂体的含油饱和度差异（图5–31）。

表5–2　东营凹陷不同地区扇三角洲沉积微相储层物性特征对比表

<table>
<tr><th>井号</th><th>层段</th><th>深度（m）</th><th>孔隙度（%）</th><th>渗透率（mD）</th><th>碳酸盐
含量（%）</th><th>沉积微相</th></tr>
<tr><td rowspan="2">盐181</td><td rowspan="2">沙三段</td><td>2200.00</td><td>8.23</td><td>4.0</td><td>4.58</td><td rowspan="2">扇三角洲平原
辫状分流河道</td></tr>
<tr><td>2200.15</td><td>11.81</td><td>3.4</td><td>0</td></tr>
<tr><td>盐18</td><td>沙三段
下亚段</td><td>2220.3～2269.3</td><td>22.6
（8.9～28.1）</td><td>510.4
（3.4～6958.9）</td><td>0～17.9</td><td>扇三角洲前缘
水下分流河道</td></tr>
<tr><td rowspan="2">永921</td><td rowspan="2">沙四段
上亚段</td><td>2465.8～2761.8</td><td>11.4
（5.9～19.4）</td><td>38.8
（0.53～150.4）</td><td>0～16.5</td><td>扇三角洲前缘
席状砂</td></tr>
<tr><td>2786.1～2824.2</td><td>11.1
（4.3～22.7）</td><td>20.3
（0.51～144.4）</td><td>0～23.7</td><td>扇三角洲前缘
水下分流河道</td></tr>
<tr><td>坨713</td><td>沙三段</td><td>3003.3～3032.5</td><td>14.1
（5.5～23.8）</td><td>24.4
（0.01～390.0）</td><td>0～39.9</td><td>扇三角洲前缘
水下分流河道</td></tr>
<tr><td rowspan="2">草112</td><td rowspan="2">沙三段</td><td>1185.9～1228.4</td><td>34.2
（25.0～38.3）</td><td>11.86～794.4</td><td>0～1.67</td><td>扇三角洲前缘
水下分流河道</td></tr>
<tr><td>1235.7～1246.5</td><td>34.2
（26.8～40.3）</td><td>997.7
（12.6～4392.2）</td><td>0～1.57</td><td>扇三角洲
前缘河口坝</td></tr>
</table>

四、相控油气作用的定量表征（FI）

在对储层定量评价的过程中，岩石物理相的参数是直接反应储层质量的评价标准。因此，在储层优相的定量表征中采用孔隙度、渗透率这两个最常用的参数来计算相对优相的定量值。由前文关于相控油气的地质特征分析可知，济阳坳陷四个凹陷不同的油气藏类型，其孔隙度和渗透率值有所不同，但油藏的孔隙度和渗透率相对于同一埋深条件下的区域平均储层物性而言均比较高，油气藏具有相对高孔隙度、高渗透率的特点，且储层岩性主要为粉砂岩、粉细砂岩、细砂岩等优质岩相。

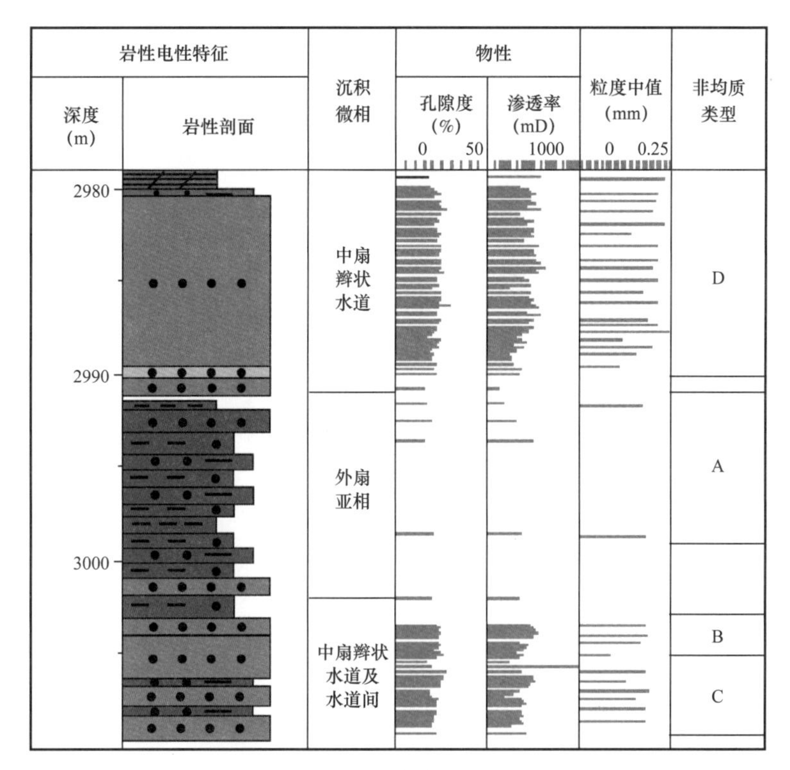

图 5-31 河 155 井沙三段中亚段深水浊积扇各微相储层物性剖面图

1. 孔隙度与优相的关系及其定量表征

储层孔隙度的获取可以通过间接和直接的方法。直接方法是通过测井曲线成果解释或岩心物性分析直接得到；间接方法是通过储层粒度、基质含量等与孔隙度的函数关系计算得出。储集砂体的孔隙度与砂体所处的相有非常重要的关系，当储层岩石颗粒较大、成分较均匀、杂基含量较少时，其孔隙度相对较高。因此，储层孔隙度主要是粒度、分选系数和基质含量的关系式，利用岩石的粒度大小、分选系数和基质含量等可以预测岩石的孔隙度：

$$\phi=f(D, N, S) \tag{5-1}$$

储层最大孔隙度可以通过已知的储层最大孔隙度值与深度的函数关系求取，也可以通过上述的间接方法求取：

储层岩石的相对孔隙度可以通过岩石孔隙度和最大孔隙度的比值来求取：

$$\phi_{max}=f(D, N, S) \tag{5-2}$$

$$\phi_i=\phi/\phi_{max} \tag{5-3}$$

式中 ϕ——储层孔隙度，%；

D——粒径，μm；

N——基质含量，%；

S——分选系数；

ϕ_{max}——同深度条件下最大储层孔隙度，%；

ϕ_i——相对孔隙度。

2. 渗透率与优相的关系及其定量表征

利用岩石的粒度大小、泥质含量、分选系数等参数可以预测岩石的渗透率：

$$K=f(D, N, S) \tag{5-4}$$

也可以利用下式计算储层的相对渗透率，即计算岩石颗粒渗透率和同深度条件下最大渗透率的比值：

$$K_{max}=f(D, N, S) \tag{5-5}$$

$$K_i=\lg K/\lg K_{max} \tag{5-6}$$

式中 K——储层渗透率，mD；

D——粒径，μm；

N——基质含量，%；

S——分选系数；

K_{max}——同深度条件下最大储层渗透率，mD；

K_i——相对渗透率。

在实际应用中，由于渗透率的数值相差较大，因此取对数比值在优相的定量计算中更能体现渗透率的作用。

3. 相控油气作用预测方法

储层的孔隙度和渗透率都与其沉积相、岩相有关，那么利用孔隙度和渗透率也可以衡量其所属的相是否为优相，因此，可以利用孔隙度和渗透率相对值的函数来定量表征相：

$$FI=(\phi_i+K_i)/2 \tag{5-7}$$

式中 ϕ_i——相对孔隙度；

K_i——相对渗透率；

FI——优相指数。

FI越高，储层的质量越好，越有利于油气聚集，其成藏概率越大。

由于相的研究可以分四个层次进行，因此在预测研究区储层的高孔渗优相发育区时，同样按以下四个层次进行：

（1）确定高孔渗优相控藏模式的基本类型。首先确定是属于陡坡带的水下扇还是缓坡带的扇三角洲或是深凹带的浊积体控藏模式。

（2）获得有关储层的沉积相和可能的微相。在确定好区域的控藏模式以后，要获得储层的沉积信息，要弄清沉积相和沉积微相在平面上和纵向上的展布规律，找出有利沉积相和沉积微相的发育区，并对沉积相和沉积微相进行评价。

（3）预测出储层砂体的类型、砂体颗粒的粒径及内部结构。在获得储层的沉积相信息以后，要通过宏观、微观的观察和分析测试，预测出或分析出储层砂岩体的颗粒结构、粒径、分选系数和基质含量等参数。

（4）计算高孔渗优相表征指数FI。结合前几方面分析和预测结果，分析岩石的孔隙度、渗透率等参数和区域内储层的最大孔隙度和最大渗透率值，之后就可以计算高孔渗优相的表征指数，并由此来判定其成藏的概率大小。

4. 相控油气作用的动力学机制

储层孔隙可视为一种复杂的毛细管系统，在该系统内，不相溶的多相流体的渗流不但与压力、水动力、重力等相关，而且与各相之间在接触面上的作用密切相关。在储层中，流体流动的空间是岩石颗粒间形成的大小不等、彼此曲折相通的复杂微小孔道。这些孔道可视为变截面且表面粗糙的毛细管，而整个储层岩石则可视为由这些毛细管为基本单元构成的一个多维的相互连通的毛细管网络。油气在这样一个网络中的毛细现象对于油气成藏具有十分重要的影响。

不相溶的两相流体在毛细管中的毛细管压力是由两相间界面张力引起的，假设两相界面为球冠型，则其附加界面压力如 Laplace 方程式所示。在毛细管中，界面的曲率半径 、接触角与毛细管半径的关系可由下式确定：

$$R=\frac{r}{\cos\theta} \tag{5-8}$$

将式（5–8）代入 Laplace 方程式，则可得到等直径毛细管中的毛细管压力为：

$$p_{\mathrm{c}}=\frac{2\sigma}{R}=\frac{2\sigma\cos\theta}{r} \tag{5-9}$$

式中　p_{c}——毛细管压力，Pa；

σ——界面张力，N/m；

R——界面的曲率半径，m；

θ——接触角，(°)；

r——毛细管半径，m。

式（5–9）为等直径毛细管中弯曲界面为球面情况下毛细管压力的计算公式，也是毛细管压力最基本的公式。由该式可以得出两个对于油气成藏非常重要的概念：（1）毛细管压力与毛细管半径成反比，毛细管半径越小，毛细管压力越大，因此，在低渗透油藏中毛细效应对于油气成藏的影响要比高渗透油藏中更加突出；（2）两相间界面张力越小，接触角越大（非润湿），则毛细管压力也越小。

由物理模拟实验可知，随着砂体物性的变差，油的充注变得越来越困难，所需的充注条件越来越苛刻，在界面处停留时间也越来越长，且在充注动力相同的条件下，物性好的储层油气可以成藏，物性差的储层不能成藏，主要原因是同一动力需要克服不同储层的毛细管阻力，毛细管阻力越小，油气成藏的综合动力效应越强，越有利于油气聚集成藏。因此，相控油气作用的动力学特征表现为低阻控藏机制。

由上述可知，储层毛细管压力与毛细管半径成反比，毛细管半径越小，毛细管压力越大。在同一动力条件下，油气要聚集成藏，需要毛细管阻力越小越好，由于储层毛细管压力与毛细管半径成反比，因此，需要储层毛细管半径越大越有利于油气成藏。储层的毛细管半径与储层的微观孔隙结构有关，主要由孔隙度和渗透率两个参数来表征。一般高孔高渗储层的毛细管半径大，表现为优相，因此，相控油气作用的动力学最终可表现为优相低阻的控藏特点。

根据毛细管压力曲线测试，实测出东营凹陷 39 口井 219 个不同深度储层平均孔隙度值及渗透率值、孔喉半径值（表 5–3），根据实测数据拟合储层孔喉半径与孔隙度、渗透率关系，拟合公式为：

$$\lg r' = -0.487 + 0.112\lg\phi + 0.398\lg K,\quad R=0.918 \qquad (5\text{–}10)$$

式中 r'——储层平均孔喉半径，μm；

ϕ——孔隙度，%；

K——渗透率，mD；

R——拟合度。

表 5–3　东营凹陷储层平均孔隙度、渗透率与孔喉半径实测数值表

井号	层位	深度（m）	孔隙度（%）	渗透率（mD）	最大孔喉半径（μm）	孔喉半径均值（μm）
博 104	Es_4	2026.6	23.1	2.66	3.514	0.601
草 124	Es_3	1252.24	38	4720	88.425	14.396
草古 108	Ng	751.3	41.1	13139.29	77.26	26.99
樊 182	Es_2	2527.1	22.5	47.5	5.97	2.298
丰 112	Es_3	3109.1	21.2	119.02	7.68	4.22
高 351	Es_4	2434.4	16.8	4.91	2.38	1.11
河 102	Es_3	3133.7	18.3	5.986	2.41	1.06
河 130	Es_3	2781.83	6.4	0.163	1.341	0.305
河 132	Es_3	2917.21	21.1	6.72	2.287	0.749
河 140	Es_3	2975.77	13.5	1.09	1.486	0.47
河 155	Es_3	2980.61	22	10.28	3.497	1.215
河 157	Es_3	2965.5	18.1	2.46	1.454	0.474
河 158	Es_3	3240.53	23.1	3.47	3.449	0.352
河 159	Es_3	2963.64	27.9	15.4	3.554	1.245
河 160	Es_3	3266.6	21.5	0.625	0.702	0.246
河 161	Es_3	3322.72	19.2	1.29	2.301	0.435
河 162	Es_3	2923.2	19.2	18.2	5.03	1.856
河 163	Es_3	2827.82	21.4	11.4	3.458	0.841
河 89	Es_3	2416.63	27.6	138.8	9.881	3.562
梁 218	Es_4	3187.52	10.6	0.081	0.373	0.111
梁 230	Es_4	2643.1	18.9	1.82	1.456	0.373

续表

井号	层位	深度 （m）	孔隙度 （%）	渗透率 （mD）	最大孔喉半径 （μm）	孔喉半径均值 （μm）
梁斜 203	Es_4	2616.61	9.1	0.236	0.674	0.214
牛 104	Es_3	3056.15	15.3	1.468	1.405	0.467
牛 105	Es_3	3252.34	10.6	38.4	13.741	1.866
牛 107	Es_3	3269.75	12.3	2.28	0.708	0.191
牛 108	Es_3	2989.23	18.6	2.07	1.468	0.437
牛 110	Es_3	3000.5	23.5	33.8	4.778	1.708
牛 106	Es_3	3012.85	16.8	0.00441	2.438	0.725
牛 301	Es_3	2721.1	23.8	4.16	1.48	0.513
史 125	$Es_3^{中}$	3232	9.2	0.229	0.627	0.226
史 126	Es_3	3415.94	9.4	0.234	0.719	0.248
史 128	Es_3	3086.08	15.5	0.608	1.387	0.205
史 130	Es_3	3045.43	21.7	65.2	7.158	2.387
史 131	Es_3	3031	22.3	4.73	2.456	0.794
史 133	Es_3	3167.45	19.1	5.32	2.32	0.772
王 126	Es_4	2912.61	13.8	1.12	2.223	0.461
王 541	Es_3	2802.64	17.7	11.9	3.354	0.787
王 542	Es_3	3083.5	11.4	0.384	0.745	0.24
王 631	Es_3	2806.56	23.4	39.6	4.855	1.717

第二节　势控油气作用

从动力学角度，油气的聚集是油气运移过程中的一种特殊情况，油气圈闭就是可使油气运移动力与阻力相互平衡而停止不动的部位。20 世纪 40 年代初，Hubbert 曾用流体势的概念、理论和方法对地下流体的运动状态进行比较全面的描述，1953 年又做了补充和完善。直到 20 世纪 80 年代，Dahlberg（1982）关于流体势的专著《石油勘探中的水动力学》一书的问世，这一理论才得以重视，特别是在 20 世纪 80 年代后期定量研究方法的发展，使流体势用于油气运移、聚集的计算机模拟才成为可能。利用流体势的概念来描述油气的运移聚集更为方便，流体势反映水动力、浮力和毛细管力对地下流体运动状态的共同作用，故而在油气运移、聚集中的作用受石油地质工作者的重视，现已成为普遍接受的定量描述方法之一。在油气运移的通道上，油气势的导数为零的极小值点及其附近就是油气可以聚集的部位。流体势分析包括油、气、水三势分析，将其引入地下流体动力作用研究，可提高人们对沉积盆地内油气运移聚集过程的控制作用和能量分布认识，可确定盆地流体系统构成，提高对油气运移规律的认识，可明确预测有利的油气聚集带，确定勘探靶区，显著提高钻探成功率。

一、势的概念及分类

油、气、水都是流体，其流动规律遵循流体力学机理。人们很早就把流体力学中的概念和机理引入油气运移的研究中。早在 20 世纪 40—50 年代哈伯特（Hubbert，1953）就用流体势的概念深入阐述了地下流体（油、气、水）的运动规律。他把单位质量流体所具有的机械能量定义为流体势。若流体势计算的基准面取在地下某一深度时，则流体势的表达式为：

$$\Phi_{\mathrm{um}} = gz + \int_0^p \frac{\mathrm{d}p}{\rho(p)} + \frac{q^2}{2} \tag{5-11}$$

式中 Φ_{um}——流体势，J；

p——地层流体压力，Pa；

q——地层流体速度，m/s；

$\rho(p)$——流体密度随压力变化的函数，$\mathrm{kg/m^3}$；

g——重力加速度，$\mathrm{m/s^2}$；

z——研究点到基准面间距离，m。

但利用式（5-11）在流体势计算中出现了问题：从水势概念引出的烃（油、气）势概念中，都把地层中普遍存在的毛细管压力忽略掉了。而 England（1987），郝石生等（1989）在引用流体势概念时，考虑了毛细管压力作用对油气运移的影响，并对流体势概念进行了重新描述，流体势被定义为从基准点（面）传递单位体积流体到研究点所必须做的功，或者说，相对基准面单位体积流体所具有的总势能。

从上述定义出发，就可以推导出地下流体势的表达式，因为流体势是用单位体积的功或能来表示的。一般说来作用在地下流体上的力主要有重力、弹性力、表面张力、惯性力、黏滞力等。其中惯性力和黏滞力都与流体的运动速度有关，而地下流体自然流动过程是十分缓慢的，在这种特定地质条件下，影响地层孔隙流体总势能的因素主要是重力、弹性力、表面张力三种作用力。如果取某一地质时期沉积表面为基准面。取标准压力为一个大气压，则地下孔隙流体势可以表达为：

$$\Phi = (p - p_0)V - mg(Z - Z_0) + 2\sigma \frac{\cos\theta}{r} V \tag{5-12}$$

或

$$\Phi_{\mathrm{uv}} = -\rho g z + \int_1^p \frac{\mathrm{d}p}{\rho(p)} + \frac{2\sigma\cos\theta}{r}$$

式中 Φ_{uv}——单位体积流体势，Pa；

Z——地层埋藏深度，m；

$\rho(p)$——流体密度随地层压力变化的函数，kg/m^3；

ρ——流体在深度 z 处的密度，kg/m^3；

V——流体相对某点的距离，m；

m——流体质量，kg；

g——重力加速度，m/s^2；

p——深度 z 处流体的压力，Pa；

p_0——大气压，Pa；

σ——界面张力，N/m；

θ——润湿角，(°)；

r——深度 z 处岩石孔隙毛管半径，m；

Z_0——基准面的埋深，m。

式（5–12）中第一项代表单位体积流体相对基准面（Z=0）具有的重力势能，因 z 在基准面之下，故取负值（此时埋藏深度 Z 取正值）；第二项代表单位体积流体具有的弹势能；第三项代表单位体积流体具有的界面势能。

这里提到的势能，不仅是物理学中的重力势能，式（5–12）中的势能包括了四种能量，即由重力势能、弹性势能、界面势能和流体动能组成。

但实际应用中，应该考虑到这几种势能包括重力势能（由于主要与流体所处的位置有关，所以简称位能）、界面势能（简称界面能）、弹性势能（在地质条件下主要与流体所受的压力有关，简称压能）和流体动能，并不能简单地利用数学方法将这几种势能进行相加或相减。

因为地质条件下，这几种能的大小之间可能存在很大差异，有的地质条件下，如在深洼带中沉积的岩性油气藏，尽管流体的重力势能很高，压能可能也很高，而界面能可能很低，但却有油气聚集在岩性圈闭中成藏。而且不同的势能所表现出来对油气的控制地质作用也存在差异。所以，势能的公式应写成：

$$\Phi = f\left(-\rho g z\right) + f\left(\int_1^p \frac{\mathrm{d}p}{\rho\left(p\right)} V\right) + f\left(\frac{2\sigma\cos\theta}{r} V\right) + f\left(m\frac{q^2}{2}\right) \tag{5–13}$$

式中　q——地层流体速度，m/s。

式（5–13）表示势能包括了四种能量，即重力势能、弹性势能、界面势能和流体动能，但每种能量在不同地质条件下起的作用存在差异，其势能是几种参数的复杂函数关系。

二、势控油气作用特征

根据物理学原理，物体（流体）总是具有向势能降低的方向汇聚的趋势。因此，势控油气成藏的原理是势能降低的地方有利于油气汇聚成藏。但由于地质条件下，流体的势由 4 个势能组成，不同的势能在不同的部位，其势能降低的趋势存在差异。

1. 位能控油气作用

浮力作用总是引起流体向构造高点处运移，按照重力势能计算的结果，其实就表现在流体所处的构造位置上，体现为位能的变化结果。位能的降低方向就是油气运移聚集的方向，因此，低位能处就是构造高点所处的相对低势处。构造高点低势处是油气聚集的低位能处，因此，位能控油气作用的地质特征表现为浮力作用控制下的低位能处（构造高点低势处）油气聚集成藏。这样的实例在国内外大量的油气田勘探中都能找到。

统计东营凹陷主要的42个背斜油气藏的分布发育特征，分析结果显示，这些油气藏主要发育在北部陡坡带和中央背斜带（图5-32），分布层位主要为Es_1、Es_2和$Es_3{}^{上}$（图5-33），深度主要在1500～3000m范围内（图5-34）。

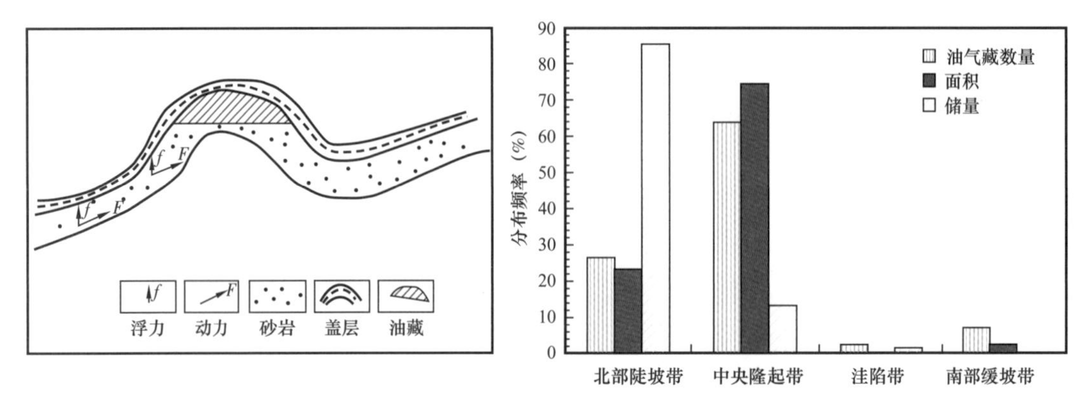

图5-32　位能（浮力）作用下的油气成藏模式及东营凹陷背斜油气藏分布频率

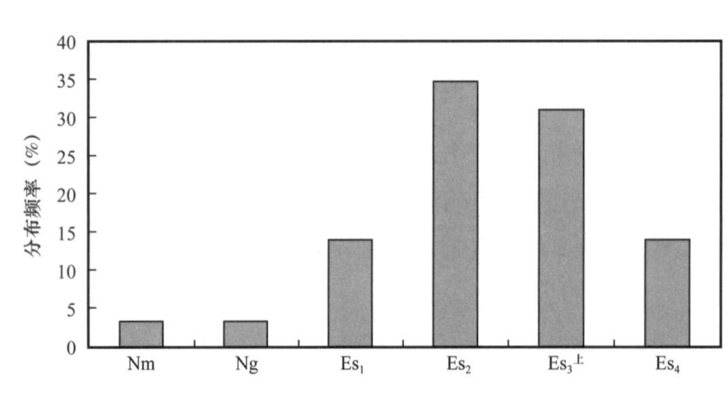

图5-33　东营凹陷背斜油气藏层位分布特征

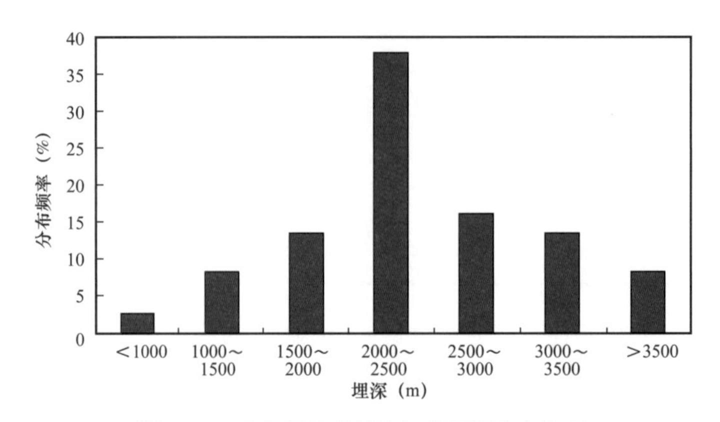

图5-34　东营凹陷背斜油气藏埋深分布特征

分析背斜油气藏的分布发育特征，可以看出，在浮力作用下，油气虽然具有总体向上向浅部运移的趋势，但实际上，背斜油气藏并不都分布在浅层和盆地边缘，而主要集中在中央隆起带和北部陡坡带的 $Es_3{}^{上}$—Es_1，埋深在 1000～3500m 内均有分布。

将东营凹陷各层段的构造图和油气藏分布图相叠合（图 5-35），发现构造油气藏的分布与局部构造高点有关。相对局部构造高点分布较多，主要发育于利津洼陷四周的滨南—利津断裂带及中央断裂带、博兴断阶带、南部缓坡带及一些零星分布。这些部位，特别是中央隆起带和滨南—利津断裂带发育有背斜圈闭。

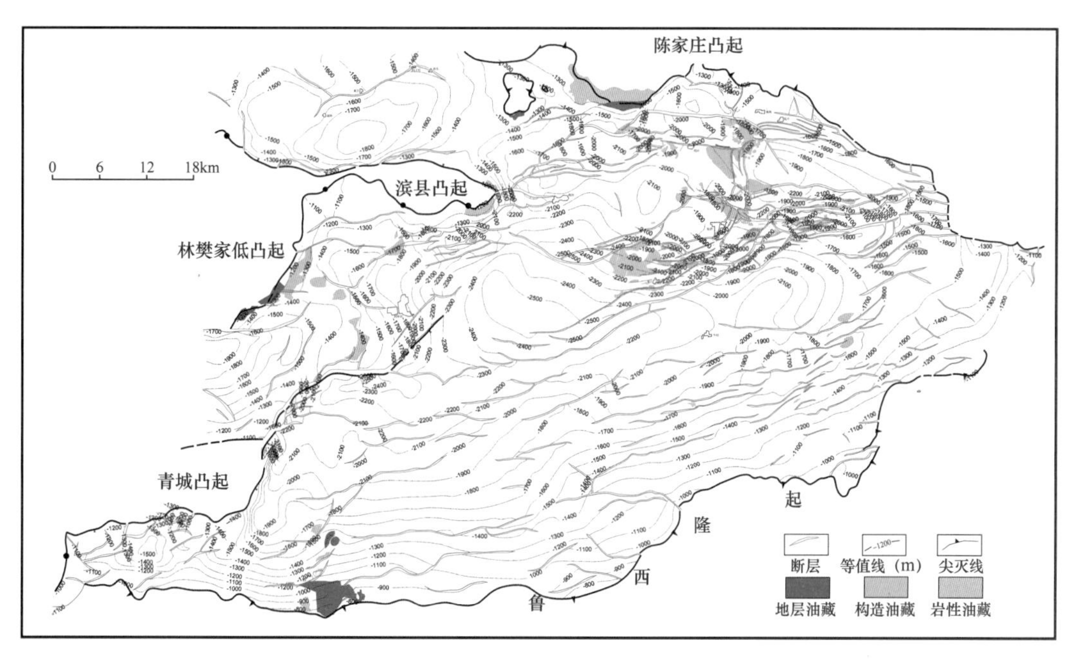

图 5-35　东营凹陷 T_2 构造图与沙一段油藏叠合图

2. 压能控油气作用

虽然说浮力是二次运移的主要动力，当生、储层间存在巨大的异常压力差和梯度时，压力则是油气运移的重要动力。一个异常高压封存体也可视为一个封闭的高势区，封隔体内部与外部有限连通，只有产生势平衡流而成混相涌出，进入开放的运载体空间。流体的排泄方向即是压力减小的方向，尤其是超压系统内的构造高点、压力囊的隆起点是超压流体的优势释放点。因此，压能控油气作用的地质特征表现为压力作用控制下的断裂泄压处油气聚集成藏。

当断层是输导体时能增强流体的排泄并提供运移通道，当断层为阻挡体时则限制流体的垂向和侧向流动并形成聚集，还能引起异常高压。因此，断层与油气运聚成藏关系密切，特别是同生正断层与油气关系更为密切。流体沿断层纵向和侧向运移是非常重要的运移方式，且根据 Bethke（1985）统计，断层带内流体流动能力至少比围岩大四倍。断层作为输导体系发育处，正是流体压力释放的地方，在断裂发育部位，地层水矿化度和水型都可能发生明显的变化，深部的压实水流可以通过断层向浅部释放。根据查明等（1995）研究，在东营凹陷的东辛、永安镇等构造带沙二段地层水矿化度明显增大，而沙二段古盐度仅为 7‰～24‰，平均为 16‰，属于淡水或微咸水。这表明，沙二段高矿化度的地层水可能来自沙四段或深部的高盐卤水，其主要通道是较大的断层。另外，在断裂带附近，水型也发生变化，$MgCl_2$ 型和 Na_2SO_4 型水增多，与断层封闭性差有关。

断层另一个重要作用就是作为油气聚集的因素。断块油气藏的存在本身也就说明了断层作为封堵油气的事实。断层作为封堵油气的主要因素是由于在内部存在大量的泥质，当断层为阻挡体时则限制流体的垂向和侧向流动并形成聚集，还能引起异常高压。但无论如何，断层的存在一方面，由于作为泄压通道，使得流体沿低压处运移，另一方面在适当的地方，断层作为遮挡的部位，聚集成藏。

统计东营凹陷主要的 417 个断块油气藏的分布发育特征，分析结果显示，这些油气藏主要发育在北部陡坡带和中央隆起带（图 5-36），分布层位也主要为 Es_1、Es_2 和 $Es_3{}^{上}$（图 5-37），深度主要在 1500～3500m 范围内（图 5-38）。

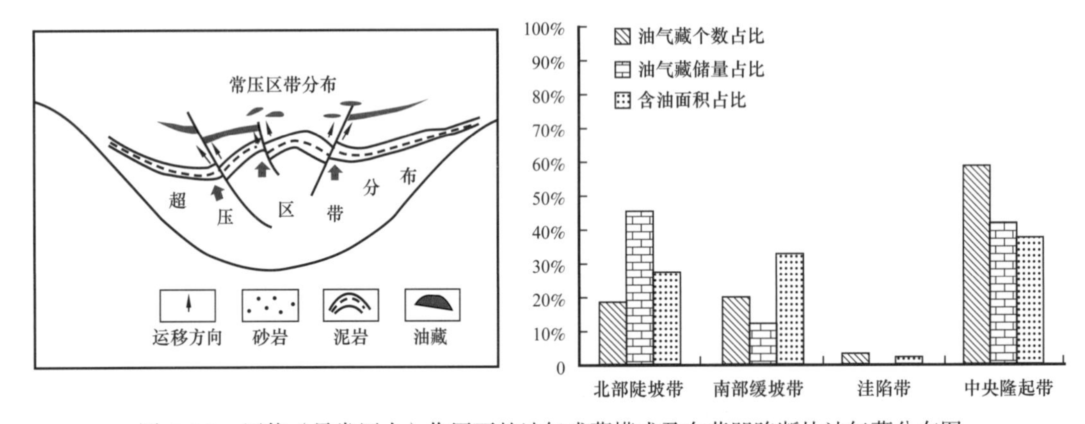

图 5-36　压能（异常压力）作用下的油气成藏模式及东营凹陷断块油气藏分布图

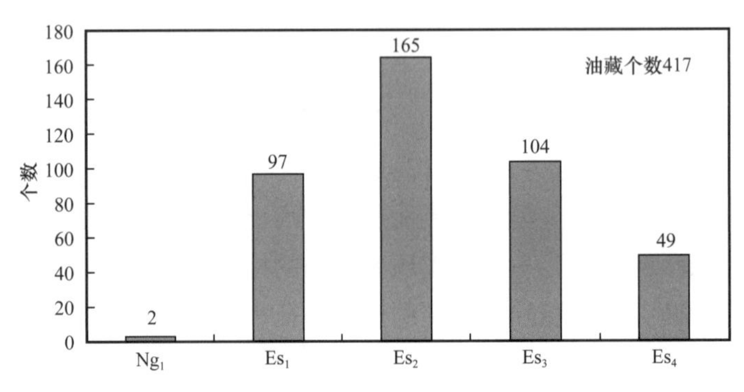

图 5-37　东营凹陷断块油气藏层位分布特征

通过分析东营凹陷断块油气藏的分布发育特征，可以看出，在压力作用下，油气虽然具有总体向上向浅部运移的趋势，但实际上，断块油气藏并不都分布在浅层和盆地边缘，而主要集中在中央隆起带和北部陡坡带的 $Es_3{}^{上}$—Es_1，埋深在 1000～3500m 范围内均有分布。这些层位和部位即是各级断层发育的部位，特别是长期活动的一级和二级断层。东营凹陷的一级断层包括陈南断层、高青断层、滨南断层和齐广断层。平南断层、石村断层、八面河断层、博兴断层、胜北断层、永北断层、陈官庄断层、中央断层属于二级断层。这些断层倾角陡（40°～60°），在 Es_3 上—Es_1 沉积时期断层活动性最强，断层落差最大，因而大量的断块油气藏均发育于这几个层位。

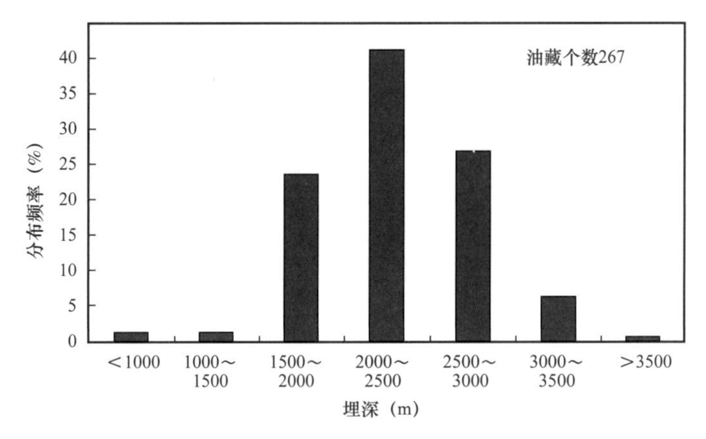

图 5–38　东营凹陷断块油气藏埋深分布特征

统计东营凹陷断块油气藏的压力特征（图 5–39），其主要压力为 15～30MPa，压力系数主要在 0.9～1.2 之间（图 5–40），说明这些断块油气藏主要为常压油气藏。关于东营凹陷的压力特征及分布规律，前人作了大量的研究，从纵向上看，新近系、东营组、沙一段、沙二段—沙三段上部为正常压力段或压力过渡段，超压层的主体包括沙三段中亚段、沙三段下亚段和沙四段—孔店组的泥岩及膏盐层。

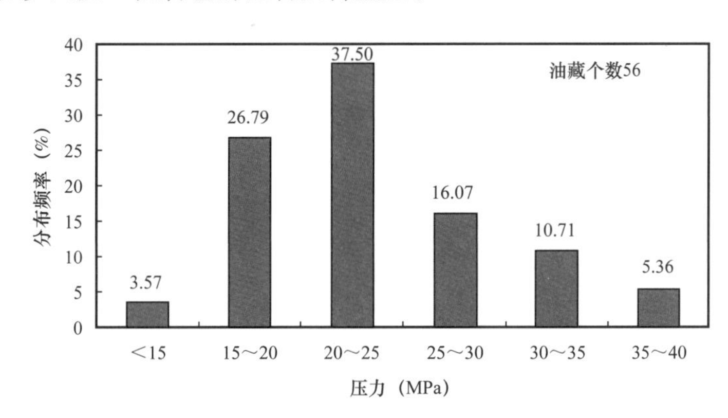

图 5–39　东营凹陷断块油气藏压力分布特征

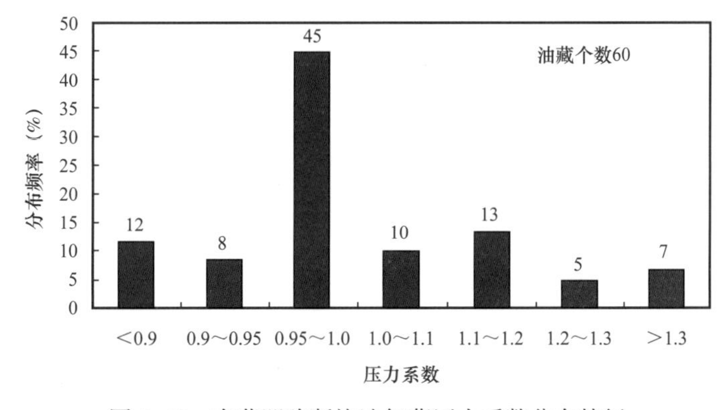

图 5–40　东营凹陷断块油气藏压力系数分布特征

断块油气藏的埋深特征和层位分布特征也均显示断块油气藏主要发育在常压油气藏内，分布在压力封存箱外部。

东营凹陷沙三段上亚段为正常压力段，整体上具有凹陷中心压力大、往边缘逐渐变小的特征，最大压力为48MPa，主要区域位于利津洼陷（图5–41）。以环利津洼陷为中心，往周围方向压力逐渐降低，其中往北部陡坡带和南部缓坡带降低至12MPa左右，向西部凸起区降低至26MPa。从断裂展布关系来看，沙三段断裂发育，大断裂主要发育在中央背斜带及北部陡坡带，与其余中小断层基本上顺压力降低的方向展布。从油气藏的分布来看，构造油气藏分布广泛，主要发育在北部陡坡带、中央隆起带及广饶—八面河地区；岩性油气藏主要发育在盆地中心，紧临各洼陷中心；而地层油气藏仅在北部陡坡带有零星分布。油气藏的这种分布特征与沙三段上亚段发育的断裂密切相关，地层压力沿着错综复杂的断层得以释放，形成许多相对低压的泄压带，成为油气有利的聚集带。

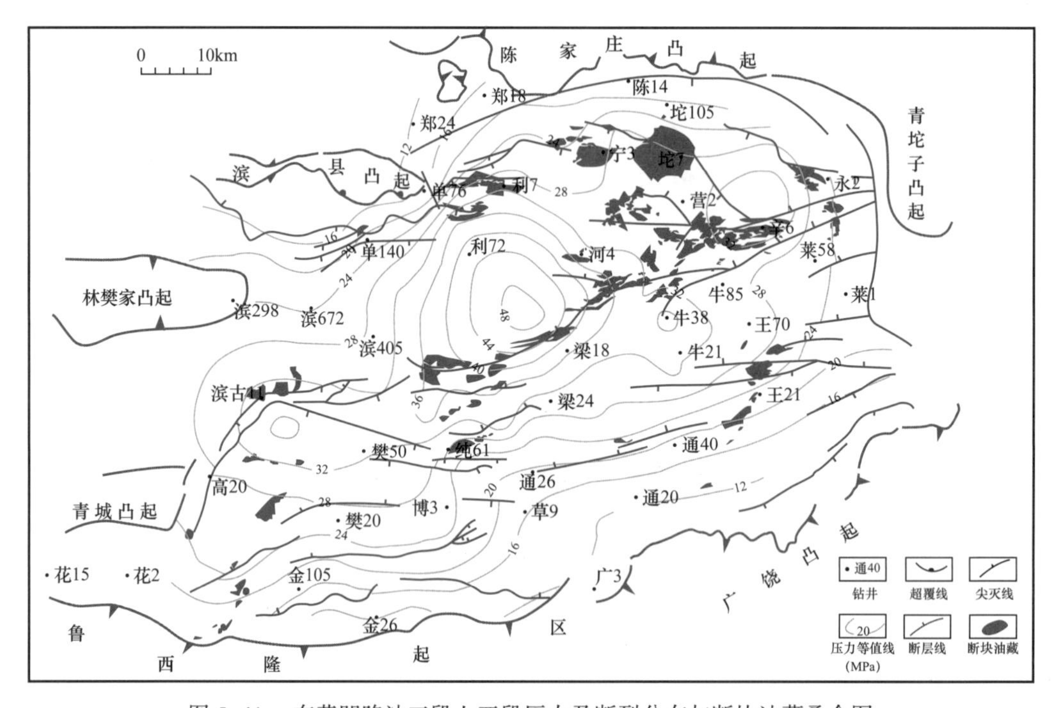

图5–41　东营凹陷沙三段上亚段压力及断裂分布与断块油藏叠合图

3. 界面能控油气作用

界面能 Φ_r 的表征公式为：

$$\Phi_r = \frac{2\delta\cos\theta}{r} \quad (5\text{–}14)$$

式中 Φ_r——界面能，Pa；

δ——界面张力，N/m；

θ——界面张力与水平夹角，(°)；

r——泥岩孔喉半径，μm。

对于地下岩石中的非混溶流体油气和水来说，两相流体的界面总是明显弯曲的，界面弯曲的程度取决于毛细管压力差，也就是界面势能差：

$$\Delta p_c = 2\delta\cos\theta\left(\frac{1}{r}-\frac{1}{R}\right) \quad (5\text{–}15)$$

式中　R——砂岩孔喉半径，μm。

从中可以看出，在砂泥岩界面处孔喉半径值相差越大，毛细管压力差越大，也就是说作用在油或气界面处的力就越大，越有利于油（气）从泥岩中的小孔隙进入砂岩中的大孔隙，运聚成藏。因此，界面能控油气作用的地质特征表现为毛细管压力作用控制下的高孔渗处油气聚集成藏。

统计东营凹陷 113 个岩性油气藏的分布发育特征，结果显示，这些油气藏主要发育在洼陷带和中央隆起带（图 5–42），分布层位也主要为 $Es_3^{中}$和 $Es_3^{下}$（图 5–43），深度主要在 2800～3200m 范围内（图 5–44）。

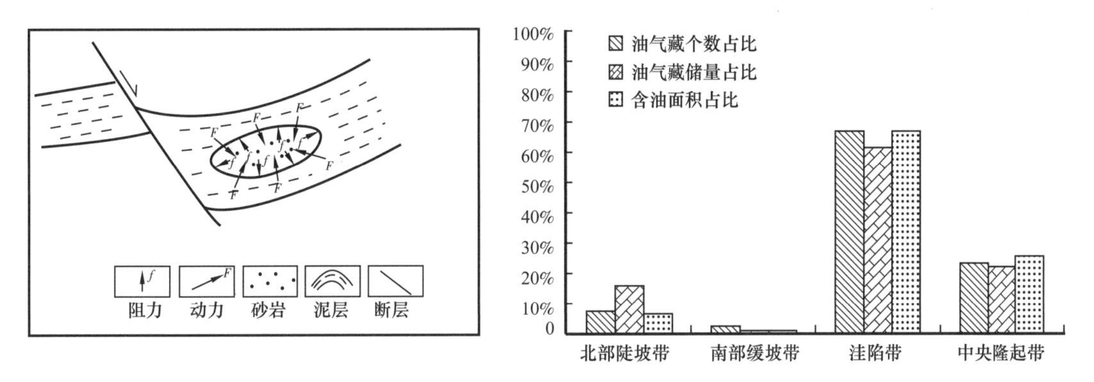

图 5–42　界面能（毛细管压力）作用下的油气成藏模式及岩性油气藏分布图

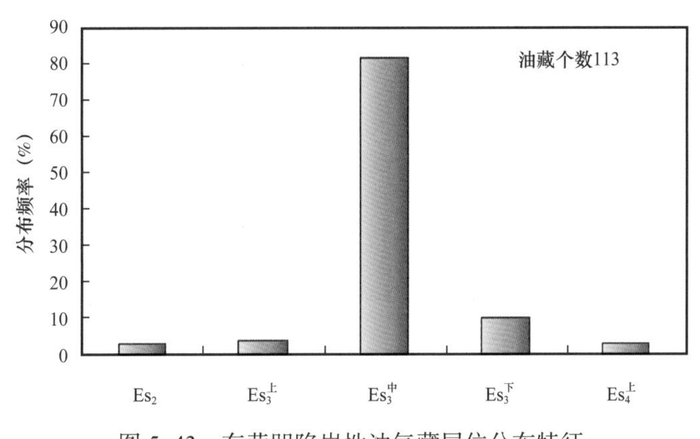

图 5–43　东营凹陷岩性油气藏层位分布特征

沙三段不仅是东营凹陷中烃源岩最发育的层段，也是目前油气勘探中寻找岩性圈闭最有利的层段。沙三段下亚段主要为深灰色深湖—半深湖相泥岩与灰褐色油页岩的不等厚互层，夹少量石灰岩及油页岩；中亚段以泥岩、泥质粉砂岩、灰质泥岩为主，夹砂岩薄层，沉积厚度为 400～500m；上亚段以泥岩为主，含泥质灰岩，沉积厚度为 400～450m。

东营凹陷沙三段沉积中期的浊积砂体群分布范围广，在中央背斜带、纯化地区、牛庄洼陷、利津洼陷、民丰洼陷、北部陡坡带都有分布。这些湖底扇相对于东营其他沉积相带的砂体偏低孔、低渗，但由于被烃源岩包裹，这些浊积砂体具有“近水楼台先得月”的优

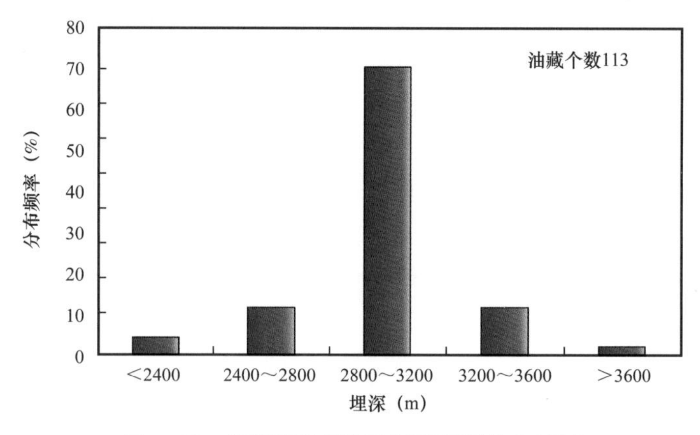

图 5-44　东营凹陷岩性油气藏埋深分布特征

势，其相对界面势能差较大，油气由高势向低势运移，烃源岩中的油气可以直接向砂体内输送，进而形成小而肥的油气藏。东营凹陷沙三段沉积中期的浊积砂体数量多，个头大而厚，物性条件也较好，孔隙度在 15%～25% 之间，渗透率为 1～100mD。这些浊积砂体分布的区域普遍具有压力高（图 5-45，图 5-46）、埋藏深的特点，因此其具有较高的位能和压能及较低的动能，从传统的成藏角度分析，它们不具有成藏的优越性。但是由于沙三段中亚段的泥页岩本身就具有生油能力，被泥页岩包裹的这些浊积砂体相对泥页岩来说储层物性好、孔隙平均喉道半径大，因此它们本身就成为油气运移的通道，使油气聚集砂体中，形成大片的岩性油藏（图 5-47）。岩性砂体的成藏过程与毛细管压力作用不可分，从图 5-47 中可以看出大面积的低势区与岩性油藏的分布区有非常好的对应关系。

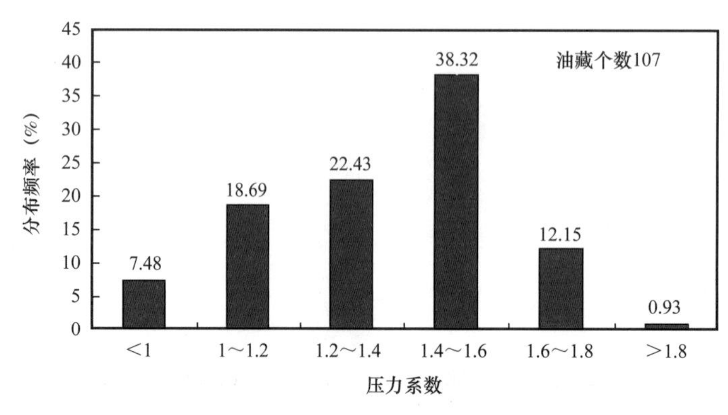

图 5-45　东营凹陷岩性油气藏压力系数分布特征

4. 动能控油气作用

含油气盆地内的流体主要包括地下水和油气。盆地中油气运移是一个耗散结构，油气是在水动力作用下，由高势能区向低势能区运移的。势能大小是油气运移所受到的是水的作用力及其所具有的能量的综合反映。油水界面或气水界面的倾斜是地下水流造成的。20 世纪 70 年代以来，国内外许多学者已充分肯定了地下水动力场与油气运移间的密切关系，油气是在区域水动力作用下沿流体势降低最快的方向运移的，水动力作用方向与油气运移方向一致。水动力是地层中流动的水产生的动力和压力。其中最重要的组成之一是沉积水

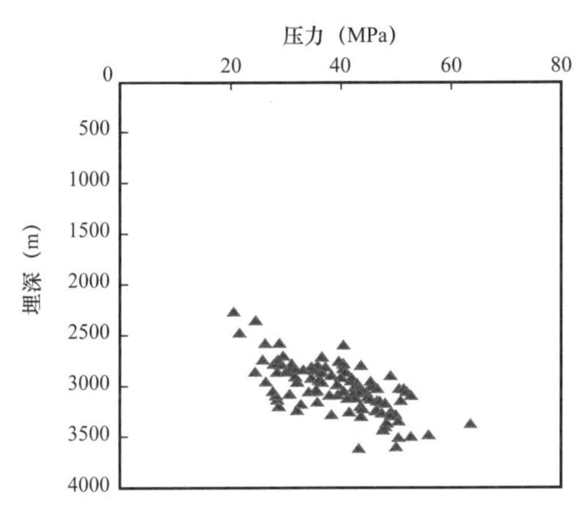

图 5-46　东营凹陷岩性油气藏压力随埋深分布特征

产生的压实驱动，是盆地中沉积物压实排水产生的作用。不少学者用压实水头来刻画盆地水动力的大小和方向。沉积水流的方向总是由盆地中心向其边缘呈离心流式流动。沉积水是油气运移的重要影响因素，油气在水动力的输导下，从生油层进入相邻的储层，然后沿储层由凹陷中心的沉积水最大排水区向边缘最小排水区运移。

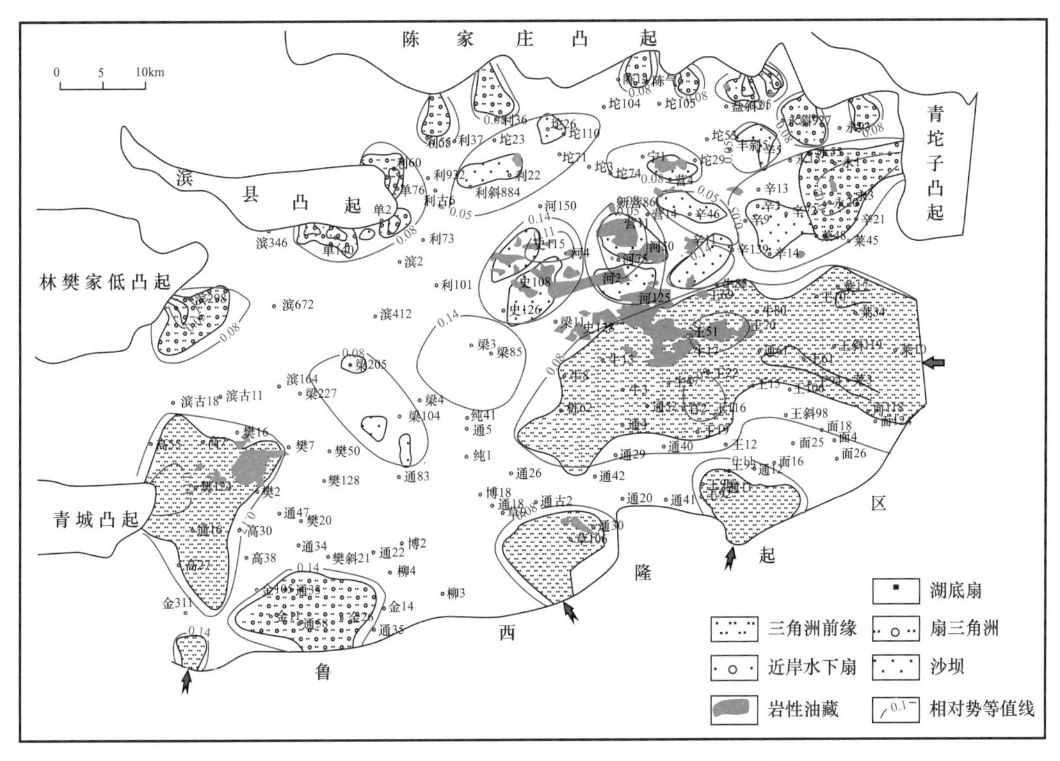

图 5-47　东营凹陷沙三段中亚段相对界面势能平面分布图

康永尚等（1999）结合水文和水动力条件研究认为，压实流驱动的离心流是油气侧向运移的主要因素，在离心流的作用下，油气主要沿生油洼陷向边缘地带，尤其是缓侧运移，而且这种驱动是长期的，只要有水的排出，就有水动力的作用。因此盆地边缘部位即是水动力减弱的低动能处，而盆地边缘又常出现超覆和剥蚀，超覆和剥蚀地貌的出现，正是地层油气藏分布发育的最有利部位。凹陷内生成的油气沿断层、砂体和不整合面输导体系在浮力和水动力作用下向浅部和边部运移。因此，动能控油气作用的地质特征表现为水动力作用控制下的盆地边缘处油气聚集成藏。

东营凹陷地层油气藏主要分布在盆地边缘和斜坡地带，其中以北部陡坡带和南部缓坡带发育最为广泛。目前已发现的地层油气藏中，60% 以上的油气储量分布在北部陡坡带、陈家庄凸起、林樊家凸起和滨县凸起，30% 以上的油气储量分布在南部缓坡带，主要包括广饶凸起和鲁西隆起的广饶和金家油田（图 5-48）。

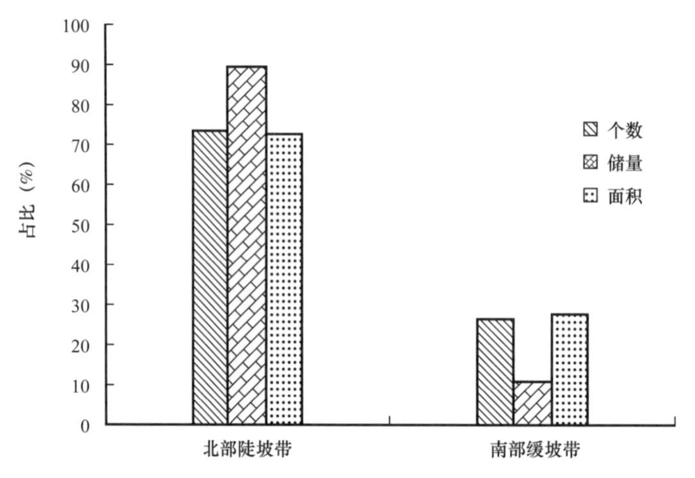

图 5-48　东营凹陷地层油气藏分布特征

地层油气藏在东营凹陷纵向上分布广泛，从太古宇至新近系均有分布，其中又以馆陶组、沙一段、沙四段上亚段和古生界为主。馆陶组主要发育地层超覆油气藏，沙一段主要发育地层不整合遮挡和地层超覆油气藏，而古生界、中生界及太古宇则发育古潜山油气藏。从油气藏储量分布来看，沙一段和馆陶组的油气储量占所有地层油藏储量的 50% 以上（图 5-49）。

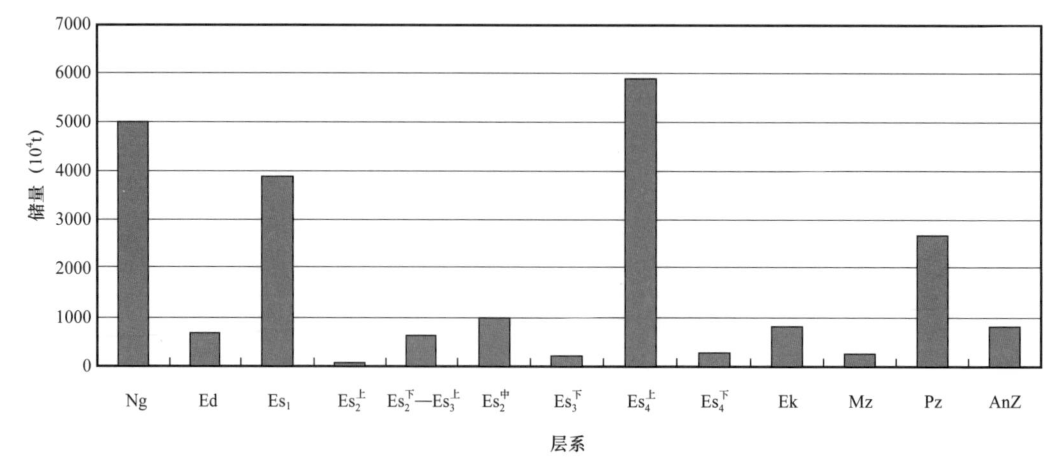

图 5-49　东营凹陷地层油气藏分层系储量分布

地层油气藏在东营凹陷不同埋藏深度范围内均有分布（图 5-50），但不同深度范围内发育的油藏类型不同，其中地层超覆和披覆油气藏主要分布在 800～1700m 之间，埋深较浅；而潜山油气藏主要分布在两个区带，包括浅层 1000～1700m 之间和深部 2500m 以下。

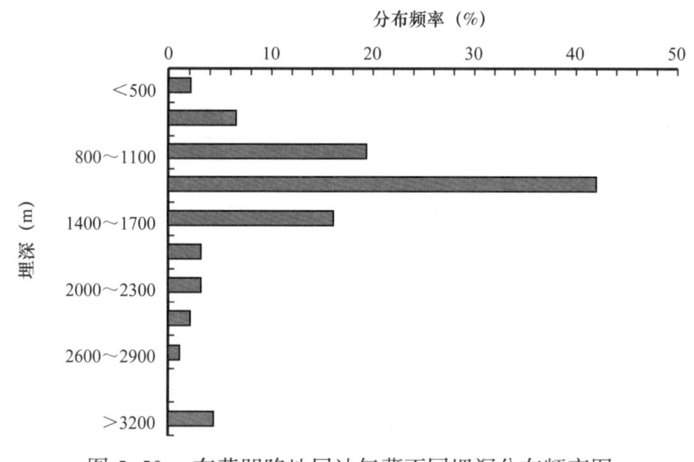

图 5-50　东营凹陷地层油气藏不同埋深分布频率图

由于地质条件下，水流速度缓慢，利用东营凹陷地史演化时期排液量大小来表征动能大小。为了计算东营凹陷各地层在地质历史演化过程中的排液量，必须对凹陷各地层进行埋藏史恢复，在此基础上计算东营凹陷沙三段下亚段、沙三段中亚段、沙一段、东营组四个目的层段在不同时期的排液量。东营凹陷各层段在埋藏早期排液量大，这主要是因为地层在埋藏初期压实作用明显，压实液量大。随着地层埋藏深度继续增大，到埋藏晚期时压实作用减弱，压实液量小，从而排液量减小；从平面分布来看，各洼陷处排液量普遍较大，往盆地边缘则逐渐变小。分析各层段排液量大小与油气藏的分布关系，在沙一段东营组沉积期排液强度与油气藏分布叠合图（图 5-51）上，可以看出沙一段在东营组沉积期处于埋藏初期，压实量大，排液强度最大值可达 168.39m^3/m^2，它主要分布在牛 31 井区和梁 25 井区附近。以此为中心，往北部陡坡带边缘排液强度降低至 10～20m^3/m^2。此外，在此阶段沙一段存在局部高强度排液区，它主要分布在王 77 井区，排液强度可达 126.59m^3/m^2。随着埋深继续加大，沙一段逐渐变得致密，到馆陶组沉积期排液强度大幅度减小，该时期存在两个排液强度相对高值区，它们分布在樊 129 井区、通 81 井区和王 77 井区，排液强度分别可达到 28.83m^3/m^2 和 27.08m^3/m^2（图 5-51）。往北部陡坡带和南部缓坡带，排液强度逐渐减小，最低可减小到 0，也就时说沙一段在馆陶组沉积末期，在凹陷边缘已变得非常致密，在沉积后期几乎不能再被压缩。

从排液强度与油气藏分布叠合关系图来看，东营凹陷岩性油气藏主要分布在凹陷中央排液强度较大的地区；地层油气藏主要分布在凹陷边缘、排液量较小的地区；构造油气藏分布比较广泛，在靠近凹陷中心处和盆地周围都有分布，排液强度介于岩性油气藏和地层油气藏之间。

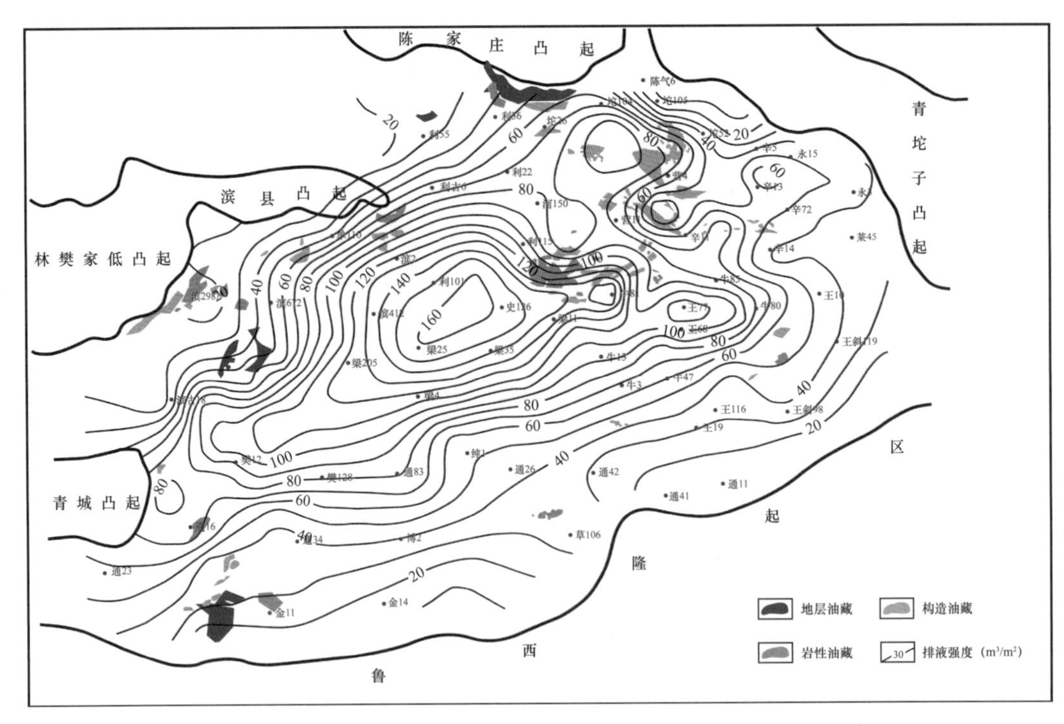

图 5–51　东营凹陷沙一段东营组沉积期排液强度与油气藏分布叠合图

三、势控油气作用模式与类型

1. 势控油气作用模式

根据流体势能组成的四个重要方面及其控藏作用的特点，可以明显看出，油气藏的形成是在多动力作用下进行的低势区控藏的过程。因此，势控油气成藏的基本模式由 4 个方面组成（图 5–52）：

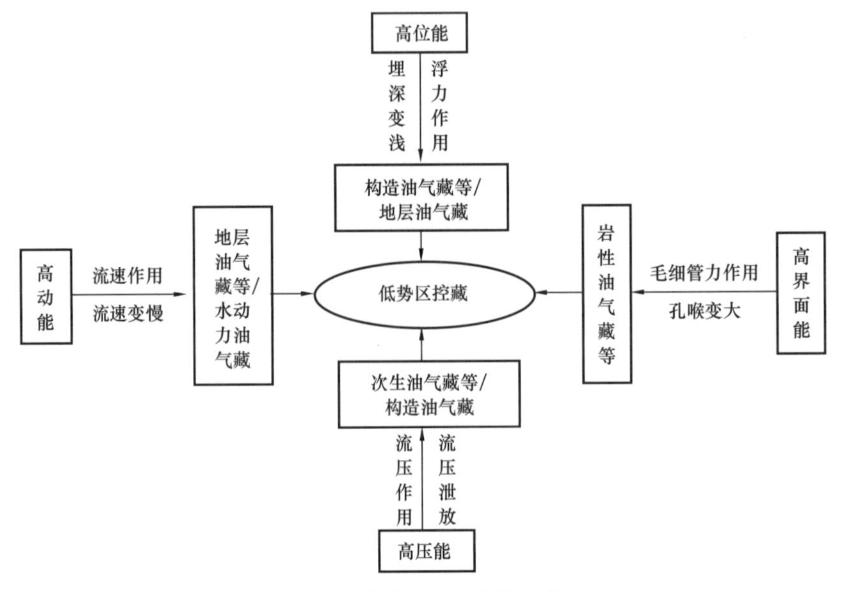

图 5–52　势控油气作用基本模式

（1）在浮力作用下，由盆地深部向浅部，埋藏深度变浅，流体由高位能向低位能处运移，在构造高点处，相对低位能处聚集成藏，形成构造油气藏，特别是背斜油气藏。

（2）在毛细管压力的作用下，流体（油气）在具高界面能的泥岩中生成后，顺着孔喉半径增大的低界面能处运移，这些低界面能处一般为岩性砂岩体分布发育部位，在这些部位砂岩体物性好，毛细管压力差的作用促使油气向岩性圈闭中运聚，形成了岩性油气藏。

（3）在流体压力的作用下，流体（包括水和油气）顺着流体压力降低的方向运移，具有由高压能向低压能处运移的趋势，在输导体系（特别是断层）存在的部位，压力得以释放，断层成为泄压通道，流体顺断层运移，并在适当的条件下在断层两侧形成断块油气藏，或者断层破坏原生油气藏，形成其他部位次生油气藏。

（4）在水动力作用下，盆地内流体，首先是水沿着水流动速度（水动力）变慢的方向运移，由高动能处向低动能处运移，盆地内沉积压实水流一般为离心流，由盆地凹陷处向边缘，由浅部向深部，盆地水的流动速度逐渐降低，水流方向指向盆地边缘，在水流速度变缓慢或停滞的地方，形成了油气藏，而这种油气藏一般为地层油气藏。

2. 势控油气作用基本类型

油气的运聚成藏是在多动力联合控制下形成的，且具有低势区控藏作用的特点。实际地质条件下，由于构造演化和沉积演化的差异性，油气藏的形成和分布十分复杂。不同油气藏在盆地中的不同位置分布，同一构造带又有不同油气藏类型的组合。它们之间的主要区别在于，不同场合下某一种或两种势能的作用占据主导地位。中央隆起带是流体运移的长期指向区，处于低位能部位，发育有受断块改造的复杂的背斜油气藏；洼陷带是低界面势能分布区，发育有岩性油气藏和受断层改造的断层—岩性油气藏；中央断裂带和南部缓坡带及北部陡坡带的断阶带，断裂发育，也是深部异常高压泄压的部位，发育大量的断块油气藏；盆地北部和南部边缘部位，是低位能、低动能发育区，分布有地层油气藏（图 5–53）。

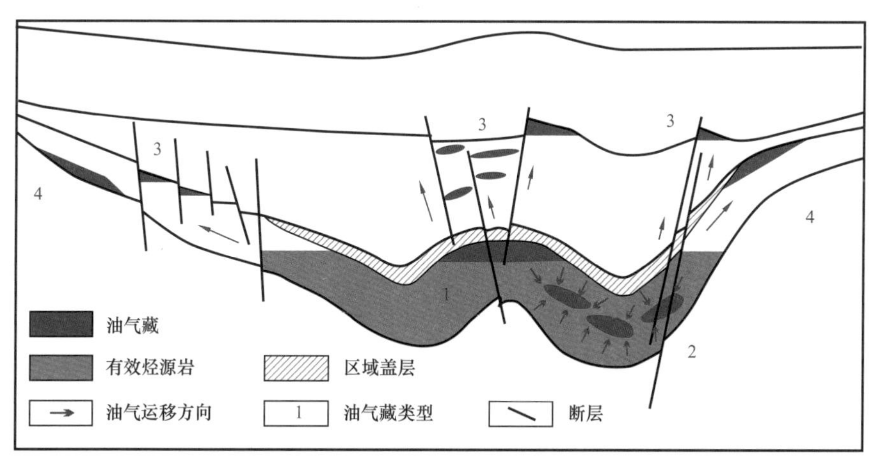

图 5–53　东营凹陷低势控藏类型分布图

1—低位能控背斜类油气藏；2—低界面能控岩性类油气藏；3—低位能控断块类油气藏；4—低动能控地层类油气藏

四、势控油气作用的定量表征（PI）

在地层条件下，由于各部位流体势的差异，油气由相对高势区向相对低势区流动。流体势的组成包括四个方面：浮力 p_b 产生的位能 Φ_{p_b}、压力 p_p 产生的弹性势能 Φ_{p_p}、毛细管压力 p_c 产生的界面势能 Φ_{p_c}、惯性力产生的动能。由于地下流体运移的速度很慢，因此惯性力产生的动能通常可以忽略。利用相对势能指数来表征势能对油气成藏的控制作用。

1. 低位能控油气作用定量表征

根据浮力和位能的表征公式，位能可以表示为：

$$\Phi_z=-mg(Z-Z_0) \text{ 或 } \Phi_{uv}=-\rho gz \tag{5-16}$$

式中 Φ_z——位能，J；

Φ_{uv}——单位体积流体势能，Pa；

Z——地层埋藏深度，m；

Z_0——基准面地层埋藏深度，m；

ρ——流体在深度 Z 处的密度，kg/m^3；

g——重力加速度，m/s^2。

式（5-16）中，流体密度在地下虽然会随温度和压力有一定变化，但主要决定位能大小的还是流体所处的相对位置。由式（5-16）可以得出，低位能的地方总是埋藏较浅的位置，即 Z 值相对较小的位置。同样，可以利用相对位能指数（PFI）来表征压力对油气成藏的控制作用：

$$PFI=(P-P_{min})/(P_{max}-P_{min}) \tag{5-17}$$

式中 PFI——相对位能指数；

P——储层自身的位能，J；

P_{min}——烃源灶顶或底具有的位能，J；

P_{max}——地表具有的位能，J。

实际地质条件下，对浮力低位能控藏区的分布预测则可以根据目的层的构造等值线成图的方法来实现，在构造等值线图上寻找相对的构造局部高点。

2. 低压能控油气作用定量表征

压能的大小主要取决于流体压力。根据压力作用下低压能控藏的地质特点，流体压力越小处，越有利于油气的聚集成藏。但实际地质条件下，流体压力相对减小的地方即是油气可能聚集的地方。前人关于压能计算选择的基准面为地面，但实际地质条件下，流体沿压力减小的方向是由超压封存箱内向箱外降低，由盆地中心向边缘降低，由深部向浅部减小，因此认为，在计算压能时应该利用相对的概念，计算压能的降低值来表征其对油气成藏的影响；计算的基准面应为超压封存箱的顶部或底部，压力递减越快的地方越是油气成藏的有利部位。同样，利用相对压能指数（PPI）来表征压力对油气成藏的控制作用：

$$PPI=(P-P_{min})/(P_{max}-P_{min}) \tag{5-18}$$

式中 PPI——相对压能指数；

P——储层自身的压能，J；

P_{max}——烃源灶顶或底具有的压能，J；

P_{min}——埋深条件下的静水压能，J。

对压力作用低压能控藏区的分布预测则可以通过分析目的层流体压力等值线分布的方法来实现，在流体压力等值线图上寻找相对的局部低点，也可以根据剩余压力的大小来预测相对的低流体压力区。

3. 低界面能控油气作用定量表征

对源内岩性油气藏而言，势能的变化主要为砂岩和泥岩界面势能的大小。根据毛细管力和界面能的表征公式，界面能的大小除了跟界面张力有关外，主要取决于岩石颗粒孔喉半径的大小。因此，首先需要计算砂岩和泥岩的孔喉半径、界面张力，然后才能计算出界面势能的大小。

在此基础上，根据实际地质条件下目的层系的岩石物性分布图，对毛细管压力低界面能区的分布进行预测。根据岩石物性的大小计算孔喉半径，再结合实际测试的岩石孔喉半径大小，计算相对势能的大小，即通过统计值计算出目的层系储层可能的最大界面能所对应的孔喉半径大小，并计算出目的层系最小界面能对应的最大孔喉半径，通过归一化计算，由下式就可以得到相对界面势能指数（PSI）：

$$\mathrm{PSI}=(P-P_{min})/(P_{max}-P_{min}) \quad (5-19)$$

式中　PSI——相对界面势能；

P——储层自身的界面势能，J；

P_{max}——埋深条件下的泥岩界面势能，J；

P_{min}——埋深条件下的孔喉半径最大的砂岩界面势能，J。

4. 低动能控油气作用定量表征

根据水动力和动能的表征公式，动能的表达式为：

$$\Phi_{q}=m\frac{q^{2}}{2} \quad (5-20)$$

式中　Φ_q——动能，J；

m——流体质量，kg；

q——地层流体流速，m/s。

式（5-20）反映了流体流动的速度越慢，动能越小，越有利于油气藏的形成。实际地质情况下，水流动的速度是非常缓慢的，也很难获得流体流动速度值的大小。为了更方便表征水动力和流体流动的动能大小，这里通过计算目的层排液量的大小来对比不同部位流体流动的动能大小，即通过模拟计算目的层系单位面积内液体排出强度来表征流体流动的速度，因为在沉积盆地内部，水的来源主要是压实作用形成的压榨水流，排液量的大小可以反映水流动的大小和方向。

同样，可以利用相对动能指数（PMI）来表征压力对油气成藏的控制作用：

$$\mathrm{PMI}=(P-P_{min})/(P_{max}-P_{min}) \quad (5-21)$$

式中　PMI——相对动能指数；

P——储层自身的动能，J；

P_{max}——烃源灶顶或底具有的动能，J；

P_{min}——盆地边缘具有的动能，J。

实际地质条件下，对水动力低动能控藏区的分布预测则可以根据目的层的排液量等值线成图的方法来实现，在排液量等值线图上寻找相对的低值区，即是有利的成藏区。

为了计算凹陷各地层在地质历史演化过程中的排液量，必须首先对凹陷各地层进行埋藏史恢复，根据压实平衡原理，地层在压实前后的体积之差就是排液量。取单位面积的某地层作为研究对象，计算公式如下：

$$Q_{el}=\Delta V/S=(SH_1-SH_2)/S=H_1-H_2 \quad (5-22)$$

式中 Q_{el}——单位面积地层的排液量，m^3/m^2；

V——烃源岩体积，m^3；

S——地层面积，m^2；

H_1——某地层在时期 1 所对应的厚度，m；

H_2——某地层在时期 2 所对应的厚度，m。

5. 势控油气作用的动力学特征

东营凹陷在垂向上可以划分出三种油气成藏环境，即静水压力环境、弱超压环境和超压环境。但这三种成藏环境不只是简单地在垂向上的叠加，也不是任何构造位置都发育这三种环境，即使发育了这三种环境也不一定都能够有油气的成藏。因此，必须把它们与成藏动力、构造位置、油气运移结合起来才能赋予其对油气成藏的意义。

现今油气和地层水矿化度分布均已经证实了流体可沿断裂进行穿层运移，并且主要发生在靠近洼陷的断裂带内。该区带同时也是紧邻流体高势区（超压带）的相对低势区。因此该区带的油气成藏模式明显有别于超压带内和正常压力带内的油气成藏。据此，可以将东营凹陷的压力场划分出三种能量场区带，即洼陷内超压带、靠近洼陷的断裂带和正常压力带。

洼陷内超压带主要发育在牛庄洼陷、利津洼陷和民丰洼陷，以牛庄洼陷内油气藏分布最为广泛。牛庄洼陷是沙三段中亚段沉积时期东营三角洲的主要沉积中心，该三角洲的不断进积、退积，以及湖平面不断扩张和萎缩，导致了该洼陷中心及斜坡地带发育大量的以浊积砂体为主的岩性圈闭。这些砂体往往直接被暗色泥岩包裹或通过断裂与有效烃源岩连通，是重要的岩性油气藏勘探目标。由于洼陷内砂体（超压带内）属于超压封隔箱的一部分，因此其具有与周围泥岩相同的温度、压力背景；油气充注与周围烃源岩初次运移的样式有关，洼陷内超压带内，砂岩体和烃源岩普遍均存在超压（砂体的超压为泥岩的传导作用），不存在砂岩和泥岩间大的压能差异导致油气聚集成藏，而是由于砂岩和泥岩间的物性差异，在接触带存在的界面能产生微毛细管力，促使油气成藏的。

靠近洼陷的断裂带包括牛庄洼陷南部的王家岗断阶带、位于三个洼陷中间的中央断裂带和北部的胜北断裂带（包括其南面的坨 92 等断裂）。这三个断裂带是东营凹陷主要的油气聚集场所，油气藏类型以构造、岩相—构造油气藏为主。尽管三个断裂带的成因和演化有着较大差别，但都对该地区的构造格局起到一定的控制作用。正因为这些断裂位置（除中央断裂带外），使其成为洼陷超压带和正常压力带的纽带。且断裂一般都断入烃源岩内部，是良好的油源断裂，自然成为洼陷内超压流体的泄压通道。在构造和超压的联合控制下，流体沿断裂穿层运移。流体垂向穿层运移的高度与构造活动强度和超压的发育程度有关。其中中央断裂带垂向运移的高度最大，油气分布自沙三段至东营组均有分布，南部王家岗断裂最小且主要以靠近超压顶面的沙三段砂体内侧向运移为主。该带内尽管砂体与其周边仍存在界面势能的差异，但导致油气成藏的主动力来自压能产生的压力差。

正常压力带主要指南部斜坡带和北部陡坡带两个常压区，其中南部斜坡带的八面河油田是该区重要的油田。该油田距离生油洼陷平面上垂直距离有近20km，油气如此长距离的侧向运移使得该地区一直成为研究热点。北面的王庄、郑家油田的发现是近些年来胜利油田的重要突破，该地层油气藏也是学者们的关注对象。油气经靠近洼陷的断裂带进入正常压力带后，其流体行为主要受到构造的控制，流体遵循沿低势区运移的原则，在低势闭合区聚集成藏，此时，压能产生的压力差已经不存在了，流体流动的动力来自油和水的浮力差异，位能作用下在低位能区聚集成藏，也就是盆地的边缘和局部构造高点处。

第三节　相—势耦合控藏作用

一、相—势控藏的基本概念

实际地质条件下，陆相断陷盆地中的油气分布受相和势两种作用的联合控制。自然界中的相依据颗粒粒径可分为粗相（d>0.5mm）、中相或优相（d=0.1～0.5mm）、细相（d<0.1mm）；势场可相对地分为高势、中势和低势。地层相和流体势双重要素联合控制着油气藏的形成和分布，宏观上控制着油气藏的时空分布，微观上控制着油气藏的含油气性变化，简称为相—势控藏。不同类型的相与不同类型的势和烃源灶控制的成藏范围相叠合形成油气藏的概率有很大的差异。研究表明：东营凹陷目前已发现的油气藏有90%以上分布发育在优相—低势和近源叠合的圈闭内，说明优相—低势叠合最有利于油气富集成藏（图5-54）。优相和低势相耦合控制了圈闭的含油气性，耦合指数越高，圈闭含油气性越大。优相—低势耦合控藏可能是陆相盆地油气成藏的一般规律。

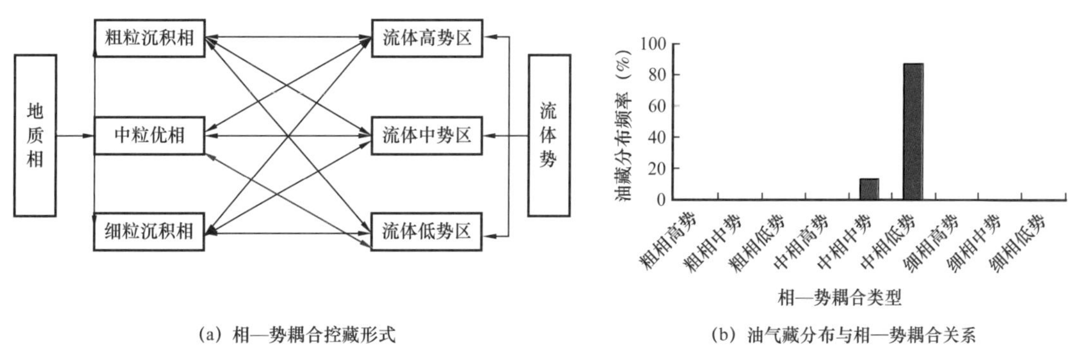

（a）相—势耦合控藏形式　　（b）油气藏分布与相—势耦合关系

图5-54　东营凹陷相—势耦合控藏作用类型分布特征

二、相—势控藏作用特征

1. 储层物性下限变化规律

统计特征显示，东营凹陷油藏的分布及油藏的储层物性随深度呈现有规律的变化趋势。从纵向分布上看，地层油藏处于浅层，埋藏深度集中在700～1400m范围内，埋深1000m以上的地层油藏，储层孔隙度不小于28%；构造油藏集中分布在1500～2700m范围内，储层孔隙度不小于16%；而岩性油藏集中分布在2200～3700m范围内，处于东营凹陷中深层范围内，储层的孔隙度不小于10%。从浅层到深层，油藏的储集物性逐渐降低。勘探结果显示，目前在东营凹陷深层4000m钻遇发现的丰深1等井储层物性又下降至5%。

随埋藏深度的增加，储层物性降低，这不仅表现在泥质岩上，砂岩的孔隙度也在不同的埋藏成岩作用阶段有所降低（图5-55）。根据相—势控藏机制，油气藏形成在优相带，但不同地质条件下优相带的分布范围有差异，优相的概念应该为相对优相，即在相同的地质背景下高孔优相的地方有利于油气的运聚。在浅埋藏作用下，地层孔隙度均较高，油气要成藏，必然会聚集在相对高孔隙度、高渗透率的部位，因此表现出储层的临界物性值较高；在中等埋藏的情况下，地层孔隙度降低，油气聚集在孔隙度相对较高的部位，但此时的孔隙度较浅埋藏条件下的孔隙度低，临界的物性下限也就有所降低；当地层埋藏进一步加深，达到深埋藏成岩作用阶段，地层的孔隙度急剧下降，但此时砂岩体内部仍然有部分储层的孔隙度相对较高，仍然能够作为有效储层。相对优相区的存在为深层找油带来了机遇和挑战。

2. 高势背景下油气成藏

前人普遍的观点是：低势区、正向构造有利于油气聚集成藏，这一规律已为勘探实践部分证实，并形成环洼聚油理论。但是在勘探实践中却发现，高势区也能成藏，因此，有学者提出高势也能成藏的观点。刘震等（2005）研究了东营凹陷南斜坡东段沙三段中亚段在东营组沉积末期和明化镇组沉积末期的油势分布和油气藏分布关系，由于仅主要考虑了浮力作用的位能影响和地层压力作用的压能影响，因此，岩性油气藏分布在高势区，构造油气藏分布在低势区（图5-56）。

根据相—势控藏的观点，油气聚集在相对低势区，比如局部构造高点、盆地边缘、断层压力释放带和相对高孔隙度、高渗透率的砂岩体内。在高势背景下，在存在局部低势的地方，油气也能聚集成藏。比如，在牛庄洼陷沙三段中亚段，洼陷中央由于存在异常高压且埋藏深度较大，具有高势的背景条件。但内部由于浊积砂岩体的存在，在泥岩内的高界面能内生成的油气具有向浊积体低界面能运聚成藏的条件，因此在深凹陷高势背景下形成了大量的岩性油气藏。

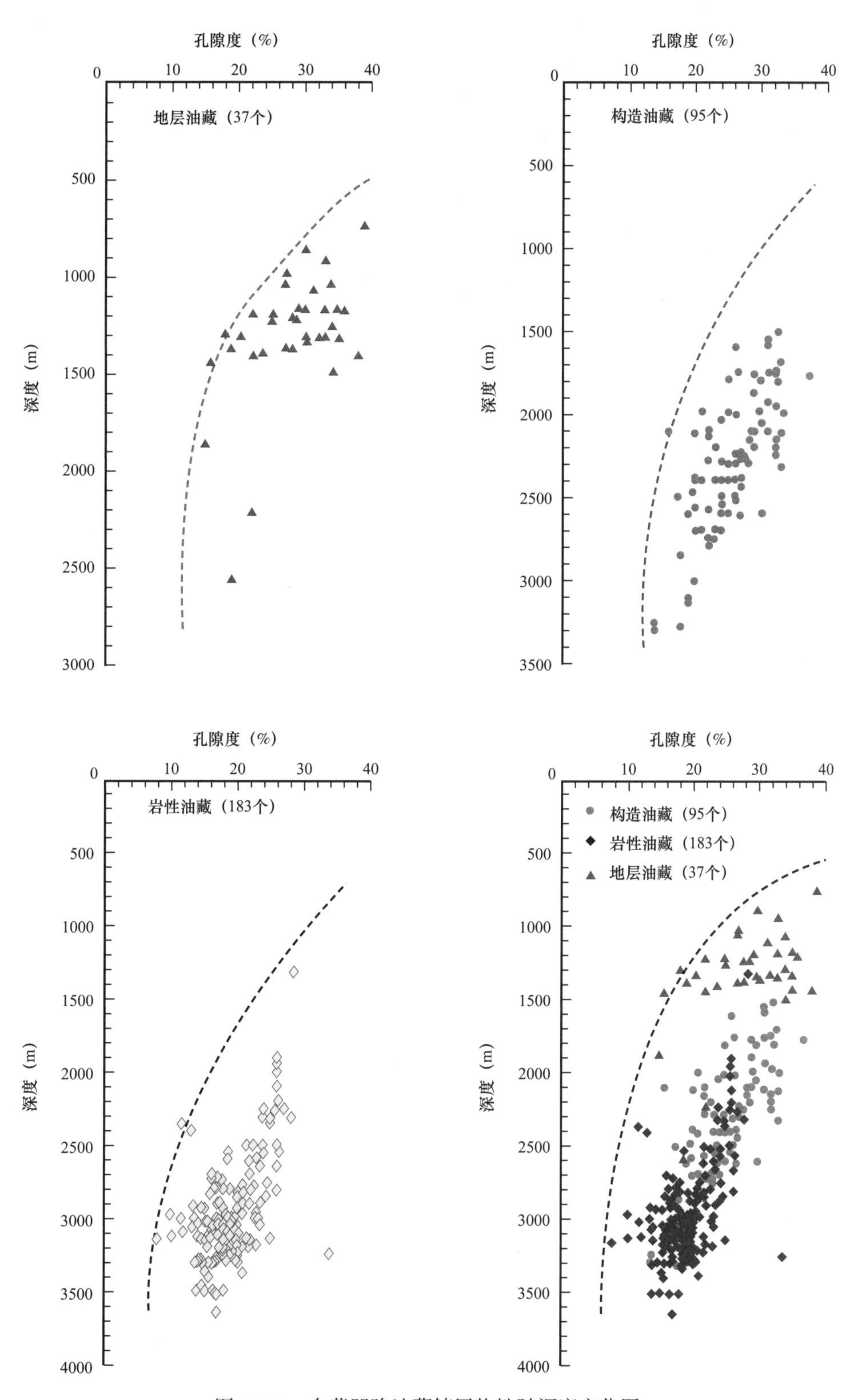

图 5-55　东营凹陷油藏储层物性随深度变化图

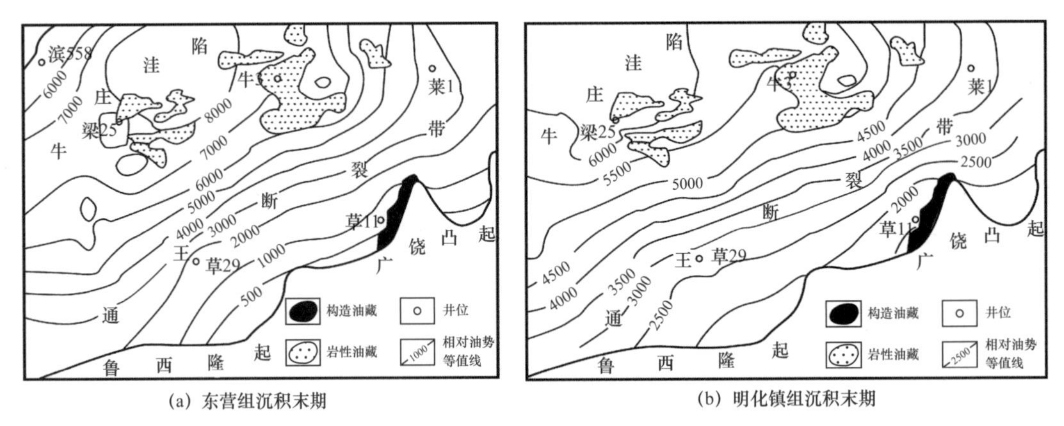

(a) 东营组沉积末期　　(b) 明化镇组沉积末期

图 5-56　东营凹陷通王断裂带沙三段中亚段东营组、明化镇组沉积末期相对油势分布图

三、界面势能控藏作用机制

1. 界面势能控藏力学机制分析

对于洼陷带或斜坡带的岩性油藏来说，由于砂体被烃源岩包裹或与烃源岩接触，油气聚集至砂岩内部的主要动力来源于砂泥界面处的毛细管力（陈冬霞等，2003），而油气所受阻力则主要为砂体内部水向外排出的力。而对于构造油藏和浅层的地层油藏来说，油气首先从烃源岩排出，在浮力和压力作用下在垂向上向浅部运移。如果油气在其流经的路径上遇到优质的储层发生侧向聚集，此时其侧向所受的主要动力仍然是毛细管力，阻力也仍然是砂体内部水向外排出的力。油气能否突破储层砂体内部的阻力成藏关键在于动力与阻力的相互关系。

若上述分析成立，则油气进入储层砂体的动力 F 则可表达为：

$$F=2\sigma\cos\theta\left(\frac{1}{r}-\frac{1}{R}\right) \tag{5-23}$$

油气进入砂体所受的阻力 f，即砂体内部水向外排出的动力，可以表达为：

$$f=2\sigma\cos\theta\frac{1}{R} \tag{5-24}$$

式中　F——动力，Pa；

f——阻力，Pa；

σ——界面张力，N/m；

θ——界面张力与水平夹角，(°)；

r——泥岩孔喉半径，m；

R——砂岩孔喉半径，m。

如果油气能够突破砂体内的阻力成藏，则需满足以下关系式：

$$F \geqslant f \tag{5-25}$$

由于储层与其临界泥岩处于同一深度，因此界面张力大小相等，由式（5-23）和式（5-24）可得：

$$\frac{1}{r}-\frac{1}{R}\geqslant\frac{1}{R}$$

即

$$R\geqslant 2r \tag{5-26}$$

推导得出，只有砂岩内部的孔喉半径值不小于同等深度下泥岩孔喉半径值的2倍时，油气才可能突破阻力聚集至储层内，否则油气无法进入砂体。式（5-26）给勘探者的启示是：储层的孔隙度和渗透率只是评价储层物性的参数，而真正控制油气成藏的是砂体内部孔喉半径与相邻泥岩的孔喉半径，即砂岩、泥岩界面能的关系。

2. 界面势能控藏物理模拟实验

统计规律显示，东营凹陷砂岩储层物性下限随深度的增加而降低，高势背景下也有大量油藏存在。这些规律性的变化趋势是受储层的相和油气所具有的势共同控制导致的。理论分析表明，油气侧向突破砂体边界的动力来源于砂泥界面处的毛细管压力，阻力来源于砂体内部的水向外排出的力。当动力大于阻力时，油气可以进入砂体聚集成藏。此时满足的砂泥岩孔喉半径之比为2倍关系。当砂体孔喉半径是泥岩孔喉半径的2倍关系时，油气可以突破阻力进入砂体。二者的比值越大，油气越容易突破砂体边界成藏。下面通过物理模拟实验来反映相—势共同作用对砂体含油气性的影响并验证砂泥岩孔喉半径之比的理论下限值的可靠性。

1）实验模型设计

实验采用二维物理模拟实验装置（图5-57），实验箱尺寸为50cm×30cm×2cm。如图5-57所示，将装置内容积分成4等份，每等份内填充围岩，包裹中间部位的砂体。其中①、②、③、④为四种不同粒径的围岩，Ⅰ、Ⅱ、Ⅲ、Ⅳ为四种不同粒径的砂体。通过改变砂体粒径和围岩粒径，从而改变砂体及围岩的孔喉半径，来寻找不同粒径砂体的孔喉半径与围岩孔喉半径的比值与砂体含油气性之间的关系。可以从实验装置的侧面用肉眼观察地质模型中的流体变化情况。

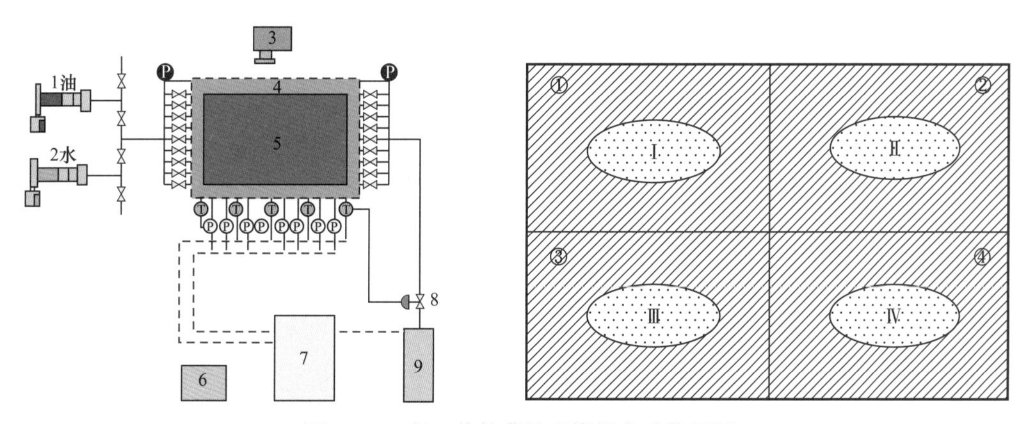

图5-57　相—势控藏物理模拟实验装置图

1，2—ISCO泵；3—摄影机；4—压力壳；5—实验本体；6—计算机；7—数据采集系统；8—背压调节阀；9—产出液收集器；P—压力测点；T—温度测点

2）实验材料和步骤

实验所采用的材料是玻璃微珠，由于玻璃微珠是等粒径小球体，在没有压实作用的情况下按颗粒呈立方体排列计算，颗粒之间的孔喉半径是均等且可以计算的。如图 5-58 所示，孔喉半径 r 与颗粒半径 d 之间的换算关系为：

$$\sqrt{2}\cdot 2D-2D=2r \tag{5-27}$$

则

$$r\approx 0.414D$$

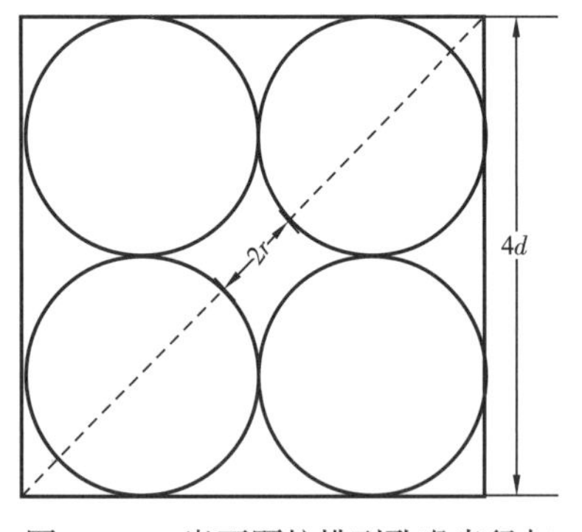

图 5-58　岩石颗粒排列孔喉半径与粒径关系示意图

实验共分四种不同粒径分 4 组进行，分别为 d_1=1.0mm、d_2=0.5mm、d_3=0.25mm 和 d_4=0.01mm，每组粒径的砂体不断改变围岩的大小，即改变砂泥之间孔喉半径的大小，从而改变砂泥之间界面势能的大小，来观察砂体内含油率与砂泥界面势能大小之间的关系。

实验过程分以下几个步骤组成：

（1）将二维实验装置等分成 4 个空间，每个空间内填充饱含煤油的玻璃微珠模拟围岩；

（2）将围岩内预留出砂体的空间大小，填充饱含水的玻璃微珠模拟砂体；

（3）将实验装置密封静置，在间隔时间内观察并拍照，观察围岩中煤油进入砂体的情况；

（4）实验进行 72h 后，将实验装置打开，取出围岩内部砂体，用稀薄纸包好冷藏；

（5）将取出的砂体进行煤油抽提，计算砂体的含油率，即抽提油量与砂体重量的百分比；

（6）改变砂体粒径重复上述步骤实验。

3）实验图像与结果

以砂体粒径 d=0.5mm 实验为例，图 5-59 中（a）、（b）、（c）、（d）代表不同围岩粒径与砂体的组合。其中，Ⅰ代表围岩粒径为 0.25mm，围岩粒径与砂体粒径之比为 1/2，即围岩孔喉半径与砂体孔喉半径之比为 1/2；Ⅱ代表围岩粒径为 0.5mm，围岩粒径与砂体粒径之比为 1/1，即围岩孔喉半径与砂体孔喉半径之比为 1/1；Ⅲ代表围岩粒径为 1.0mm，围岩粒径与砂体粒径之比为 2/1，即围岩孔喉半径与砂体孔喉半径之比为 2/1；Ⅳ代表围岩粒径为 2.0mm，围岩粒径与砂体粒径之比为 4/1，即围岩孔喉半径与砂体孔喉半径之比为 4/1。

实验表明，无论是粒径 d=0.5mm 的砂体还是 d=1.0mm 的砂体，当围岩孔喉半径 r 与砂体孔喉半径 R 之比大于 1/2 时，实验进行 72h 后，砂体表面无明显变化。而当 $r/R\leqslant 1/2$ 时，砂体与围岩发生油水交替，且现象比较明显，且随 r/R 比值的减小，油水交替的现象越来越明显（图 5-59）。围岩孔喉半径与砂岩孔喉半径之比达到 1/10 时，砂体周围的围岩呈现宽 15～20mm 的油水交替带（图 5-60），说明油水交替反应最为剧烈。

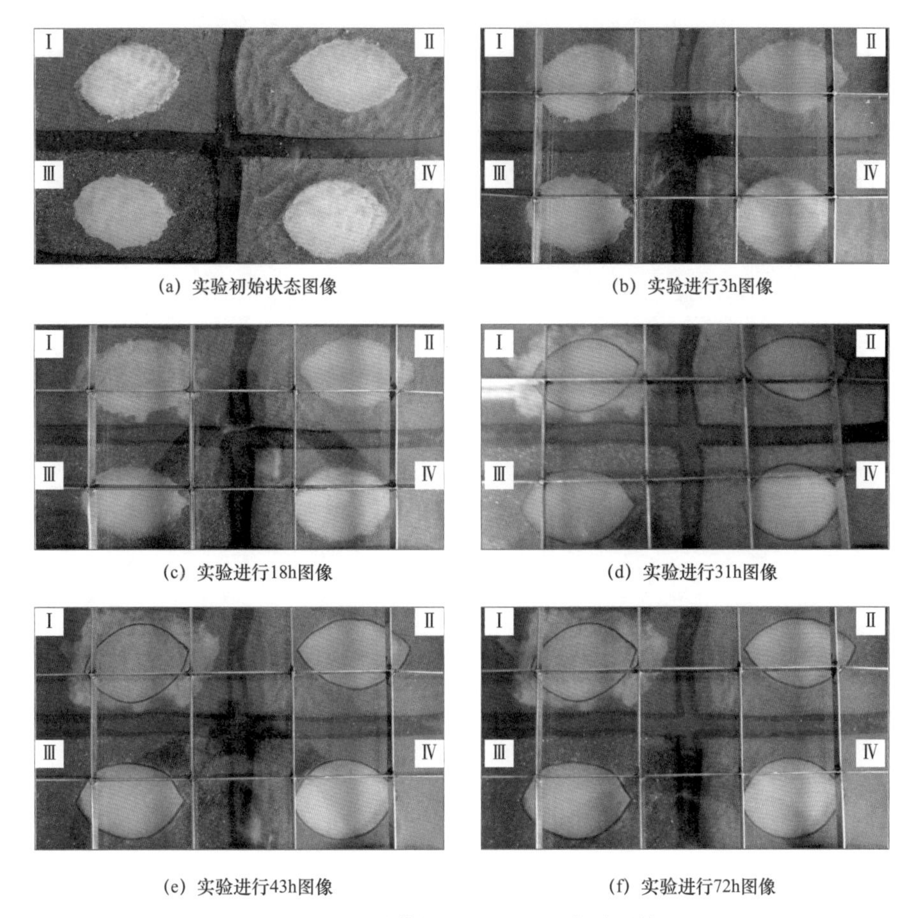

图 5-59　砂体粒径 *d*=0.5mm 实验图像

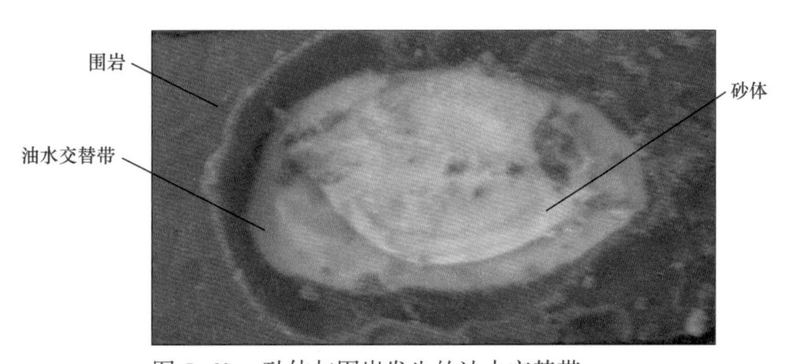

图 5-60　砂体与围岩发生的油水交替带

表 5-4 为粒径为 0.5mm 砂体的第 1 组和第 2 组共 8 个砂体的含油量。从抽提结果可以看出随围岩与砂岩的孔喉半径之比的逐渐减小，砂体内部的含油百分比逐渐增高。当 r/R=1/2 时，砂体内部的含油百分比的曲线出现一个拐点，其内部油量陡然增加（图 5-61）；而当 r/R＞1/2 时，砂体内的含油饱和度近似于 0。实验结果与理论公式推导结果完全相似。

表 5-4　粒径为 0.5mm 的不同围岩砂体含油量数值表

序号	样品编号	r/R	样品量（g）	抽提油量（mg）	含油百分比（%）	含油饱和度（%）
1	30 目—10 目	4	125.1	5.3	0.0042	0.0261
2	30 目—20 目	2	113.8	4.7	0.0041	0.0255
3	30 目—30 目	1	82.4	4.9	0.0059	0.0367
4	30 目—60 目	1/2	167.6	21.2	0.0126	0.0780
5	30 目—120 目	1/4	140.3	180.4	0.1286	0.7929
6	30 目—200 目	1/6	152.4	452.0	0.2966	1.8290
7	30 目—240 目	1/8	142.5	1554.0	1.0905	6.7249
8	30 目—300 目	1/10	126.6	3143.8	2.4833	15.3134

注：15400/ 目数 = 粒径尺寸，mm；样品编号一列代表砂体粒径—围岩粒径。

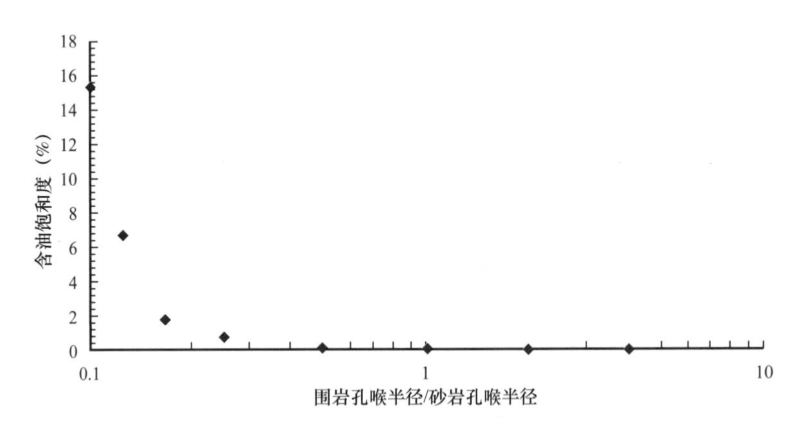

图 5-61　粒径为 0.5mm 砂体与不同围岩组合内含油饱和度变化图

含油饱和度（%）=（抽提油量 / 油密度）/（样品量 × 孔隙度 / 砂密度）

3. 相—势控藏作用的地质表征

1）砂岩及泥岩孔喉半径的计算

界面势能的计算关键在于砂岩和泥岩孔喉半径的求取。王捷等（1999）曾通过扫描电镜于 10000 倍下对济阳坳陷古近—新近系 300～4000m 深度范围内泥岩 2700 个孔宽的观察和测量，并对济阳坳陷泥岩中孔的形态及孔喉半径进行分析。利用所测数据，对济阳坳陷的孔喉半径及深度进行关系拟合：

$$r=6259.1H^{-1.6542},\ R^2=0.9 \tag{5-28}$$

式中　r——泥岩的孔喉半径，μm；

H——深度，m；

R^2——拟合度。

将拟合出的孔喉半径值与深度绘制曲线，如图 5-62 所示。

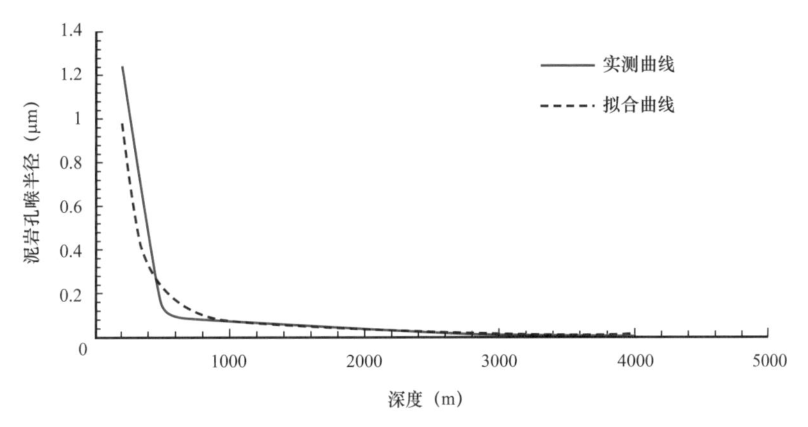

图 5-62　泥岩孔喉半径随深度变化图

根据毛细管压力曲线测试，实测出的东营凹陷不同深度储层平均孔喉半径值、孔隙度值及渗透率值，根据实测数据拟合储层孔喉半径与孔隙度、渗透率关系，拟合公式为：

$$\lg r'=-0.11-0.235\lg\phi+0.503\lg K,\ R^2=0.872 \qquad (5\text{-}29)$$

式中　r'——储层平均孔喉半径，μm；

ϕ——孔隙度，%；

K——渗透率，mD；

R^2——拟合度。

根据砂岩与孔隙度、渗透率关系拟合公式（5-29），求出 24847 个孔喉半径值，将求取的孔喉半径值与深度相对应，可以分析出东营凹陷储层最小孔喉半径与深度的变化关系，以及储层最大孔喉半径与深度的变化关系。

2）砂岩及泥岩界面势能特征

研究统计 24847 个储层数据点，利用每个数据点对应的深度、孔隙度、渗透率数值，根据式（5-29）和式（5-30）即可计算出同种深度下储层的平均孔喉半径和泥岩的孔喉半径，界面势能公式为：

$$\varPhi_{\mathrm{r}}=\frac{2\sigma\cos\theta}{r} \qquad (5\text{-}30)$$

式中　$\varPhi_{\mathrm{r}}$——界面势能，Pa；

σ——界面张力，N/m；

θ——界面张力与水平夹角，（°）；

r——泥岩孔喉半径，m。

界面张力 σ 是随深度不同，受温度、压力改变而变化的，拟合 σ 与深度的关系式如图 5-63 所示，其二者之间关系式为：

$$\sigma=-5E^{-06}H+0.0249,\ R^2=0.9992 \qquad (5\text{-}31)$$

根据式（5-30）、式（5-31），可以计算砂岩和泥岩所具有的界面势能值。图 5-64（a）统计了东营凹陷所有油藏类型的储层界面势能与其同深度范围内泥岩界面势能的关系，结果显示所有的储层均分布在 Φ_s/Φ_n 比值小于 1/2 的范围内，且绝大多数油藏分布在小于 1/4 的范围内，说明油气注入砂体成藏必须满足砂体与同一深度泥岩的界面势能比值小于 1/2，满足这一条件的砂体即可确定为优相低势的储层标准下限。图 5-64（b）是岩性油藏储层的界面势能值与其同一深度泥岩的界面势能的关系，结果显示岩性油藏的储层均分布在 Φ_s/Φ_n 比值小于 1/2 的范围内，且绝大多数油藏分布在小于 1/4 的范围内，说明油气注入砂体成藏必须满足砂体与同一深度泥岩的界面势能比值小于 1/2，满足这一条件的砂体即可确定为优相低势的储层标准下限。地质统计特征与理论分析和实验结果完全吻合。

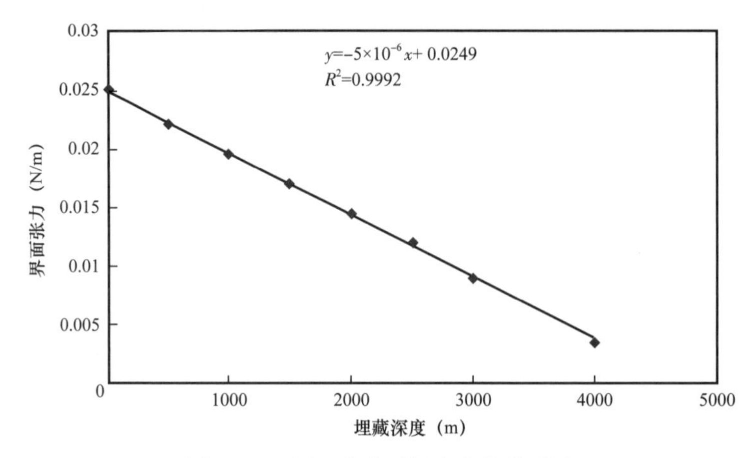

图 5-63　界面张力随深度变化关系图

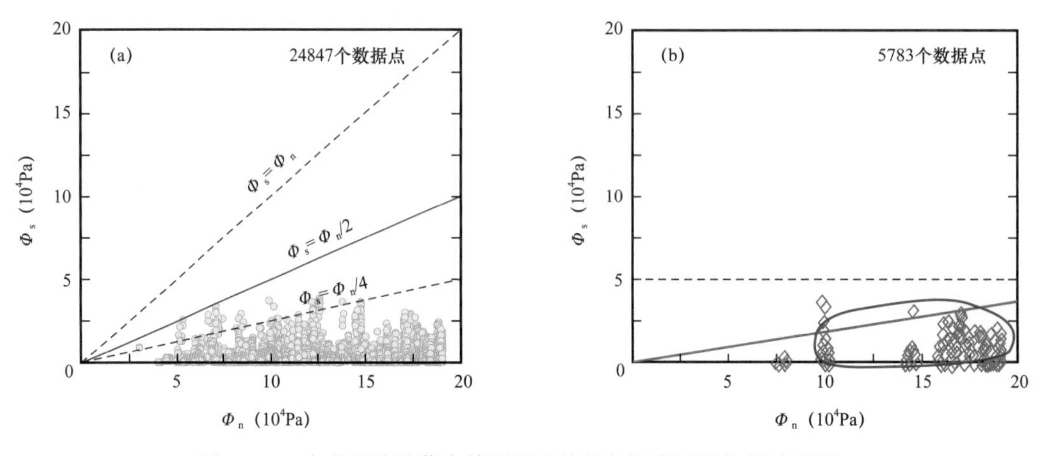

图 5-64　东营凹陷油藏内储层界面势能与泥岩界面势能关系图

Φ_n—泥岩具有的界面势能；Φ_s—砂岩具有的界面势能

四、相—势耦合控藏作用机制

1. 相—势耦合控藏作用的动力学机制

在地层条件下，由于各部位流体势的差异，油气由相对高势区向相对低势区流动。流体势的组成包括四个方面：浮力 p_b 产生的位能 Φ_{p_b}、压力 p_p 产生的弹性势能 Φ_{p_p}、毛细管压力 p_c 产生的界面势能 Φ_{p_c}、惯性力产生的动能。由于地下流体运移的速度很慢，因此惯性力产生的动能通常可以忽略。在宏观条件下，油气运移的动力取决于浮力、压力、水动力、毛细管压力的共同作用；在微观条件下，当油气在运移通道中处于与储层近似深度范围时，储层砂体的 A 点与运移通道中的 B 点基本处于同一深度 Z、同一常压系统 p 内（图 5-65），因此在计算 A 点与 B 点相对流体势时，可以取深度 Z 为基准面。因此，相对流体势中相对位能、相对弹性势能和动能都为 0。最终，相对流体势取决于 Φ_{p_c} 的大小。也就是说当油气流由 B 点向 A 点运移时，驱使油由围岩进入砂体的主要是毛细管压力差 Δp_c 的作用，其表达式为：

$$\Delta p_c = 2\sigma\cos\theta\left(\frac{1}{r} - \frac{1}{R}\right) \tag{5-32}$$

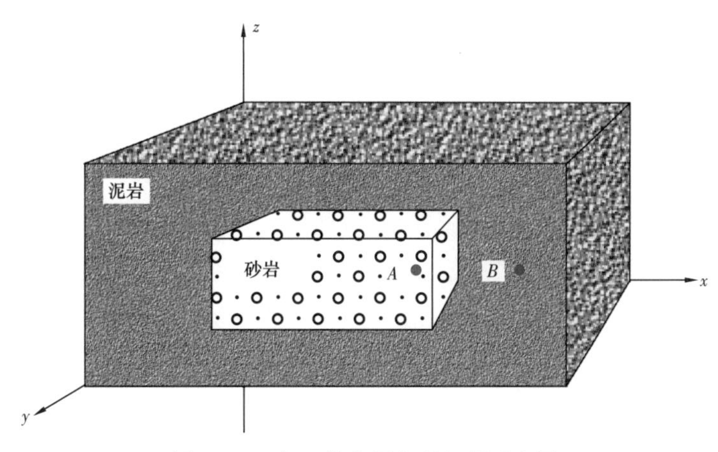

图 5-65　相—势作用机理解释示意图

同时，油气进入储层后，受到砂体内毛细管阻力 p_f 的作用，阻力 p_f 的表达式为：

$$p_f = 2\sigma\cos\theta\frac{1}{R} \tag{5-33}$$

式中　Δp_c——毛细管压力差，Pa；

p_f——毛细管阻力，Pa；

σ——界面张力，N/m；

θ——界面张力与水平夹角，(°)；

r——泥岩孔喉半径，μm；

R——砂岩孔喉半径，μm。

如果油气能够突破砂体内的阻力成藏，则需满足以下关系式：

$$\Delta p_c \geqslant p_f \tag{5-34}$$

即：

$$2\sigma\cos\theta\left(\frac{1}{r} - \frac{1}{R}\right) \geqslant 2\sigma\cos\theta\frac{1}{R}$$

$$\frac{1}{r} - \frac{1}{R} \geqslant \frac{1}{R}\left(R \geqslant 2r\right) \tag{5-35}$$

上述推导得出，只有圈闭砂岩内部的孔喉半径值不小于其围岩（主要是泥岩）孔喉半径值的2倍时，油气才可能突破砂体内部阻力成藏，否则油气无法聚集。在浅层储层围岩的界面势能与砂岩储层界面势能的比值界限值为2，也就是说储层的平均孔喉半径必须满足大于其围岩（泥岩）孔喉半径的2倍以上，油气成藏的动力才能大于阻力。可见，储层的孔隙度和渗透率只是评价储层物性的参数，而真正控制油气成藏的是砂体内部孔喉半径与相邻泥岩孔喉半径的关系。

2. 相—势耦合控藏作用的动力学特征

通过扫描电镜对济阳坳陷古近—新近系300～4000m深度范围内泥岩中2700个孔宽进行了观察和测量，并对济阳坳陷泥岩中孔的形态及孔喉半径进行分析，通过测试数据可知，泥岩的孔隙半径随深度呈指数性递减。而前面所推导出的储层临界条件必须满足储层砂岩的平均孔喉半径是其围岩孔喉半径2倍这一结果，恰恰与实测值相吻合，储层最小孔喉半径随深度呈递减趋势。因此，储层的临界物性下限在统计规律上反映出随深度的增加逐渐减小的规律。

临界储层砂岩的界面势能 Φ_s 与其围岩（泥岩）界面势能 Φ_n 之比随深度呈现规律性变化（图5-66），将图中边缘临界点连成直线，可以看出两者的比值与深度呈指数函数变化关系，即 Φ_n/Φ_s 随深度增加呈指数性增长趋势，泥岩与砂岩储层界面势能的2倍关系只满足浅层500～1500m范围内，当深度大于1500m时，Φ_n/Φ_s 已经明显偏离2倍的比值线。随着深度的增加，Φ_n/Φ_s 的下限值也在增加，且临界值非常清晰，在深度2000m左右其临界值为4，在深度2500m左右其临界值为6，在深度3000m左右其临界值为10。

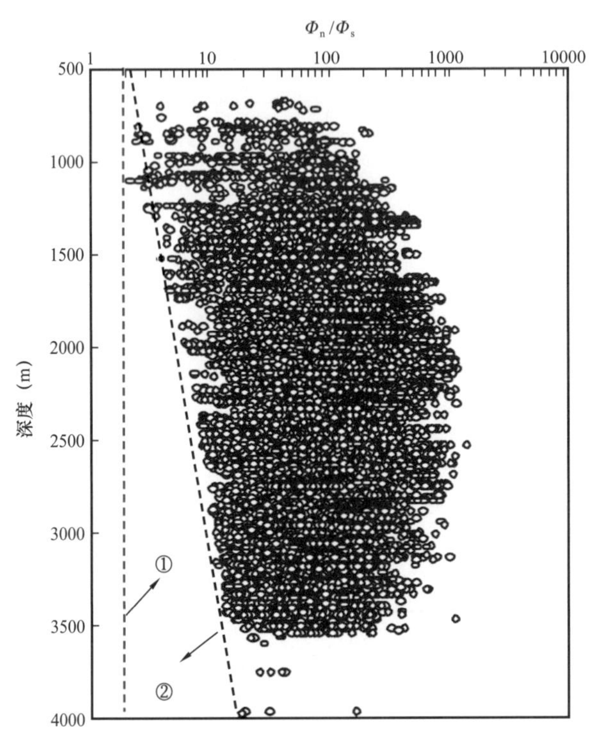

图5-66　泥岩界面势能/砂岩界面势能随深度变化规律

利用东营凹陷所有储层的数据点（共24927个数据），建立 Φ_n/Φ_s 的下限值与深度 H 的数学关系如下：

$$\frac{\Phi_n}{\Phi_s}=e^{\left(\frac{H}{1554.7}+0.3715\right)} \tag{5-36}$$

其中，

$$\Phi_n=2\delta\cos\theta\frac{1}{r}\quad \Phi_s=2\delta\cos\theta\frac{1}{R}$$

式中 Φ_n——泥岩界面势能，Pa；

Φ_s——砂岩界面势能，Pa；

H——埋藏深度，m；

r——泥岩孔喉半径，μm；

R——砂岩孔喉半径，μm。

则

$$\frac{R}{r}=e^{\left(\frac{H}{1554.7}+0.3715\right)}$$
$$R=r\cdot e^{\left(\frac{H}{1554.7}+0.3715\right)} \tag{5-37}$$

油气成藏的动力公式为：

$$F=2\sigma\cos\theta\left(\frac{1}{r}-\frac{1}{R}\right) \tag{5-38}$$

油气在运移至储层中所受阻力主要为砂岩中孔隙水向外排出时带来的阻力、分子间吸附和黏滞力。处于浅层的储集体，由于地表压力为常压，因此，油气成藏的阻力主要为油气进入砂体后的毛细管力，随着深度的增加，上覆地层压力逐渐增大，岩石的孔隙度逐渐减小，岩石颗粒间的比表面逐渐增大，油气所受成藏阻力也随之变化，因此，引入 $f(H)$ 代表除砂岩体内毛细管力以外的油气成藏阻力，因此，成藏阻力可以表达为：

$$f\approx 2\sigma\cos\theta\left(\frac{1}{r}-\frac{1}{R}\right)+f(H) \tag{5-39}$$

油气成藏必须满足成藏动力 F 大于成藏阻力 f，将式（5-38）代入式（5-39）中，则：

$$2\sigma\cos\theta\left(\frac{1}{r}-\frac{1}{R}\right)\geqslant 2\sigma\cos\theta\frac{1}{R}+f(H) \tag{5-40}$$

处于图5-66中直线②上的点可以近似看成满足成藏门限的点，即 $F=f$，则油气能够进入砂体成藏需满足关系式：

$$2\sigma\cos\theta\left(\frac{1}{r}-\frac{1}{R}\right)=2\sigma\cos\theta\left(\frac{1}{r}-\frac{1}{R}\right) \tag{5-41}$$

则

$$f\left(H\right)=2\sigma\cos\theta\left(\frac{1}{r}-\frac{2}{R}\right) \tag{5-42}$$

其中，σ 是与深度正相关的线性函数：

$$\sigma=0.0249-5\times10^{-6}H \tag{5-43}$$

$$r=6259.1H^{-1.6542} \tag{5-44}$$

将式（5–37）、式（5–43）和式（5–44）代入式（5–42）中，得：

$$f\left(H\right)=0.00016H^{1.6542}\times\left(0.0498-10^{-5}H\right)\times\left(1-\mathrm{e}^{-0.743-\frac{H}{777.35}}\right) \tag{5-45}$$

由上述推导可知，除砂岩体内毛细管力以外的油气成藏阻力 f（H）的表达式由三部分关系式相乘组成，其中每一部分都是随深度呈正相关变化的函数，因此三部分相乘没有改变与深度的相关性。故 f（H）与深度呈正相关关系，随着深度的增加，f（H）逐渐增大。

因此，需要更大的成藏动力克服阻力的作用，表现为 Φ_n/Φ_s 随深度增加而增大，即更大的储层与围岩界面势能之差。也就是说，随着深度的增加，储层的平均孔喉半径与其围岩的孔喉半径比值逐渐加大，对储层相对优相的条件更加苛刻。虽然从宏观上看，深部储层物性低于浅层的储层物性值，但相对于其围岩物性来讲，深层的物性条件远远好于浅层的物性条件。

以前研究认为当孔隙度小于10%、渗透率小于1mD时，油气则无法进入砂体内成藏，而实际上，只要储层本身的孔喉半径与围岩的孔喉半径达到一定的比例关系，油气仍然可以进入储层成藏，这一理论发现将为深层的油气勘探带来机遇。但同时正如统计规律和理论推导所发现的那样，随深度的增加，油气成藏的阻力增加，储层的孔喉半径与围岩的孔喉半径比值逐渐增大，对储层孔隙结构的要求更加苛刻，因此给深层的油气勘探也带来了挑战。

第四节　相—势控藏定量表征

一、相—势耦合指数（FPI）

从济阳坳陷统计的546个油气藏和落空圈闭的相指数和势指数的分布关系（图5–67）可以看出，油气藏85%以上都位于FI＞0.5、PI＞0.5的范围内，大部分的油气藏均靠近离FI=1和PI=0的区间内，越靠近图的右上端，分布的油气藏越多，成藏概率越大。落空圈闭的分布区间在图的左下角。该图从一定意义上反映了油气藏FI和PI的消长关系，相指数低的部位，需要油气藏的势指数高；势指数高的部位，需要的相数低。因此，该图也初步反映了相—势耦合指数与相指数和势指数之间的关系较复杂，用三角形的斜边与两直角边的关系可以说明相—势耦合指数与相指数和势指数之间的定量关系。因此，相—势耦合指数（FPI）可以定量地表达为：

$$\mathrm{FPI}=\frac{1}{\sqrt{2}}\sqrt{\mathrm{FI}^2+(1-\mathrm{PI})^2}\ \text{或}\ \mathrm{FPI}=\frac{1}{\sqrt{2}}\sqrt{\mathrm{FI}^2+\Delta\mathrm{PI}^2} \tag{5-46}$$

式中 FPI——相—势耦合指数，0～1；

FI——优相指数，0～1；

PI——低势指数，0～1；

ΔPI——相对势差指数，0～1。

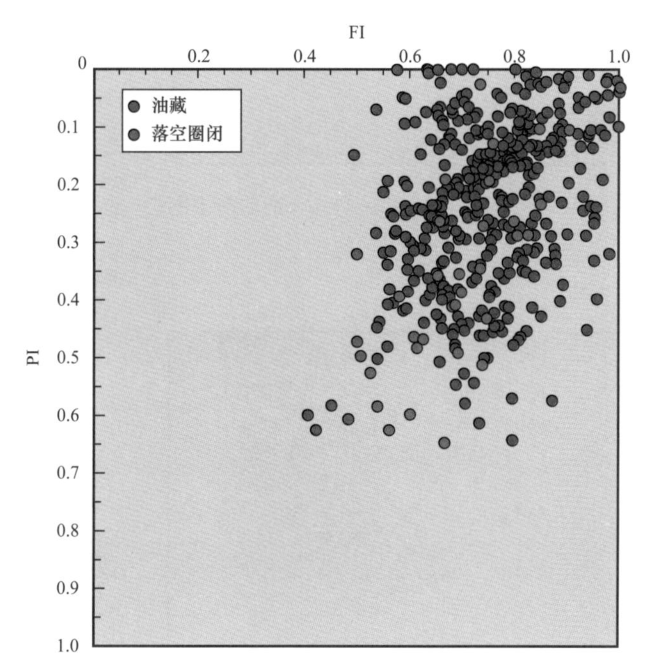

图 5-67　济阳坳陷油气藏和落空圈闭的相指数和势指数分布

二、相—势耦合控藏作用定量表征

1. 相—势耦合指数与成藏概率

由于油气藏的形成受相—势耦合控制，优相和低势区的耦合控制着油气藏的分布。因此，对于一个勘探目标来说，可以通过计算出或预测出其可能的优相指数和势指数，并通过建立的图版来预测其成藏概率。图 5-68 为相—势耦合控藏预测成藏概率图版。该图根据优相和低势指数二者的耦合可以分为四个区：A 区，FI＞0.75，PI＜0.25，为相—势耦合最有利成藏区；B 区，0.5＜FI＜0.75，0.25＜PI＜0.5，为相—势耦合有利成藏区；C 区，0.25＜FI＜0.5，0.5＜PI＜0.75，为相—势耦合较有利成藏区；D 区，FI＜0.25，PI>0.75，为相—势耦合不利成藏区。

东营凹陷已发现的油气藏大都分布在 A 区和 B 区，只有极少量的油气成分布在 C 区，D 区内没有油气藏的分布（图 5-68）。处于Ⅰ类最有利区内的油气藏的成藏概率最高达 85%，处于Ⅱ类较有利区内的油气藏的成藏概率最高达 68%，处于Ⅲ类较有利区内的油气藏的成藏概率仅为 30%，处于Ⅳ类不利区的成藏概率为 0（图 5-69，图 5-70）。

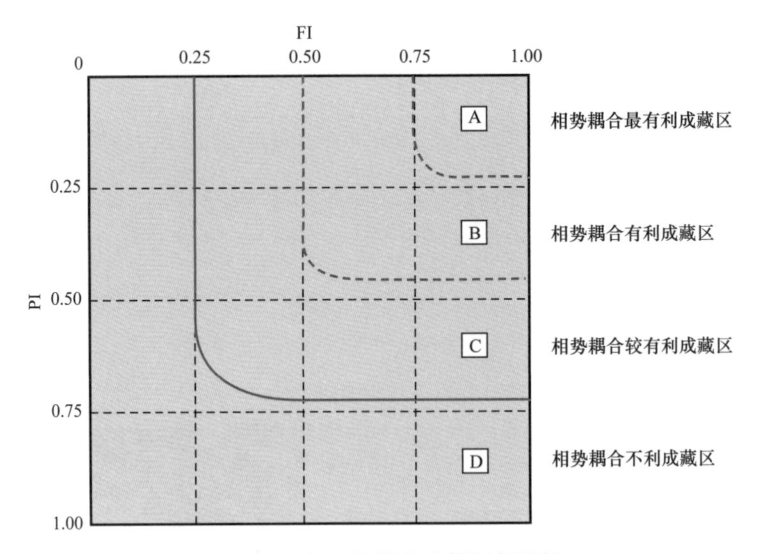

图 5-68　相—势耦合成藏概率图版

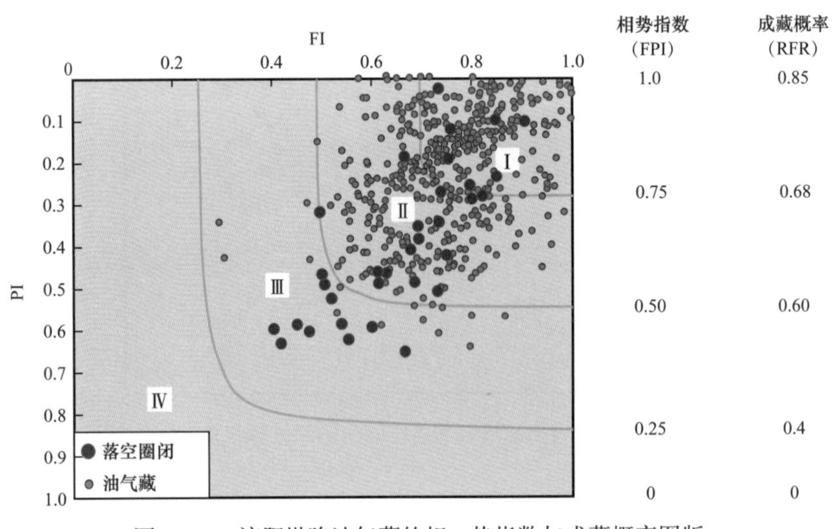

图 5-69　济阳坳陷油气藏的相—势指数与成藏概率图版

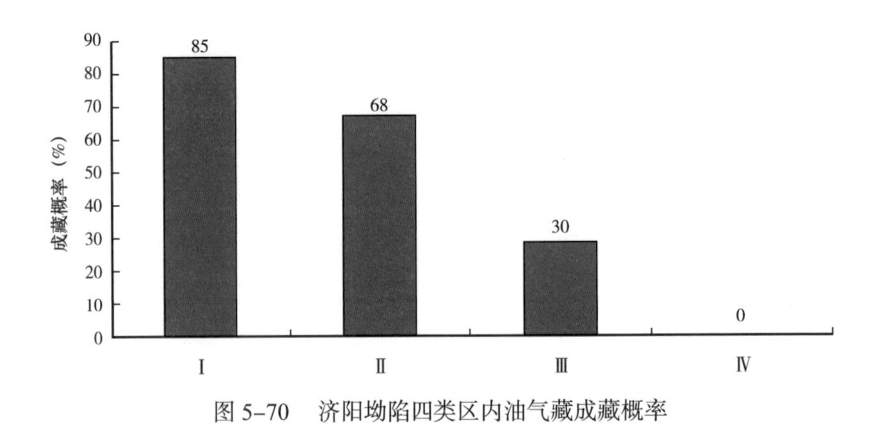

图 5-70　济阳坳陷四类区内油气藏成藏概率

根据东营凹陷内大量的已发现的油气藏和落空圈闭的相—势耦合指数FPI进行统计，建立了FPI和成藏概率（RFPI）的定量关系式：

$$\mathrm{RFPI}=0.4688\times \mathrm{FPI}+0.318,\ R^2=0.97 \tag{5-47}$$

由图5-71可以看出，圈闭能否成藏体现在相—势耦合指数，只要当FPI＞0.5，圈闭才能成藏。因此，有利目标必须位于FPI＞0.5的范围内，而且FPI值越高，油气成藏概率越大。

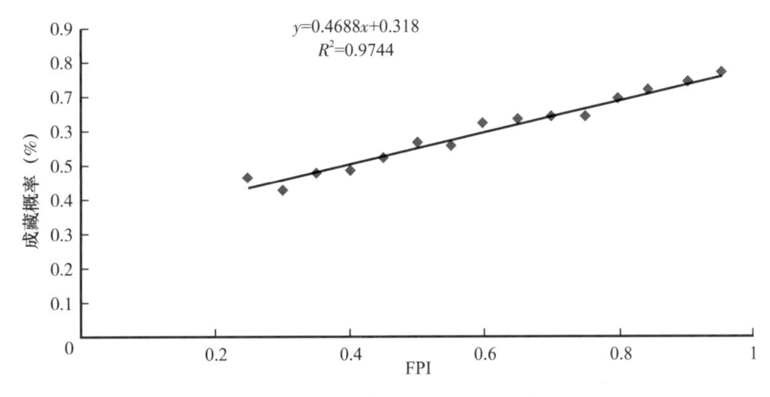

图5-71　济阳坳陷油气藏相—势耦合指数与成藏概率

2. 相—势耦合指数与含油饱和度

对济阳坳陷已发现的563个油气藏和落空圈闭的FI、PI进行分区，并计算各区的圈闭的平均含油饱和度值（图5-72），发现FI指数高、PI指数低的区间范围内，圈闭的平均含油饱和度值较高。Ⅰ区的平均含油饱和度值达到62%，而II_1、II_2和II_3区的平均含油饱和度值分别为57%、51%和58%。Ⅲ区内的各分区平均含油饱和度值除了III_5区外，均小于40%。这说明FI值高、PI值低的圈闭含油气性好，即FPI值高的圈闭含油饱和度高，初步认为应用FPI值可以预测圈闭的含油气性。

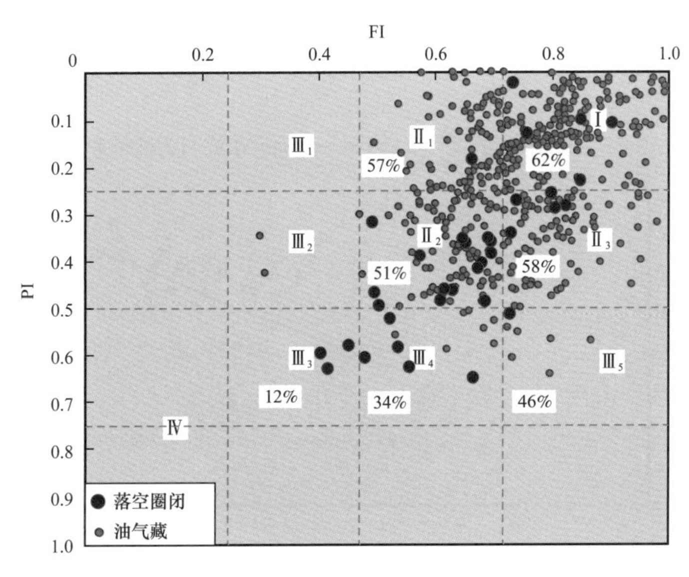

图5-72　济阳坳陷油气藏的FI和PI分区及含油饱和度

应用所述的计算方法，对济阳坳陷主要的三种油藏类型（地层油藏、构造油藏和岩性油藏）的优相指数 FI、相对势指数 PI 分别进行计算，将统计的各种类型各个构造区带油藏的含油饱和度值作为衡量圈闭含油气性的指标，分别建立含油饱和度 S_o 与相—势耦合指数 FPI 的定量模型，建立的含油饱和度预测公式可以直接用于预测济阳坳陷不同油藏类型砂体的含油性。

构造油气藏的 FPI 与 S_o 的定量关系如图 5-73 所示。

岩性油气藏的 FPI 与 S_o 的定量关系如图 5-74 所示。

地层油气藏的 FPI 与 S_o 的定量关系如图 5-75 所示。

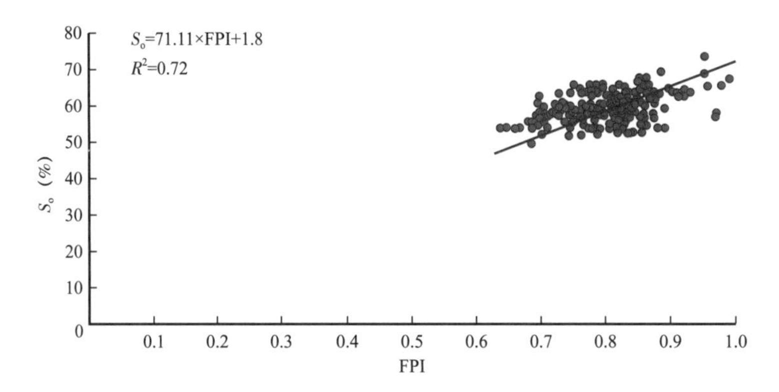

图 5-73　济阳坳陷构造油气藏相—势耦合指数与含油饱和度关系

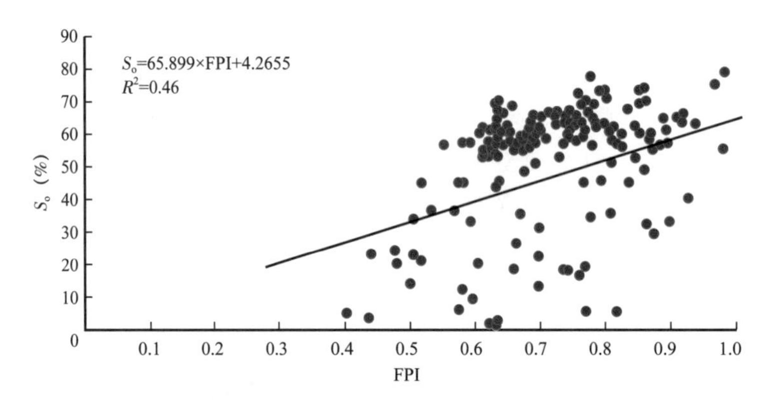

图 5-74　济阳坳陷岩性油气藏相—势耦合指数与含油饱和度关系

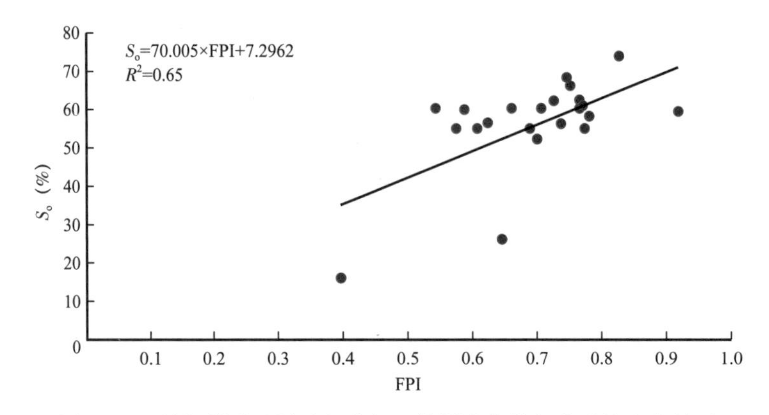

图 5-75　济阳坳陷地层油气藏相—势耦合指数与含油饱和度关系

三、相—势演化及其控藏作用

依据烃类包裹体产状确定其捕获的相对序次、荧光颜色所指示的成熟度关系和同期盐水包裹体均一温度统计分析，综合划分了东营凹陷油气充注期次，研究结果表明，东营凹陷油气充注可划分出 3 期：第一期 34—24Ma；第二期 13.8—8.0Ma；第三期 8.0Ma 至今。对应的时间大致可分为：沙三段沉积时期至东营组沉积早期为第 1 期，馆陶组沉积晚期至明化镇组沉积早期为第 2 期；明化镇组沉积晚期至第四纪为第 3 期。以东营凹陷沙三段中亚段为例，讨论成藏期的相、势及相—势耦合的演化特征，并与现今的相—势演化进行对比，探讨相—势演化过程中对油气成藏的控制作用。

1. 相的演化及其控藏作用

1）成藏期古孔隙度的恢复

在恢复古孔隙度之前，首先要对古埋深进行恢复。依据数据找出东营凹陷沙三段中亚段各口井的地层统计分层数据之后，画出各口井（共计 109 口井）的埋藏史曲线。从中可以读出地层各个时期的顶、底界面的埋深，这样就可以利用各口井的现今埋深在现今地层中的比例关系，求得每口井在各个成藏期地层中的埋藏深度。之后根据东营凹陷沙三段中亚段沉积相图、砂岩百分含量分布图和岩性分布图，并依据沉积类型和粒级的不同应用不同的公式，代入埋藏深度值，求出各成藏期的孔隙度值（图 5–76）。

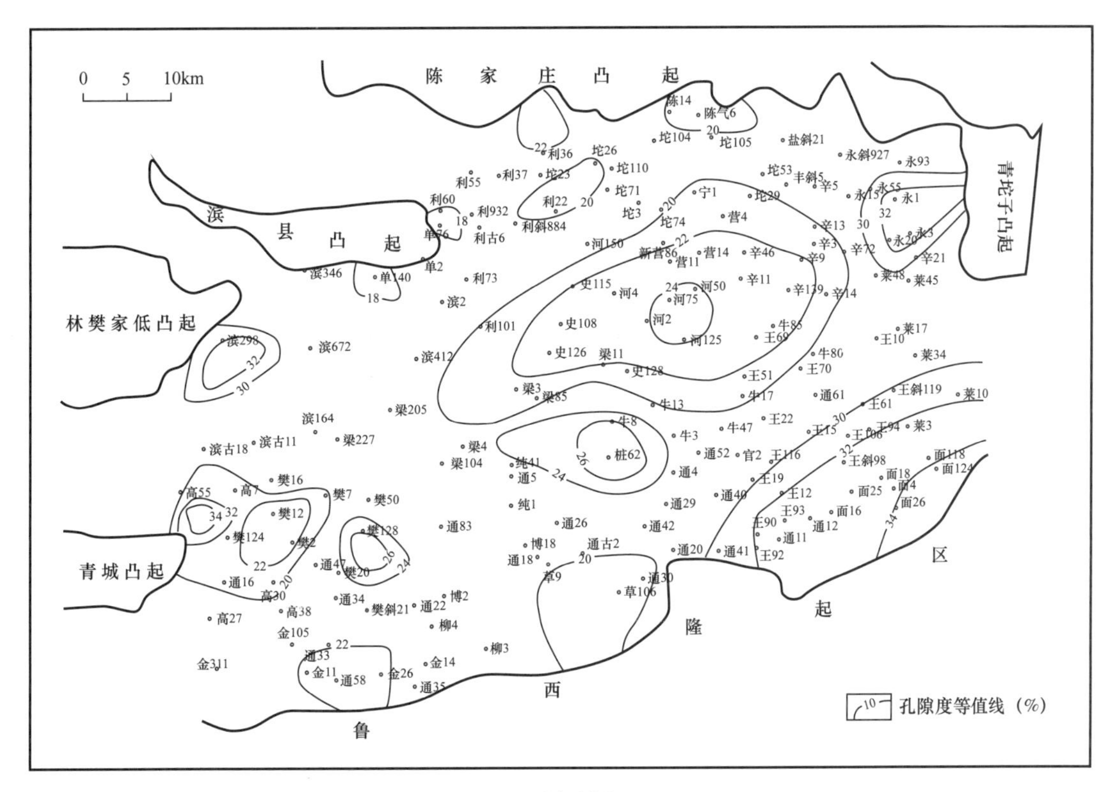

(a) 24Ma

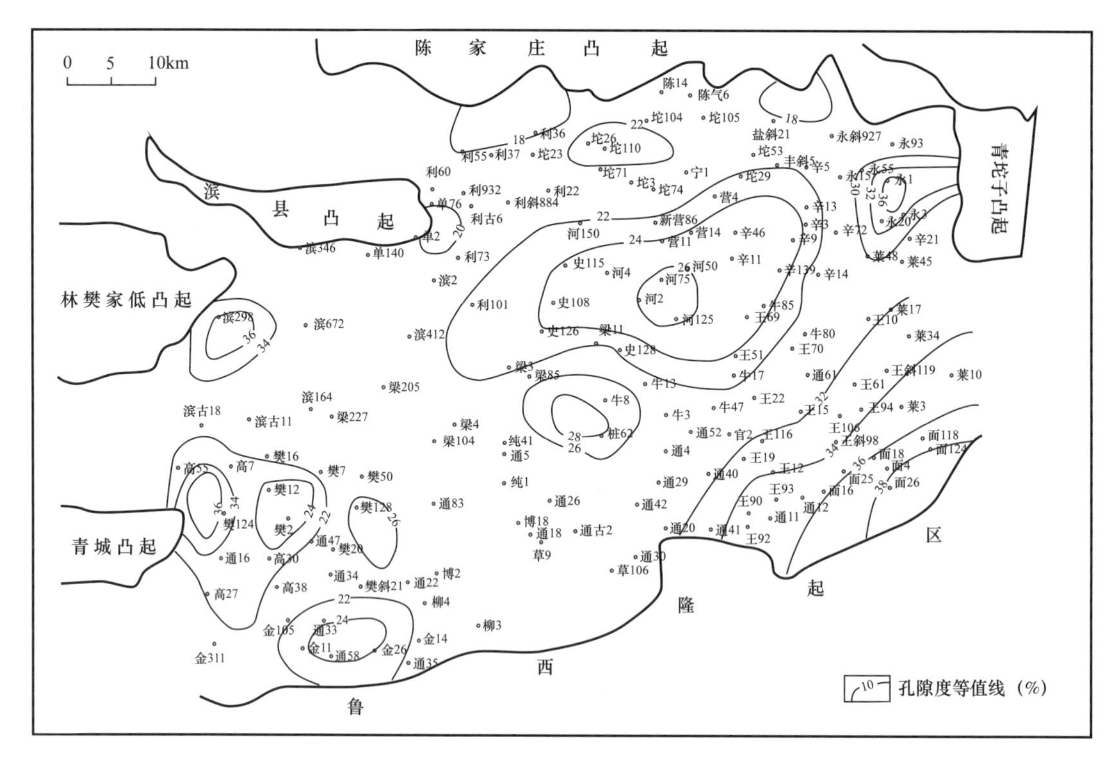

陈家庄凸起
0 5 10km
滨县凸起
林樊家低凸起
青城凸起
青坨子凸起
鲁西隆起区
孔隙度等值线（%）

(b) 14Ma

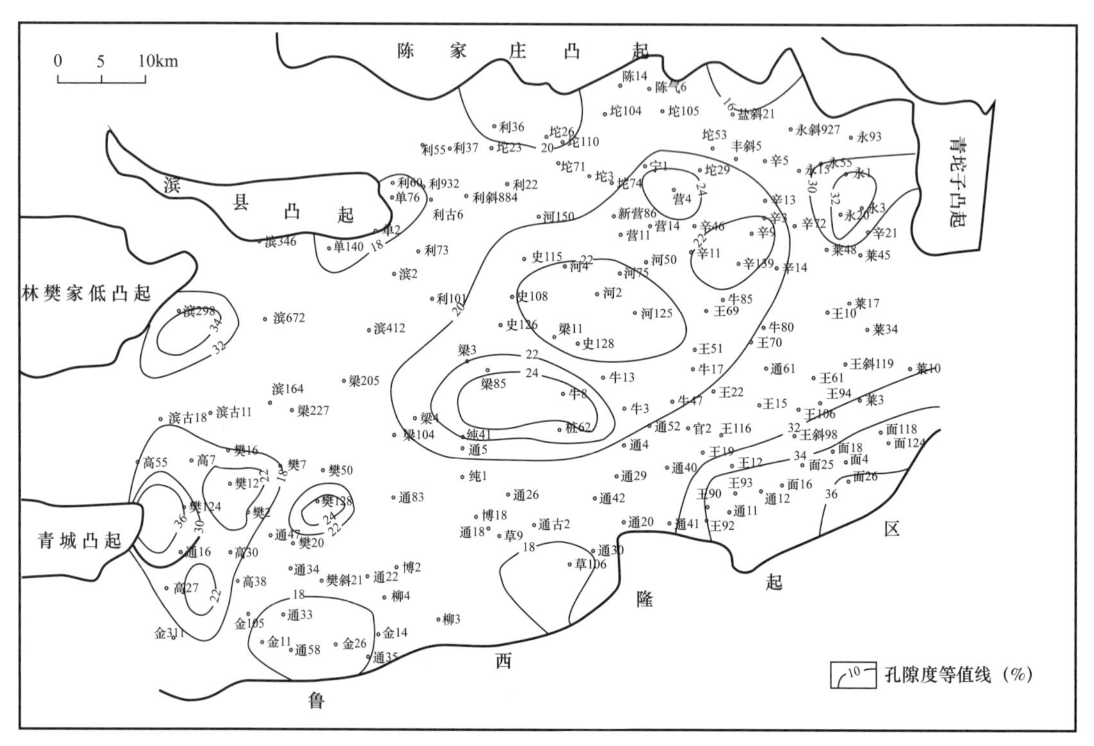

陈家庄凸起
0 5 10km
滨县凸起
林樊家低凸起
青城凸起
青坨子凸起
鲁西隆起区
孔隙度等值线（%）

(c) 8Ma

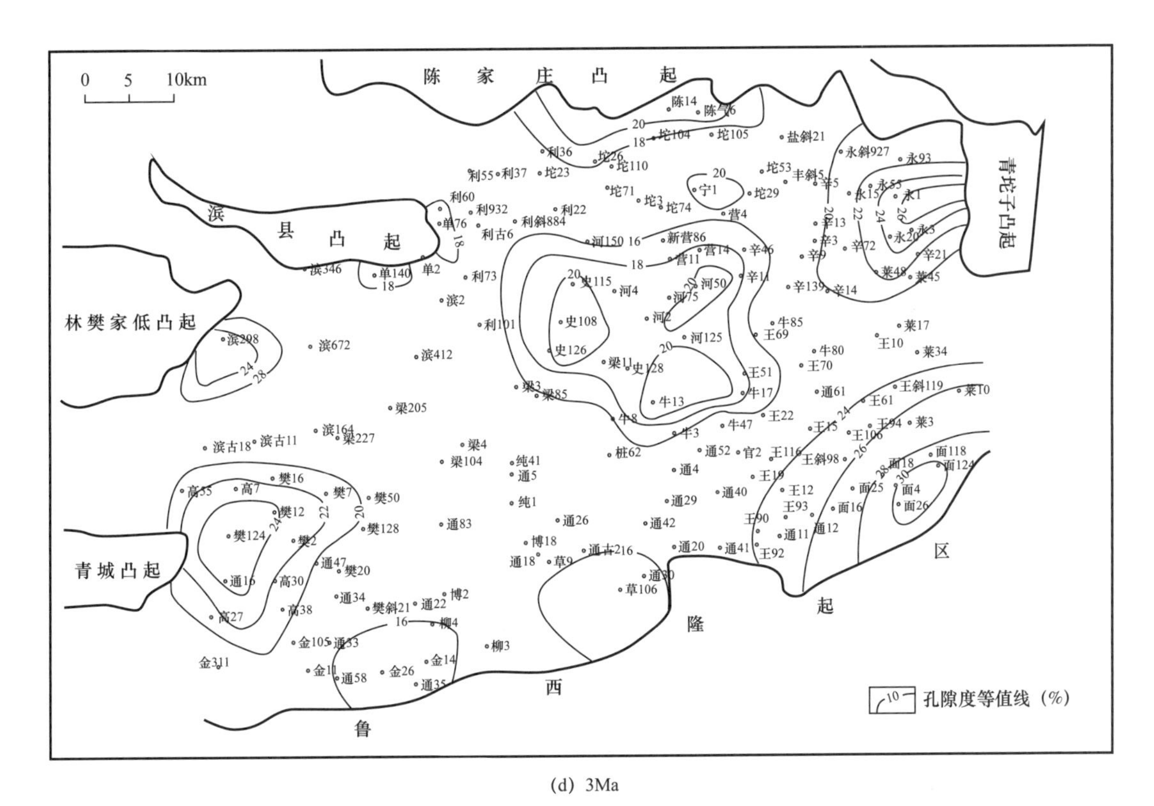

(d) 3Ma

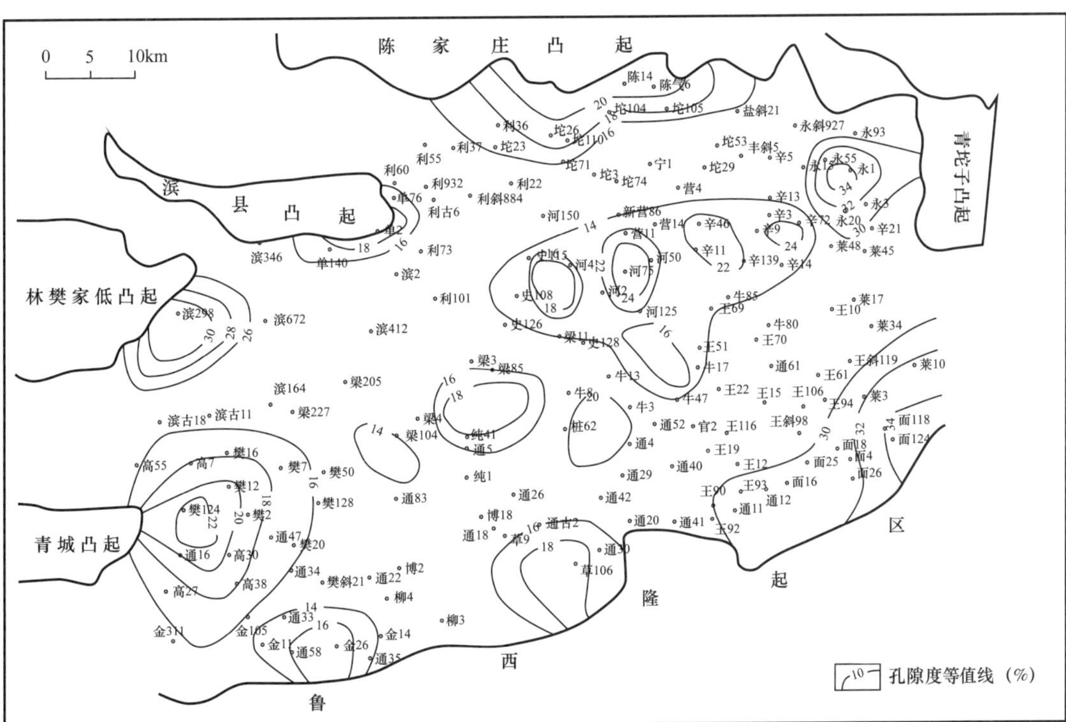

(e) 现今

图 5-76 东营凹陷沙三段中亚段孔隙度等值线图

东营凹陷沙三段中亚段沉积时期的骨架砂体主要为牛庄洼陷的三角洲相和青城凸起东的三角洲相，北部陡坡带的近岸水下扇相、扇三角洲相，南部缓坡带的三角洲相、扇三角洲相，中央隆起带的湖底扇相。东营北带东段的扇三角洲盐18、永85、永88、永8等井区砂体沉积厚度大，砂体成群出现，孔隙度为18%～35%，渗透率为40～10000mD，物性条件好。从几个成藏期孔隙度的演化特征来看，这些扇三角洲砂体的物性在不同时期存在一定的变化，24Ma古孔隙度值最高达32%，在14Ma古孔隙度增加，最高可值最高达36%，但在8—3Ma时古孔隙度进一步降低，最高也仅为26%，说明东营北带东段扇三角洲的古孔隙度演化是一个复杂的演化过程，在埋藏压实孔隙度降低过程中，伴随有东营期的区域抬升剥蚀和后期的两次溶蚀过程，使得古孔隙度演化呈现出降低—小幅升高—降低—升高—降低的过程。

沿陈家庄凸起南部发育几个小的扇三角洲砂体，沉积厚度薄，厚度均在10～30m之间，如郑13井、陈气8井、永86井等处，砂体物性条件比较好，古孔隙度一般分布在14%～22%之间。滨县凸起南部砂体呈狭长带状展布，东部也有小型砂体，如单76、单28等井区，古孔隙度一般分布在14%～24%之间。林樊家凸起东侧的扇三角洲砂体，展布范围较小，但物性好，古孔隙度在24%～34%之间变化，总体演化过程与东营北带东段的扇三角洲有相似的趋势。青城凸起东部的三角洲砂体分布范围较北带的扇三角洲砂体大，三角洲前缘部位有浊积砂体发育，三角洲砂体的古孔隙度在14%～34%范围内变化，浊积扇体古孔隙度变化范围为14%～24%。南部缓坡靠近鲁西隆起区的三角洲砂体物性相对其他部位砂体物性较差，古孔隙度变化范围在14%～24%范围内。东营三角洲范围较大，砂体厚度自东向西逐渐减薄，在平原部位古孔隙度变化在28%～34%之间，前缘部位古孔隙度变化范围在20%～24%之间。在牛庄洼陷内部有局部砂体厚度大，发育有浊积砂岩体，如辛133、牛47井区物性较好的浊积砂体。中央隆起带也以局部高值为特征，如辛131井、营11井、河125井、梁49、纯97、梁205等井区，浊积扇体的古孔隙度变化分布范围是14%～26%。古孔隙度演化也是一个复杂的过程，在孔隙度受压实作用而降低过程中，伴随有东营期的区域抬升剥蚀和后期的两次溶蚀过程，使得古孔隙度演化呈现出降低—小幅升高—降低—升高—降低的过程。

2）成藏期的优相分布

分析成藏期古孔隙度的变化特征（图5-77至图5-79），结合区域地质条件下的埋藏史和储层的演化史，计算了东营凹陷各成藏期的古优相值。东营北带东段的扇三角洲盐18、永85、永88、永8等井区砂体沉积厚度大，砂体成群出现，优相指数有一定的变化，最高值由0.9变化为0.7，说明古优相值的变化与区域构造条件和储层溶蚀作用有关。沿陈家庄凸起南部发育的几个扇三角洲砂体，沉积厚度薄，厚度均在10～30m之间，如郑13井、陈气8井、永86井等处，砂体物性条件比较好，优相指数在0.6左右，几个成藏期之间该值变化不大，一般在0.4～0.6之间。

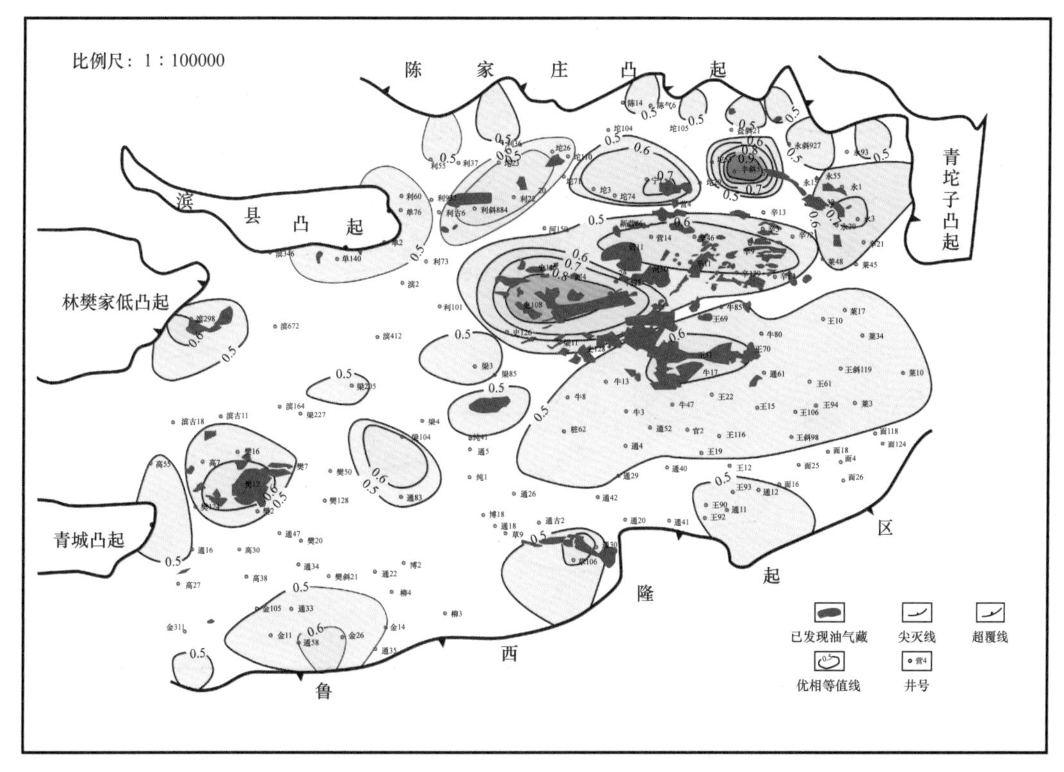

图 5-77 东营凹陷沙三段中亚段东营组沉积期末优相等值线图

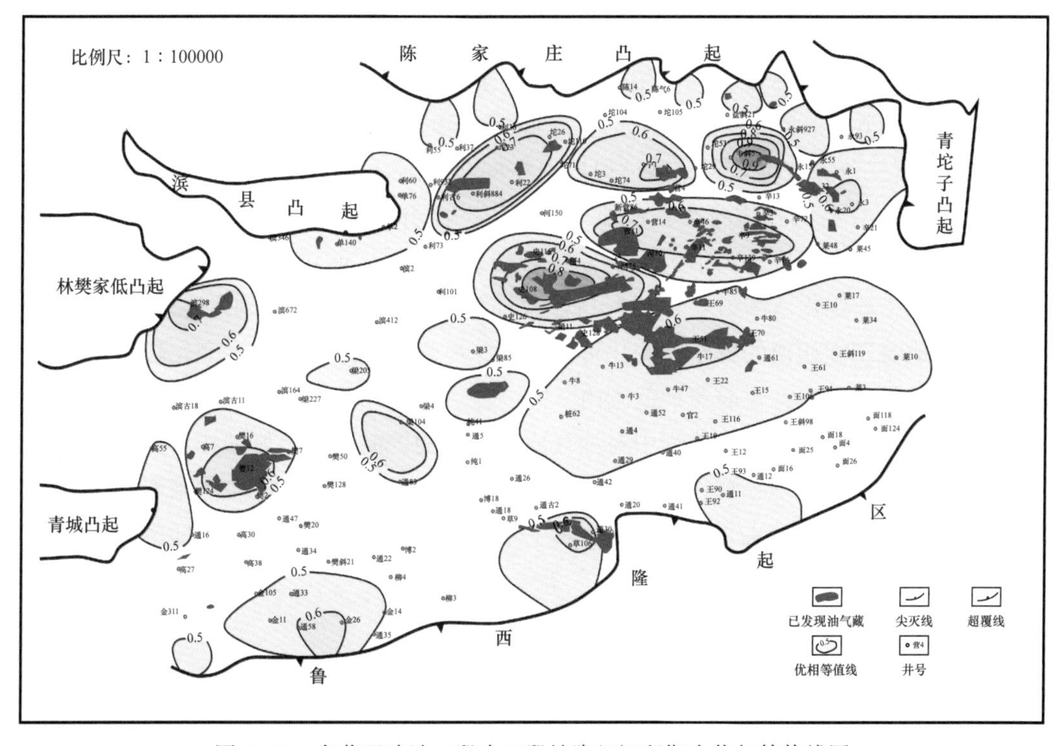

图 5-78 东营凹陷沙三段中亚段馆陶组沉积期末优相等值线图

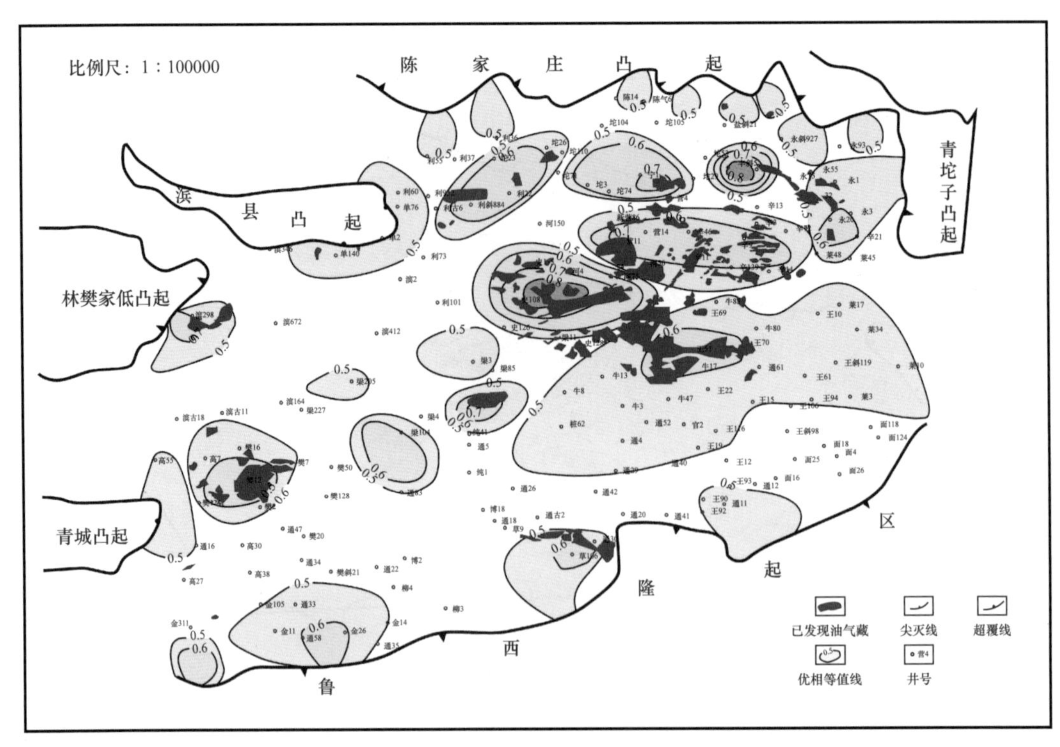

图 5-79 东营凹陷沙三段中亚段明化镇组沉积期末优相等值线图

滨县凸起南部小型砂体，如单 76、单 28 等井区，优相指数较高。林樊家凸起东侧的扇三角洲砂体，展布范围较小，但物性好、优相指数高，扇根的优相指数低于扇中和扇端的优相指数，优相指数变化范围在 0.5～0.8 之间。青城凸起东部的三角洲砂体分布范围较北带的扇三角洲砂体大，但优相指数低，三角洲平原区优相指数为 0.4～0.5，三角洲前缘优相指数为 0.5～0.7。南部缓坡靠近鲁西隆起区的三角洲砂体优相指数也比较低，为 0.5～0.6。东营三角洲范围较大，砂体厚度自东向西逐渐减薄，总体优相指数为 0.5～0.6，在牛庄洼陷内部有局部砂体厚度大，如辛 133、牛 47 井区物性较好的浊积砂体，优相指数高。中央隆起带也以局部高值为特征，如辛 131、营 11、河 125、梁 49、纯 97、梁 205 等井区，优相指数变化范围为 0.5～0.8，这些局部高值区对应着湖底扇发育的位置。

从几个成藏期优相值的分布和变化特征来看，尽管成藏期古孔隙度变化较大，但古优相值的变化特征不明显，在成藏期范围内，同一井点古优相值没有明显大的变化。说明用古优相值更能反映储层在演化过程中对油气成藏作用的控制，能更好地作为有效储层的评价参数和评价标准。从现今油气藏的分布和几个成藏期的古优相值叠合图来看，古优相值高的部位是有利于油气成藏的地区，而且在古优相指数（FI）大于 0.5 的部位，才有油气藏的分布。

2. 势的演化及其控藏作用

1）位能演化及其控藏作用

位能演化受构造的控制，随着地层埋藏加深，某一地层某一点的位能总是趋向于增加，如果考虑用绝对的位能值，则无法比较各历史时期不同部位的位能差异，这里主要考虑不同历史时期相对位能的变化特征。

以东营凹陷沙三段中亚段为例，在东营组沉积末期，沙三段中亚段的相对位能指数由洼陷中心向盆地边缘逐渐降低，有的降至 0.1，在局部存在一些构造高点，如梁 211 背斜、坨庄背斜、通 6 背斜、东营背斜圈闭等已经形成（图 5–80）。在明化镇组沉积末期，沙三段中亚段的相对位能指数由洼陷中心向盆地边缘仍然逐渐降低，有的降至 0.1，东营组沉积末期已经形成的构造圈闭仍然继续保持其形态，只是由于构造的调整，规模有小幅变化，这一时期有少量新的背斜圈闭形成，如北带东带永 85 井区的西南部位（图 5–81，图 5–82）。因此，沙三段中亚段经历了后期埋藏压实作用的改造，深度增加，但相对的位能指数差异并不明显，前期已经形成的圈闭继续保持，而且还控制着背斜油气藏的分布。在这些局部构造高点处，形成了梁 211 背斜、坨庄背斜、通 6 背斜、东营背斜等油气藏（图 5–83）。

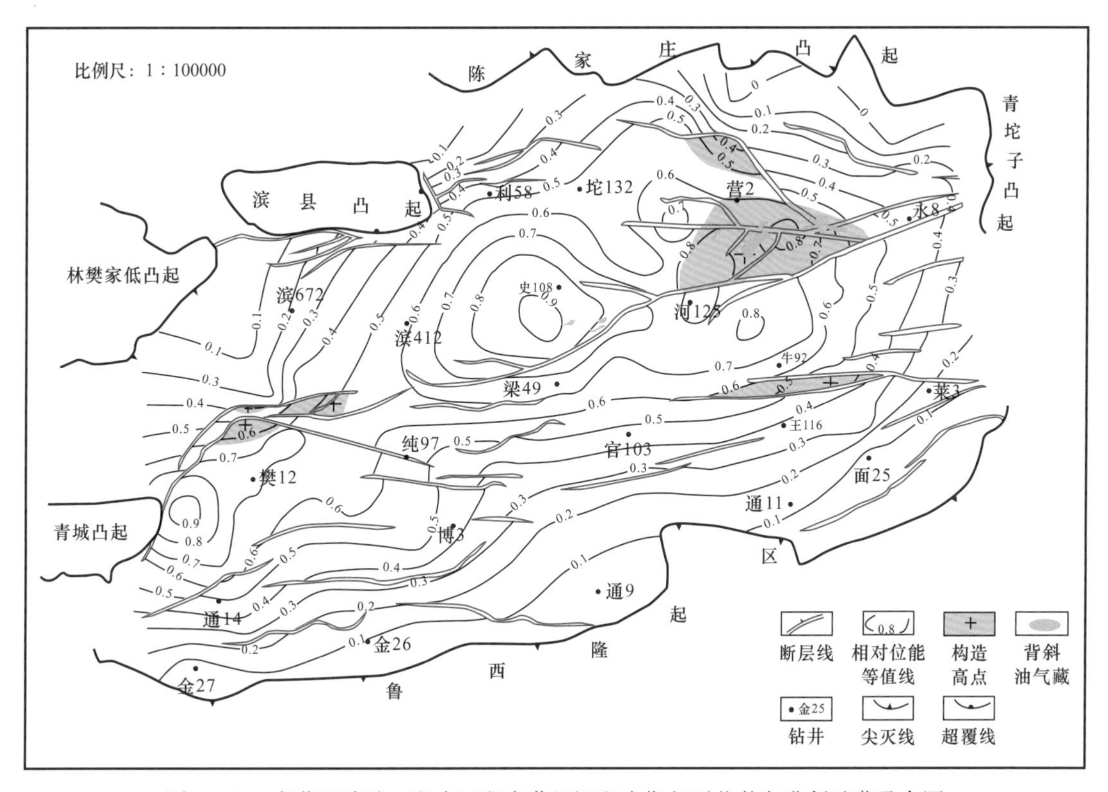

图 5–80　东营凹陷沙三段中亚段东营组沉积末期相对位能与背斜油藏叠合图

2）压能演化及其控藏作用

东营凹陷 Es_4^上^和 Es_3^下^的烃源岩层位普遍发育超压，通过测定包裹体恢复古压力和盆地模拟技术对东营凹陷的超压演化进行分析。针对馆陶组沉积末期至明化镇组沉积期这一重要的成藏期，通过对比成藏期和现今地层压力的变化，有助于更好地评价东营凹陷能量场对成藏的贡献。牛庄洼陷内牛 21 井、牛 22 井、牛 24 井和牛 48 井等测试结果表明，地层压力自馆陶组沉积末期以来地层压力不断增大（图 5–84）。

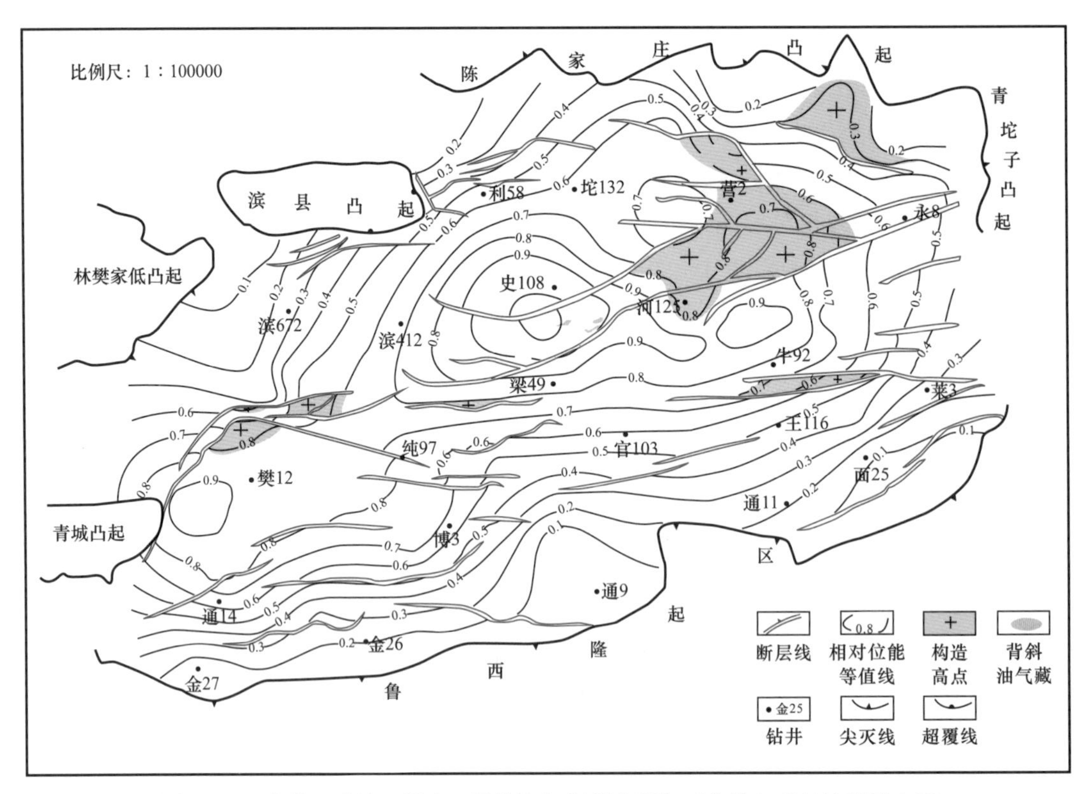

图 5-81 东营凹陷沙三段中亚段馆陶组沉积末期相对位能与背斜油藏叠合图

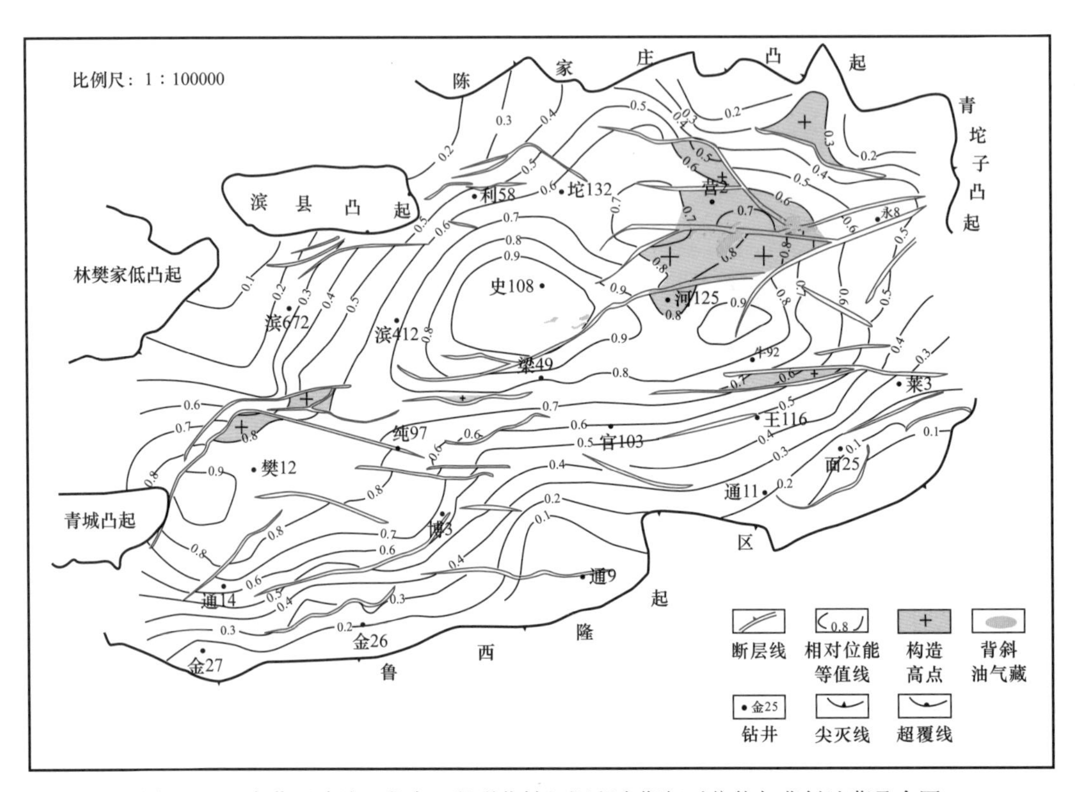

图 5-82 东营凹陷沙三段中亚段明化镇组沉积末期相对位能与背斜油藏叠合图

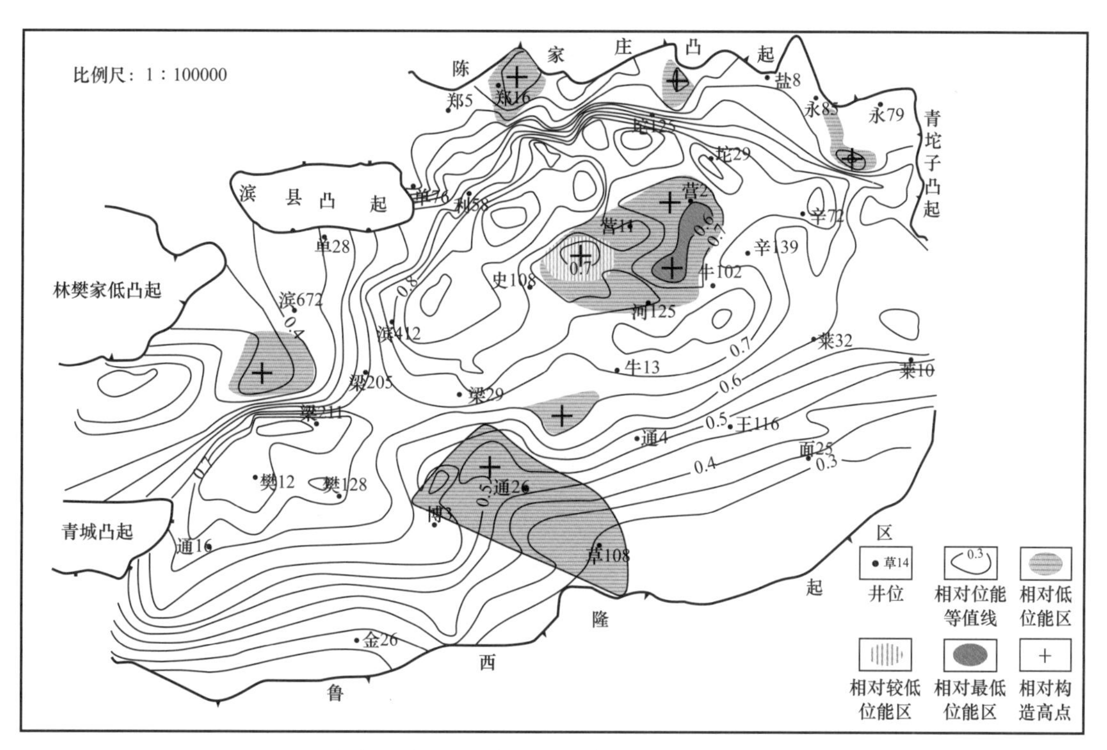

图 5–83　东营凹陷沙三段中亚段现今相对位能与背斜油藏叠合图

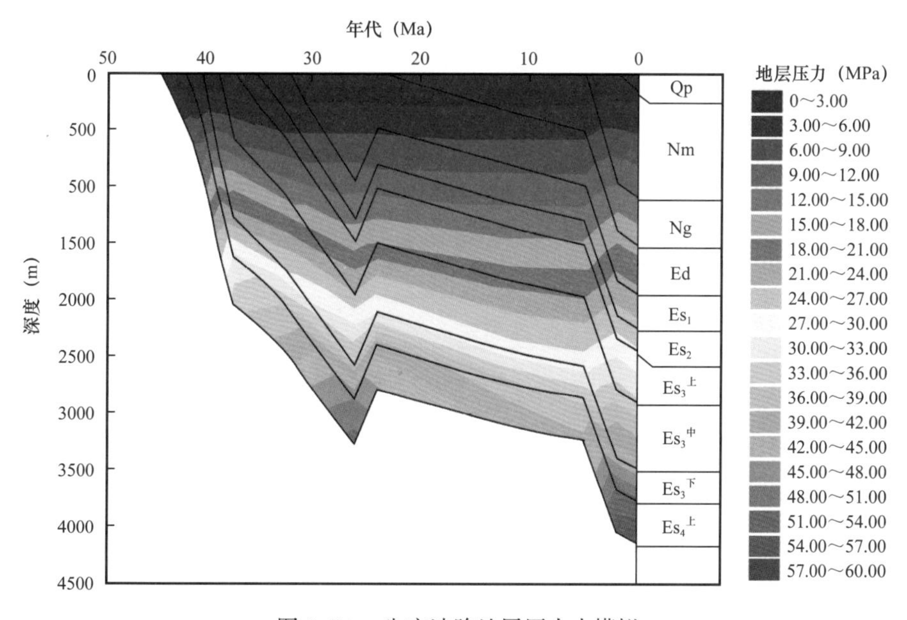

图 5–84　牛庄洼陷地层压力史模拟

根据烃源岩地层剩余压力演化（图 5–85），可以将东营凹陷烃源岩地层的超压演化分为三个阶段：东营组沉积期及以前，剩余压力总体上不断增大，属超压早期形成阶段；东营组沉积末抬升剥蚀期至馆陶组沉积末期，剩余压力降低，超压程度减小，属超压下降调整阶段；馆陶组沉积末期至今，剩余压力增大，超压再次增强，属超压晚期发育阶段。通过盆地模拟得出的超压晚期发育阶段地层压力增大的结果与包裹体测试结果也相互得以印证。

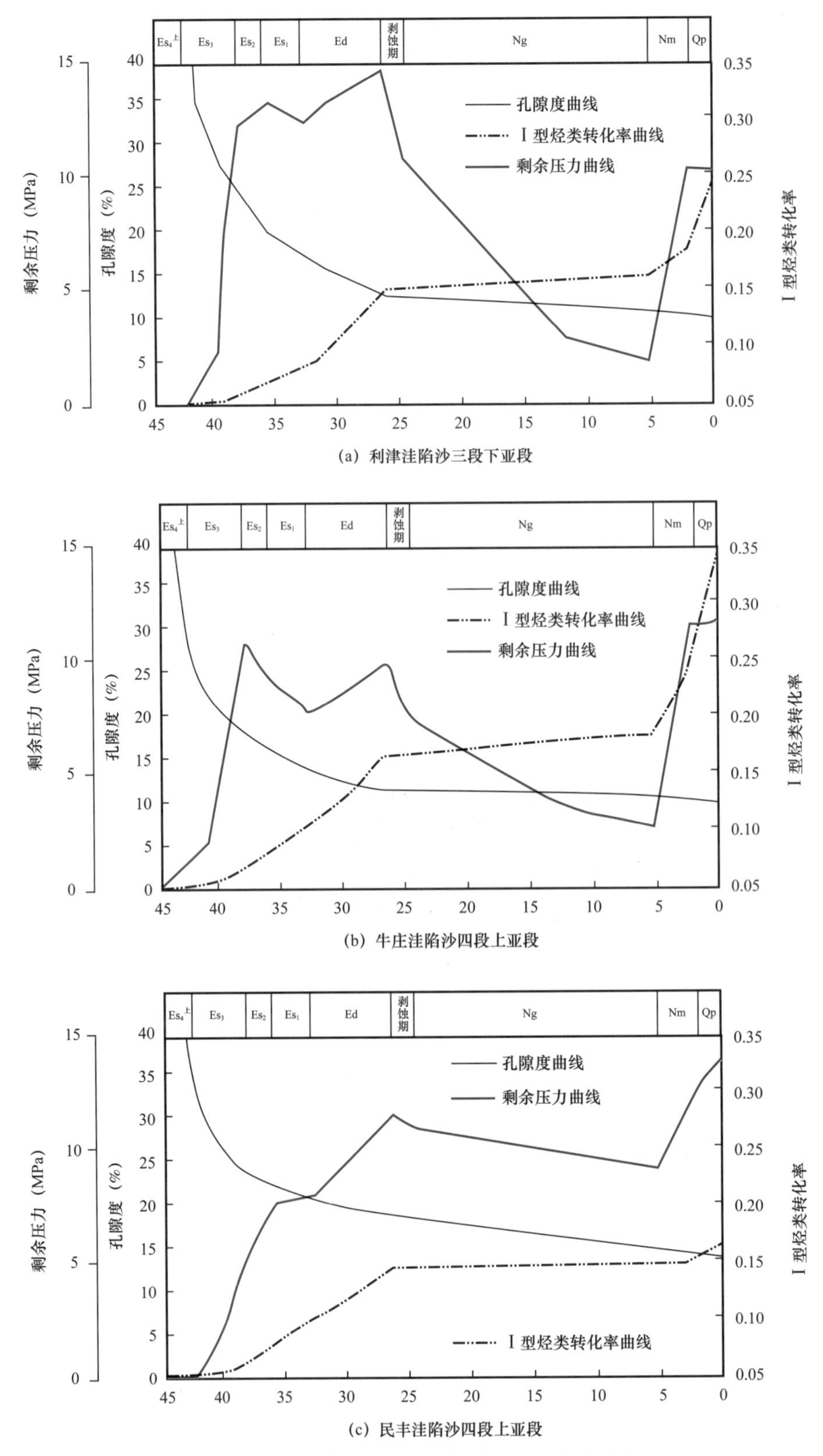

图 5-85　东营凹陷源岩地层剩余压力演化模拟

3）界面能演化及其控藏作用

相对界面势能主要与埋藏深度条件下的泥岩物性变化和砂体物性变化及它们之间的比值有关。通过分析泥岩孔隙度和砂岩孔隙度演化史发现，随着压实作用的不断加强，二者的孔隙度均减低，但在压实成岩的B期泥岩孔隙度降低幅度较砂岩的降低幅度大，这就导致在埋藏早期泥岩的界面势能与砂岩界面势能的比值小，而埋藏后期二者的比值有小幅度的增加，更有利于油气成藏，成藏范围加大（图5–86至图5–89）。由东营凹陷沙三段中亚段各沉积时期界面势能相对值的变化来看（图5–90至图5–92），东营组沉积末期沙三段中亚段内的低界面能分布范围较广，但主要集中在洼陷的浊积砂体分布部位，这些部位的界面势能指数甚至小于0.1。在馆陶组沉积时期和现今，沙三段中亚段浊积砂岩体的界面势能指数仍一般保持在小于0.1的范围内。界面势能在其演化过程中控制着岩性油气藏的形成和分布，东营凹陷沙三段中亚段沉积时期的浊积砂体群分布范围广，在中央背斜带、纯化地区、牛庄洼陷、利津洼陷、民丰洼陷、北部陡坡带和林樊家地区均有分布。砂体数量多，面积大而厚，物性条件也较好，孔隙度为15%～25%，渗透率为1～100mD。这些浊积砂体分布的区域普遍具有压力高、埋藏深的特点，因此它们具有较高的位能、压能和较低的动能。从传统的成藏角度分析，它们不具有成藏的优越性，但由于沙三段中亚段的泥页岩本身就具有生油能力，被泥页岩包裹的这些浊积砂体相对于泥页岩来说，储层物性好，孔隙平均喉道半径大，因此它们本身就成为油气运移的通道，使油气直接聚集于砂体中，形成岩性油藏，岩性砂体的成藏过程与界面能作用密不可分。

4）动能演化及其控藏作用

东营凹陷各层段在埋藏早期排液量大，这是因为地层在埋藏初期压实作用明显，压实液量大，故排液量大。随着地层埋藏深度继续增大，到埋藏晚期时压实作用减弱，压实量小，从而排液量减小。从东营凹陷沙三段中亚段东营组沉积末期、馆陶组沉积末期和现今的排液强度与油气藏分布叠合图（图5–93至图5–95）中可以看出，排液量在各成藏期均表现出各洼陷处普遍较大、往盆地边缘则逐渐变小的规律。沙三段中亚段为灰色、深灰色巨厚泥岩夹多组浊积砂岩或薄层碳酸盐岩，最大厚度可达600m。在沙二段沉积期沙三段中亚段处于埋藏初期，压实量大，存在两个排液强度高值区，它分布在牛31井区和樊119井区，最大值分别可达106.78m^3/m^{2}和82.21m^3/m^2。此外还存在三个局部高排液强度区，它们分布在樊109井区、坨48井区和永922井区，排液强度分别是43.29m^3/m^2、68.02m^3/m^{2}和69.43m^3/m^2，往南部缓坡带和林樊家凸起方向排液强度逐渐减小，减小至5m^3/m^2。至沙一段沉积时期，沙三段中亚段排液强度整体上较沙二段沉积期减小，最大排液强度为99.32m^3/m^2，主要分布在滨119井区，同时存在三个局部高排液强度区，它们分布在纯95井区、牛31井区和樊4井区，排液强度分别是57.86m^3/m^2、53.05m^3/m^{2}和47.72m^3/m^2，往南部缓坡带排液强度逐渐减小，减小至10m^3/m^2。在东营组沉积期沙三段中亚段继续被压实，存在三个排液强度高值区，它们分布在樊109井区、滨119井区和牛105、河149井区，排液强度分别是107.07m^3/m^2、106.4m^3/m^{2}和89.3m^3/m^2，往北部陡坡带和南部缓坡带方向排液强度逐渐减小，减小至5m^3/m^2。在馆陶组沉积期沙三段中亚段进一步被压实，排液强度较前几个阶段也相对较小，排液强度最大值为43.85m^3/m^2，分布在永922井区。此外存在三个局部高排液强度区，它们分布在牛84、牛105井区，樊109井区和滨119井区。

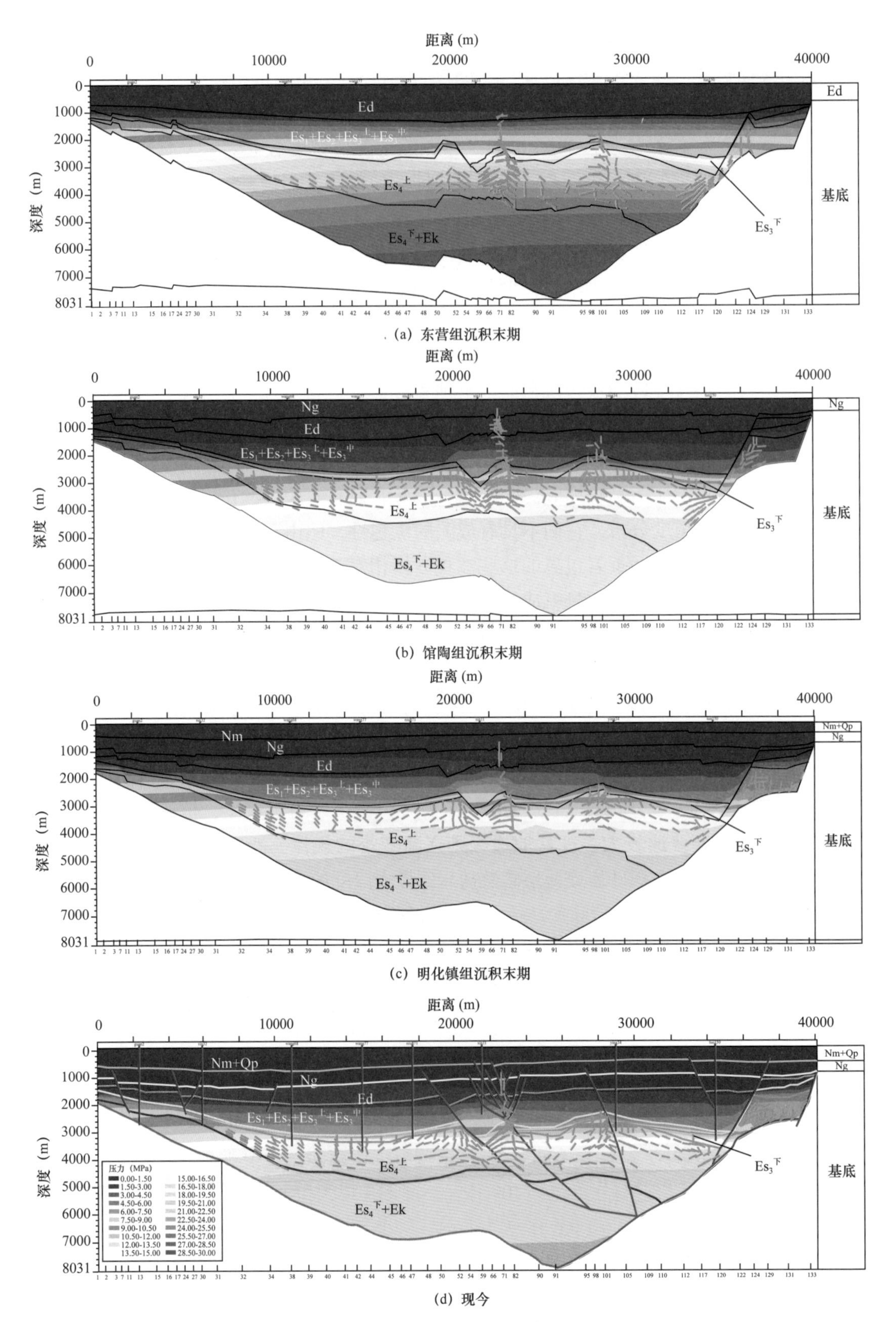

图 5-86 官 2 井—坨 150 井剖面剩余压力演化史图

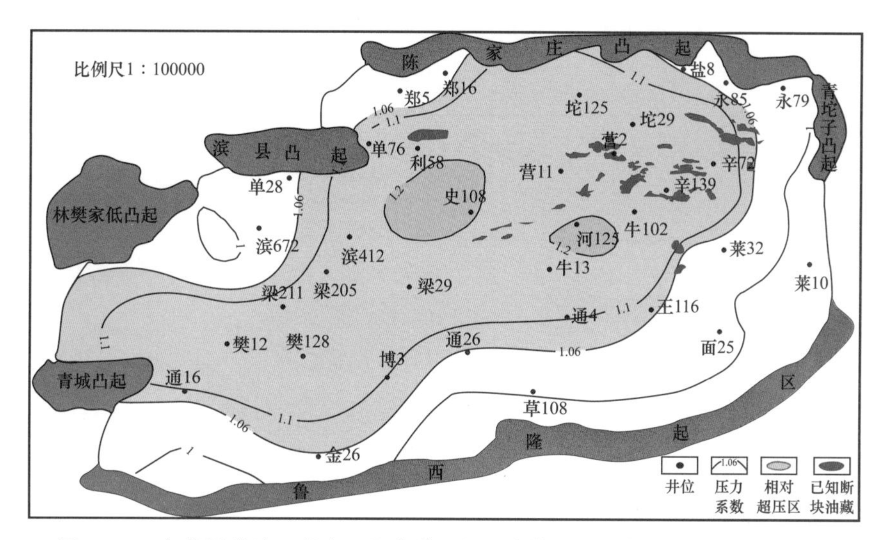

图 5-87　东营凹陷沙三段中亚段东营组沉积末期压力系数与断块油藏叠合图

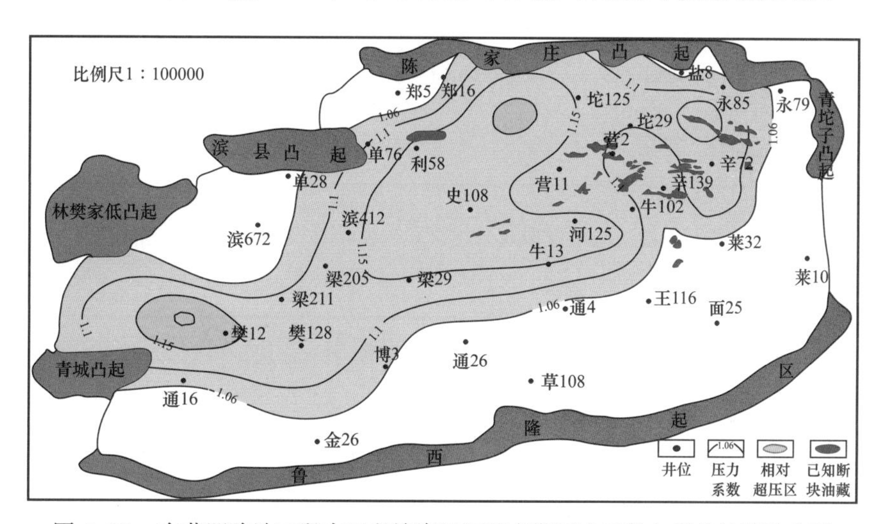

图 5-88　东营凹陷沙三段中亚段馆陶组沉积末期压力系数与断块油藏叠合图

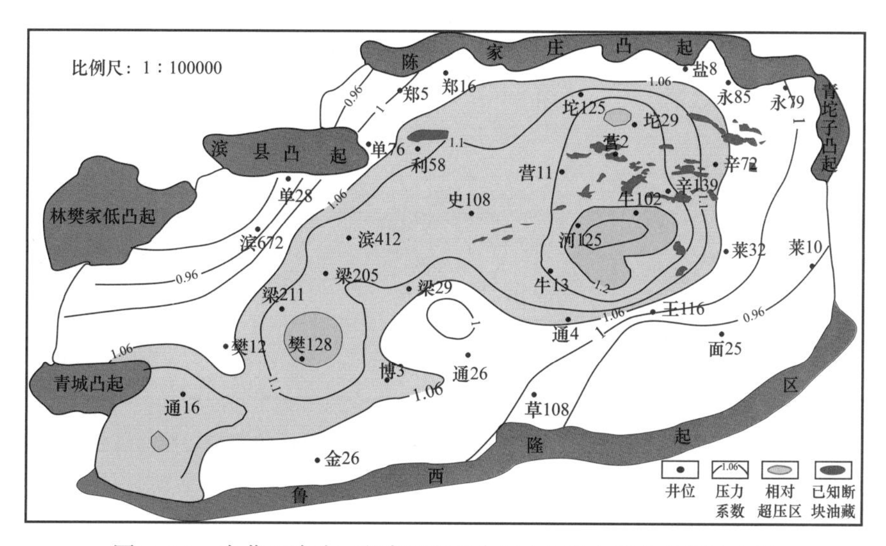

图 5-89　东营凹陷沙三段中亚段现今压力系数与断块油藏叠合图

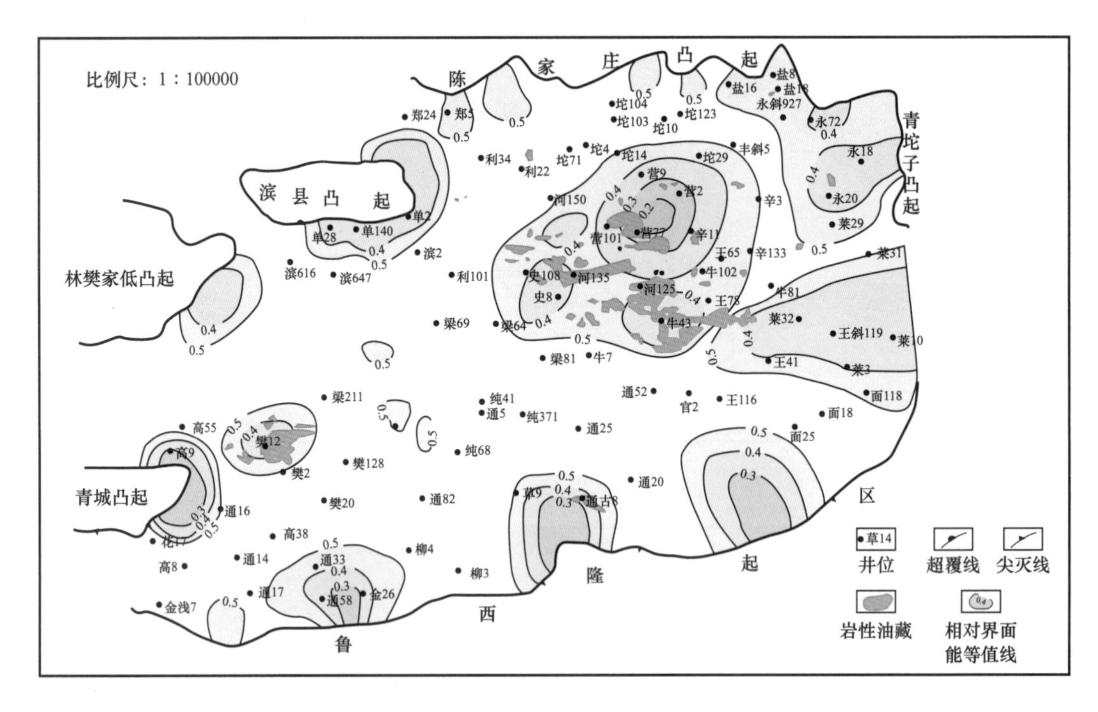

图 5-90　东营凹陷沙三段中亚段东营组沉积末期相对界面势能与岩性油藏叠合图

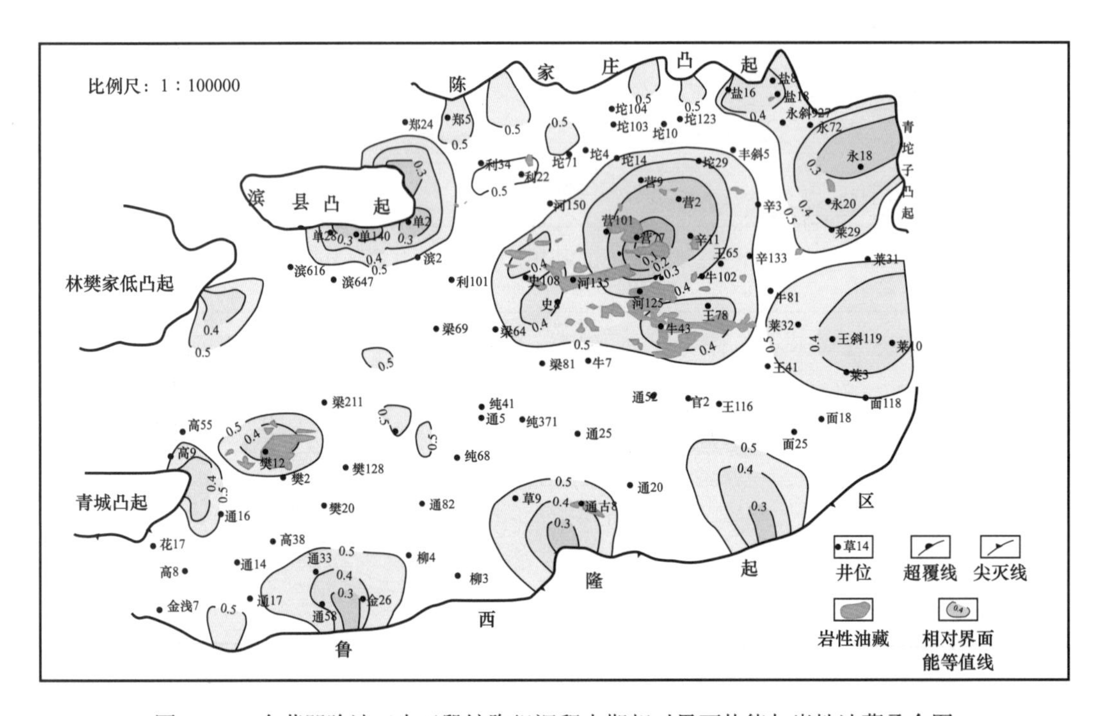

图 5-91　东营凹陷沙三中亚段馆陶组沉积末期相对界面势能与岩性油藏叠合图

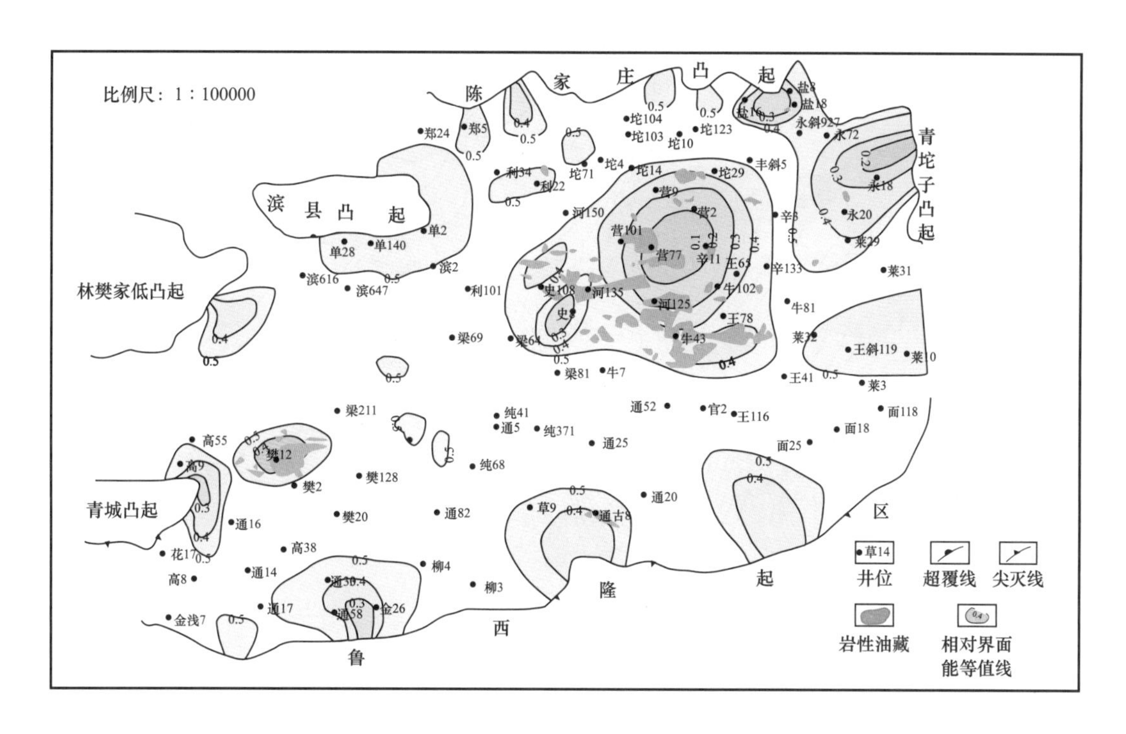

图 5-92　东营凹陷沙三段中亚段明化镇组沉积末期相对界面势能与岩性油藏叠合图

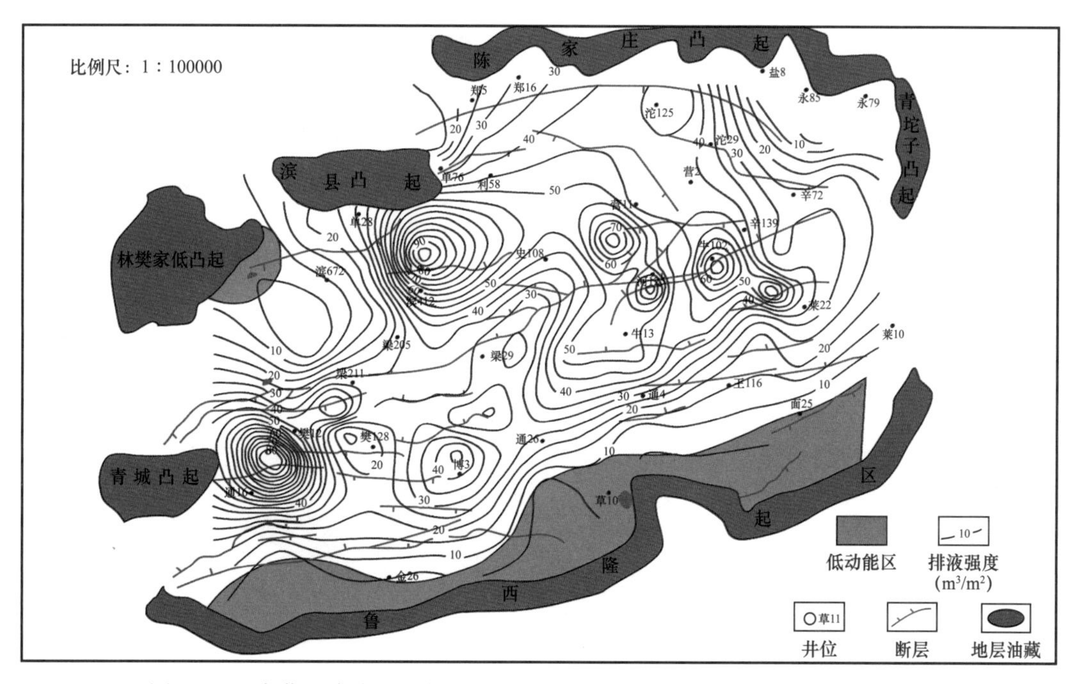

图 5-93　东营凹陷沙三段中亚段东营组沉积末期排液强度与地层油藏叠合图

从总的演化规律来看，各历史时期在盆地的边缘均是相对低动能的分布区，特别是盆地南部缓坡带，由于地层坡度较缓，越到盆地边缘流动越缓慢，越有利于油气的聚集成藏。沙三段中亚段地层油藏的分布范围较小，主要集中在盆地的边缘低动能处。

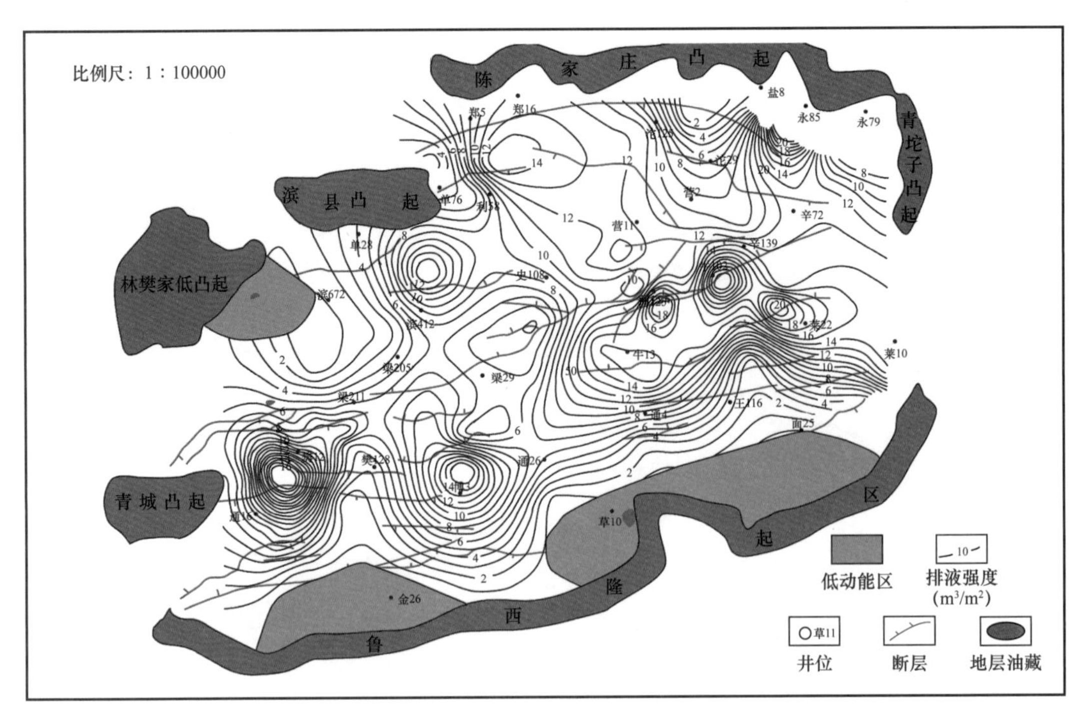

图 5-94 东营凹陷沙三段中亚段馆陶组沉积末期排液强度与地层油藏叠合图

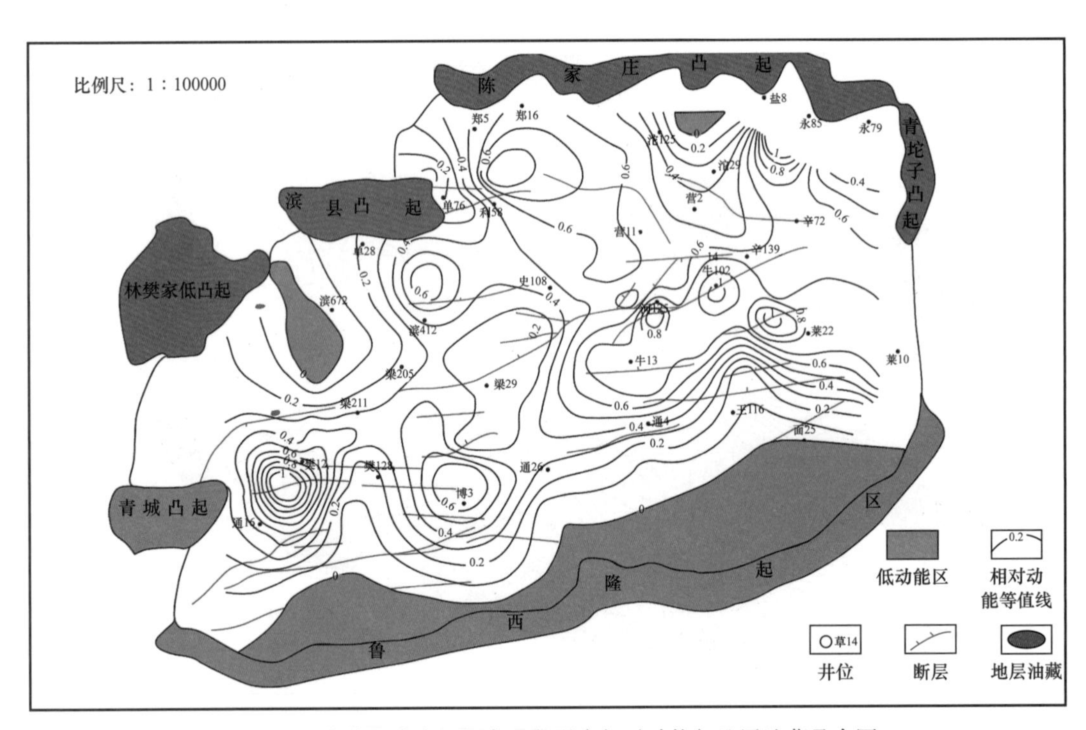

图 5-95 东营凹陷沙三段中亚段现今相对动能与地层油藏叠合图

3. 不同成藏期的相—势耦合及其控藏作用

在优相指数和低势指数计算的基础上，得到了各主要成藏时期的相—势耦合指数分布图（图 5-96 至图 5-99）。

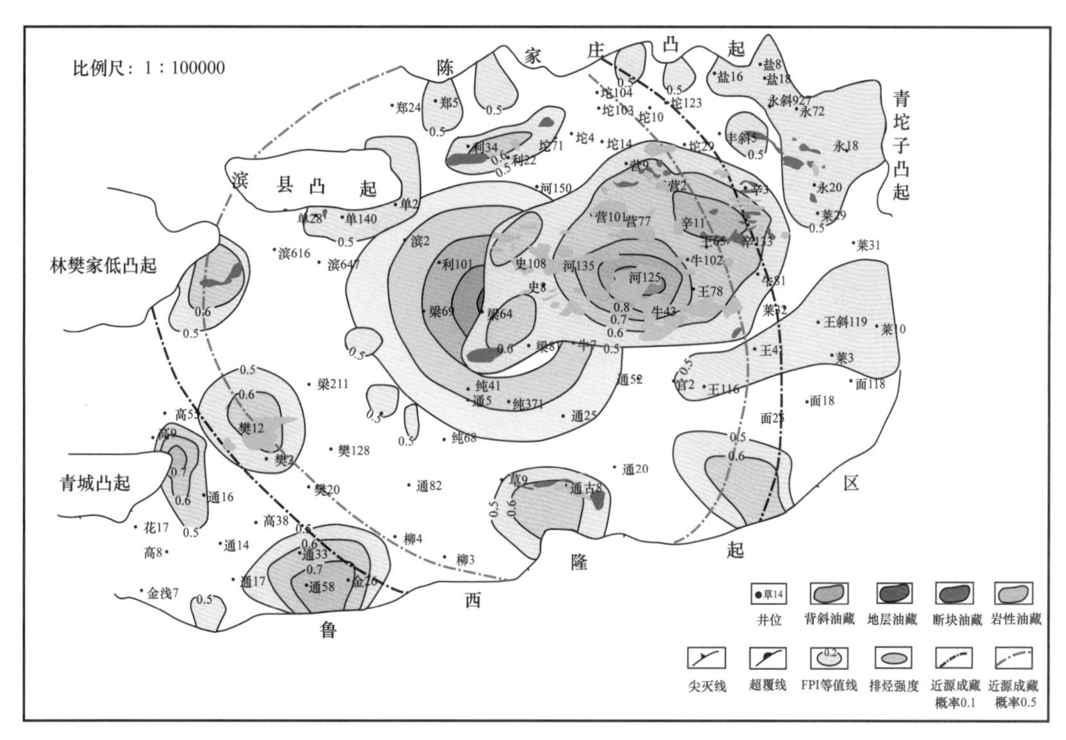

图 5-96　东营凹陷沙三段中亚段东营组沉积末期相—势耦合指数（FPI）等值线图

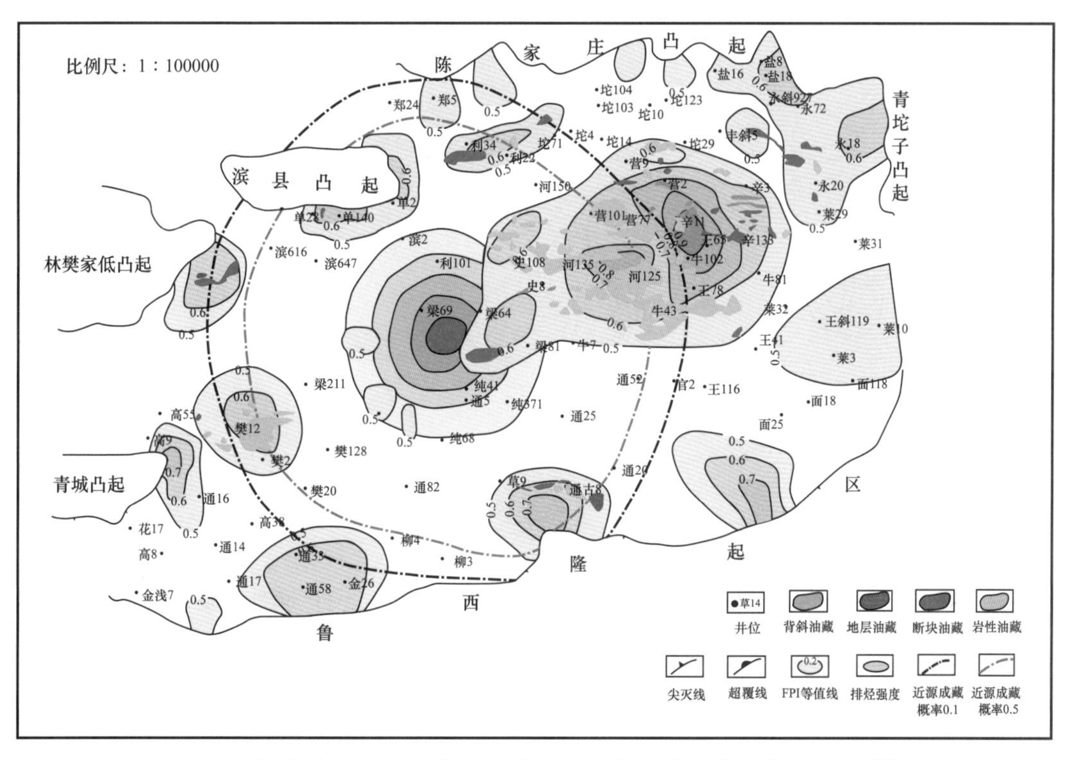

图 5-97　东营凹陷沙三段中亚段馆陶组沉积末期相—势耦合指数（FPI）等值线图

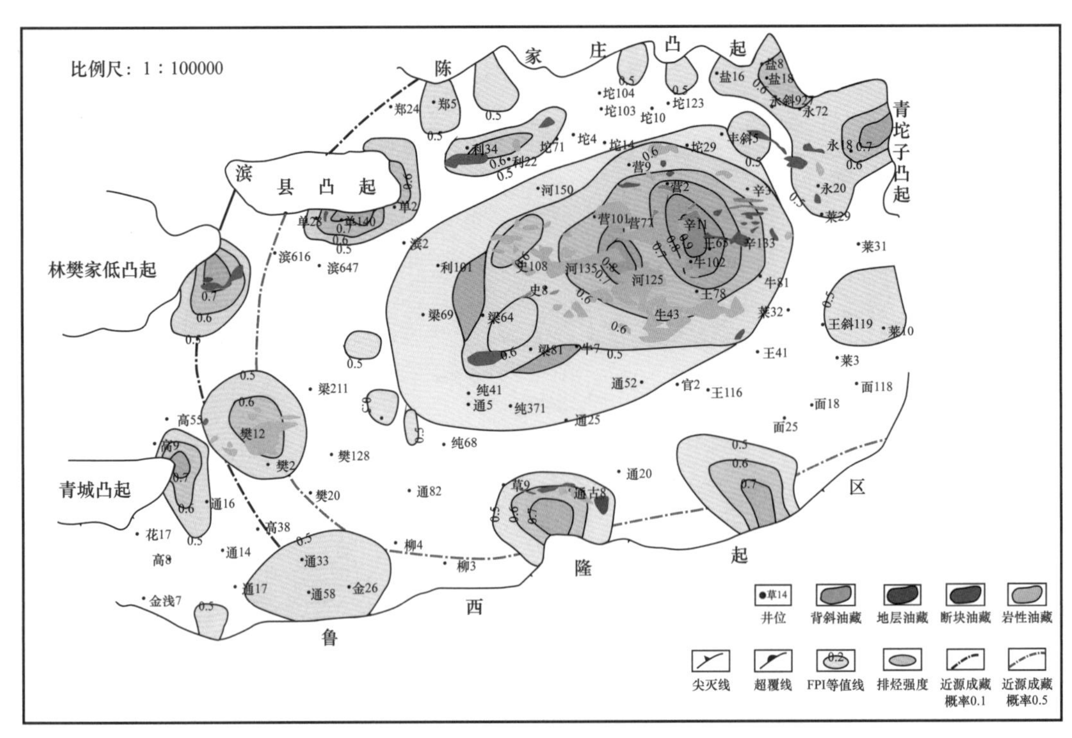

图 5-98　东营凹陷沙三段中亚段明化镇组沉积末期相—势耦合指数（FPI）等值线图

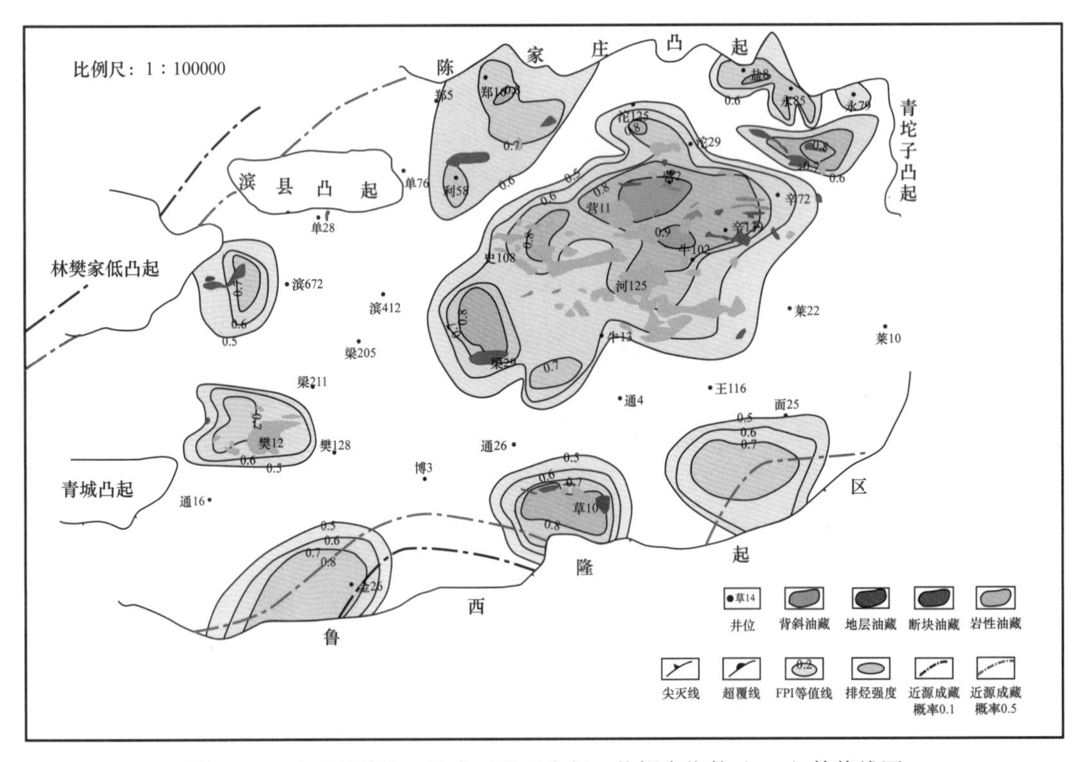

图 5-99　东营凹陷沙三段中亚段现今相—势耦合指数（FPI）等值线图

东营北带东段的扇三角洲盐 18、永 85、永 88、永 8 等井区砂体沉积厚度大，砂体成群出现，在东营组沉积末期，相—势耦合指数在 0.5 左右，初步具备成藏条件，但是由于该时期烃源岩排烃中心位于利 101 井区，排烃强度最大值仅为 $20\times10^4t/km^2$，排烃边界范围较窄，在东部边界位置河 125 井附近，烃源灶控制的成藏概率值为 10%，分布在辛 133 井区，因此，该时期这些砂体均不能成藏。至馆陶组沉积末期，局部砂体 FPI 开始达到 0.6，成藏条件变好，但此时排烃强度和排烃边界范围没有明显变化，油气仍不能运移到这些砂体内。至明化镇沉积末期，FPI 指数没有明显变化，但排烃强度和排烃边界范围发生了显著变化，排烃强度最大值为 $300\times10^4t/km^2$，东部边界位于辛 3 井区，这些砂体位于烃源灶控制的成藏概率均大于 50% 范围内，油气成藏条件好。

沿陈家庄凸起南部小的扇三角洲砂体，如郑 13 井、陈气 8 井、永 86 井等处，在东营组沉积末期，烃源岩排烃中心位于利 101 井区，排烃强度最大值仅为 $20\times10^4t/km^2$，排烃边界范围位于河 150 井附近，砂体位于烃源灶控制的成藏概率 50% 范围内，油源条件好，但砂体的 FPI 值仅为 0.5，因此油气成藏的概率不高，约 40%。馆陶组沉积末期，烃源岩的排烃范围变化不大，砂体的 FPI 值仍保持在较低的 0.5 左右，明化镇组沉积末期，排烃强度和排烃边界范围发生了显著的变化，排烃强度最大值为 $300\times10^4t/km^2$，北部边界位于利 22 井区附近，但砂体的 FPI 值仍保持在较低的 0.5 左右，砂体成藏概率变大，至今，砂体的 FPI 值增大，砂体主体部位达到 0.7，成藏条件变好。

滨县凸起南部砂体呈狭长带状展布，东部也有小型砂体，如单 76、单 28 等井区，砂体的 FPI 值在不同成藏期有所变化，早期为 0.5，馆陶组沉积末期后增加到 0.7，现今局部地区可达 0.7，具备成藏条件。林樊家凸起东侧的扇三角洲砂体，展布范围较小，青城凸起东部的三角洲砂体分布范围较北带的扇三角洲砂体大，这些砂体的 FPI 在东营组沉积末期就可达到 0.6，现今部分地区达到 0.7，但由于受排烃演化的影响，仅在明化镇组沉积末期以后才能成藏。

南部缓坡靠近鲁西隆起西区三角洲砂体的 FPI 值在东营组沉积末期至明化镇组沉积末期均不高，一般为 0.5 左右，仅在现今可达到 0.7，局部地区达到 0.8，且受烃源岩排烃强度和排烃边界范围的影响，油气在明化镇组沉积期以后才能成藏。东营三角洲范围较大，但 FPI 耦合指数不高，大于 0.5 的范围一般出现在东部王斜 119 井区，但由于受牛庄洼陷烃源岩排烃强度和排烃边界范围的影响，砂体的成藏概率不高。在牛庄洼陷内部和中央隆起带内发育大量的浊积砂岩体，如辛 131、营 11、河 125、梁 49、纯 97、梁 205 等井区，在东营沉积末期 FPI 指数就比较高，一般大于 0.5，部分地区高达 0.9。这些分布区一直演化至今仍保持 FPI 高值不变，且一直处于牛庄洼陷和利津洼陷的排烃强度和排烃边界影响的范围内，成藏概率一直较高，可以早期成藏，成藏过程一直持续至今，因此这些浊积砂体岩性油气藏成藏概率高，油气充满度大。通过东营凹陷沙三段中亚段在各时期的相—势耦合指数和烃源灶演化的分析和对比可以发现，地质历史时期相—势演化指数受优相分布、低势区分布范围的影响存在一定的差异。洼陷内部的岩性油气藏由于低界面能形成时间较早，一旦低界面能形成后，一直处于较高的 FPI 分布范围内，成藏条件好，一旦处于排烃边界范围内，被油气源包裹，即能成藏，油气成藏过程较长，可早成藏，且成藏概率大，含油性好。洼陷边缘的构造油气藏受压力演化的影响，尽管一直处于优相区，但势能演化受控于压力演化，由于东营凹陷的超压发育于馆陶组沉积末期，FPI 高值出现时间晚，且圈闭离烃源灶有一定距离，受排烃强度和排烃边界范围的影响，在馆陶组沉积末期以后才能成藏。凹陷边缘发育的地层圈闭，相—势耦合指数一直不高，离烃源灶中心距离远，只有到烃源灶排烃强度和排烃边界范围达到一定程度后，烃源灶控制的成藏概率范围达到一定值后，这些砂体才能成藏，因此成藏时间最晚，一般在明化镇组沉积期后才能成藏。

第六章　东营凹陷相—势控藏特征及应用

以东营凹陷作为典型解剖、理论检验和方法实践的主要场所，在前述成藏要素定量恢复方法、相—势控藏作用原理与量化评价方法的基础上，重点分析不同储集体相—势控藏特征，探索油气成藏差异性预测评价的量化方法，提出勘探方向和目标。

第一节　不同沉积砂体的相—势控藏特征

东营凹陷不同沉积相砂体和不同类型油气藏的物性—流体势—含油饱和度之间存在着一定的规律性。为了探讨不同沉积相砂体和不同类型油气藏的相—势耦合成藏关系，按砂体物性级别分类标准，将孔隙度的级别范围划分为：小于10%为特低孔，10%～15%为低孔，15%～25%为中孔，25%～30%为高孔，大于30%为特高孔。而流体势的划分范围和级别为：小于20×10^3J为特低势；（20～40）$\times10^3$J为低势；（40～60）$\times10^3$J为中势；（60～80）$\times10^3$J为高势；大于80×10^3J为特高势。这样将孔隙度和流体势共同组合成20个相—势区（表6-1），即$Ⅰ_0$、$Ⅱ_0$、$Ⅲ_0$、$Ⅳ_0$分别为低孔特低势、中孔特低势、高孔特低势和特高孔特低势区；$Ⅰ_1$、$Ⅱ_1$、$Ⅲ_1$、$Ⅳ_1$分别为低孔低势、中孔低势、高孔低势和特高孔低势区；$Ⅰ_2$、$Ⅱ_2$、$Ⅲ_2$、$Ⅳ_2$分别为低孔中势、中孔中势、高孔中势和特高孔中势区；$Ⅰ_3$、$Ⅱ_3$、$Ⅲ_3$、$Ⅳ_3$分别为低孔高势、中孔高势、高孔高势和特高孔高势区；$Ⅰ_4$、$Ⅱ_4$、$Ⅲ_4$、$Ⅳ_4$分别为低孔特高势、中孔特高势、高孔特高势和特高孔特高势区。再结合各个相—势区含油饱和度的大小，就可以分析不同沉积相砂体和不同类型油气藏的相—势耦合成藏关系。

表6-1　孔隙度与流体势分类标准及类型

孔隙度（%） 流体势（10^3J）	10～15（低孔）	15～25（中孔）	25～30（高孔）	＞30（特高孔）
＞80（特高势）	$Ⅰ_4$	$Ⅱ_4$	$Ⅲ_4$	$Ⅳ_4$
60～80（高势）	$Ⅰ_3$	$Ⅱ_3$	$Ⅲ_3$	$Ⅳ_3$
40～60（中势）	$Ⅰ_2$	$Ⅱ_2$	$Ⅲ_2$	$Ⅳ_2$
20～40（低势）	$Ⅰ_1$	$Ⅱ_1$	$Ⅲ_1$	$Ⅳ_1$
0～20（特低势）	$Ⅰ_0$	$Ⅱ_0$	$Ⅲ_0$	$Ⅳ_0$

一、近岸水下扇—扇三角洲相砂岩相—势控藏关系

东营凹陷扇三角洲砂岩的物性—流体势—含油饱和度关系如图 6–1 所示。

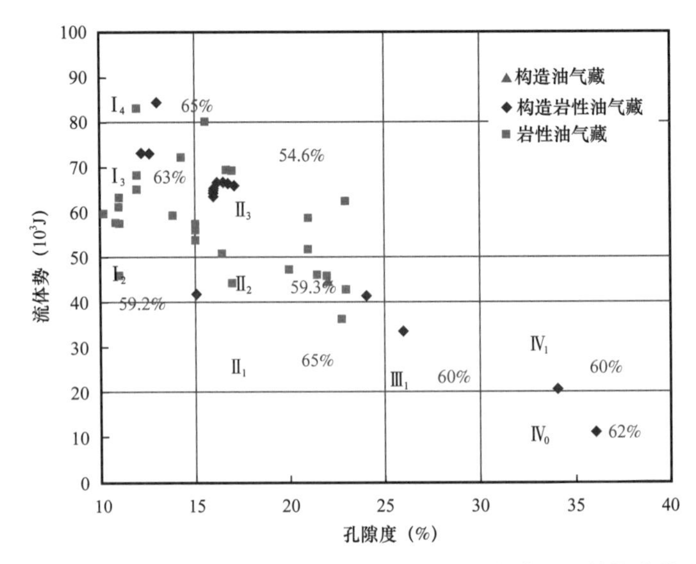

图 6–1　东营凹陷近岸水下扇—扇三角洲砂岩油气藏相—势控藏关系

特低势区（IV_0）：砂体的含油饱和度为 62%，油藏类型为构造岩性油气藏。

低势区（II_1、III_1、IV_1）：中孔、高孔和特高孔砂体平均含油饱和度分别为 65%、60% 和 60%，油藏类型分别为岩性油气藏和构造岩性油气藏。

中势区（I_2、II_2）：低孔段砂体平均含油饱和度为 59.2%，中孔段砂体含油饱和度为 59.3%，油藏类型都为岩性油气藏。

高势区（I_3、II_3）：低孔段砂体平均含油饱和度为 60%，油藏类型为岩性油气藏，少量为构造岩性油气藏。中孔段砂体平均含油饱和度为 54.6%，油藏类型为岩性油气藏和构造岩性油气藏。

特高势区（I_4）：低孔段砂体的含油饱和度为 65%，以构造岩性油气藏和岩性油气藏为主。

二、三角洲相砂岩相—势控藏关系

东营凹陷三角洲相砂体物性—流体势—含油饱和度关系如图 6–2 所示。

低势区（III_1）：高孔砂体的平均含油饱和度为 55.8%，油藏类型为构造、构造岩性油气藏。

中势区（II_2、III_2、IV_2）：中孔段砂体平均含油饱和度为 59.1%，高孔段砂体平均含油饱和度为 59.6%，特高孔砂体平均含油饱和度为 60.8%，油藏类型包括构造、岩性和构造岩性油气藏。

高势区（II_3）：中孔段砂体平均含油饱和度为 59.4%，油藏类型为前缘砂体构造岩性油气藏和前缘砂体岩性油气藏。

从整体上分析，三角洲相砂体在同一势区，孔隙度越大，含油饱和度也越大；而在同一孔段，砂体流体势增大，含油饱和度相应增大。

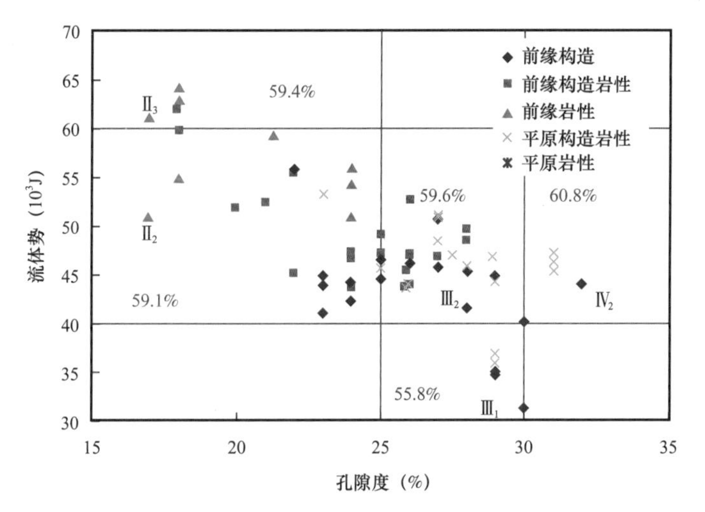

图 6-2　东营凹陷三角洲相砂岩油气藏相—势控藏关系

三、浊积砂岩相—势控藏关系

东营凹陷浊积扇砂体含油饱和度变化范围广，将砂体含油饱和度分为大于 40% 和小于 40% 分别讨论。

1. 含油饱和度小于 40% 的砂体

对于含油饱和度小于 40% 的砂体，其物性—流体势—含油饱和度关系如图 6-3 所示。

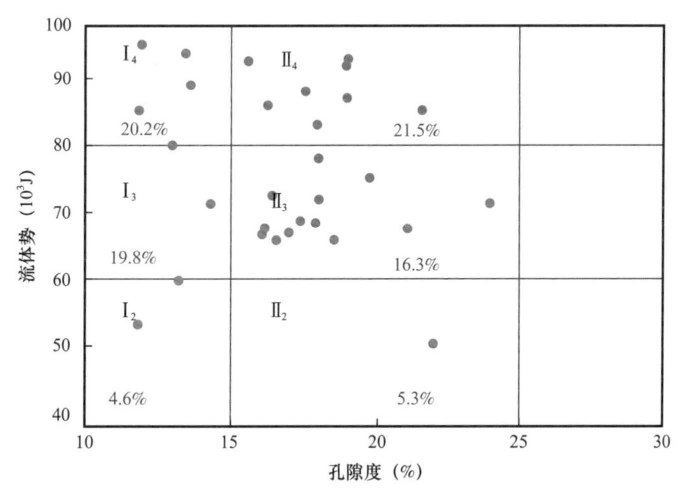

图 6-3　东营凹陷浊积砂岩油气藏相—势控藏关系（含油饱和度<40%）

中势区（I_2、II_2）：低孔砂体平均含油饱和度为 4.6%，中孔段砂体平均含油饱和度为 5.3%。

高势区（I_3、II_3）：低孔段砂体含油饱和度为 19.8%，中孔段砂体含油饱和度为 16.3%。

特高势区（I_4、II_4）：低孔段砂体含油饱和度为 20.2%，中孔段砂体平均含油饱和度为 21.5%。

总之，东营凹陷含油饱和度小于 40% 的浊积扇相砂体物性—流体势—含油饱和度之间具有一定的关系：（1）砂体流体势不变时，孔隙度增大，含油饱和度有增大的趋势；（2）砂体孔隙度不变，流体势增加，含油饱和度也有增加的趋势；（3）当流体势和孔隙度较高时，也会出现含油饱和度较小的砂体，但流体势和孔隙度都较小时，出现含油饱和度较高砂体的可能性很小。

2. 含油饱和度大于 40% 的砂体

对于含油饱和度大于 40% 的砂体，其物性—流体势—含油饱和度关系如图 6–4 所示。

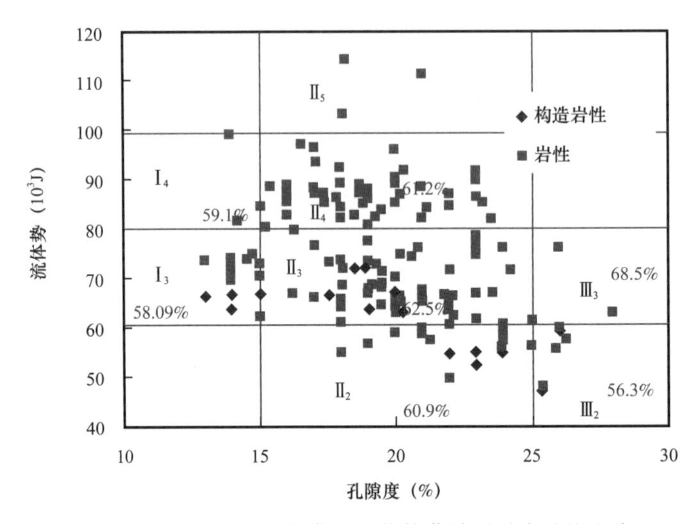

图 6–4　东营凹陷浊积砂岩油气藏相—势控藏关系（含油饱和度＞40%）

中势区（II_2、III_2）：中孔段砂体含油饱和度为 60.9%，油藏类型为岩性和构造岩性油气藏。高孔段砂体含油饱和度为 56.3%，油藏类型以岩性油气藏为主。

高势区（I_3、II_3、III_3）：低孔段砂体含油饱和度为 58.09%，油藏类型为构造岩性和岩性油气藏；中孔段砂体含油饱和度为 62.5%，油藏类型为构造岩性和岩性油气藏；高孔段砂体含油饱和度为 68.5%，油藏类型以岩性油气藏为主。

特高势区（I_4、II_4）：低孔段砂体含油饱和度为 59.1%，中孔段砂体平均含油饱和度为 61.2%。砂体平均含油饱和度随孔隙度增加而增大，油藏类型都为岩性油气藏。

综上所述，东营凹陷含油饱和度大于 40% 的浊积砂岩“流体势—孔隙度—含油饱和度”具有一定的规律性：（1）在同一势能区，砂体平均含油饱和度随孔隙度增加而增大；（2）在同一孔隙段，砂体平均含油饱和度随流体势的增加而增大。

四、滩坝相砂岩的相—势控藏关系

东营凹陷滩坝砂体的物性—流体势—含油饱和度之间的关系如图 6–5 所示。

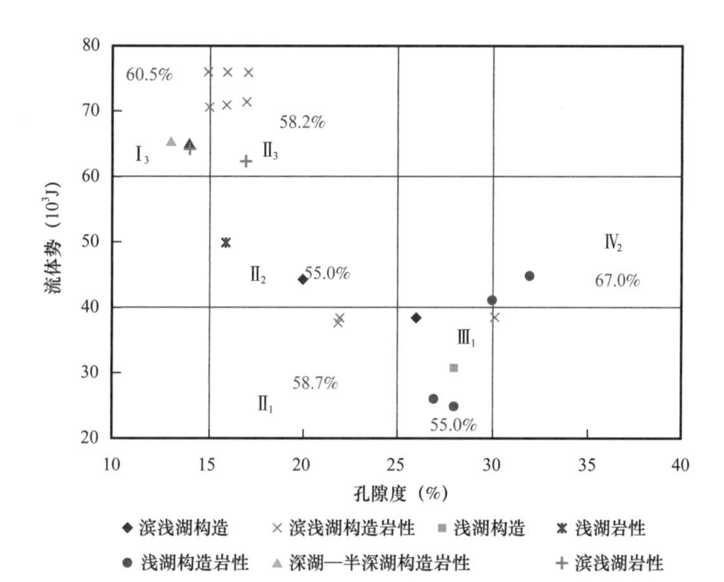

图 6-5　东营凹陷滩坝相砂岩油气藏相—势控藏关系

低势区（II_1、III_1）：中孔段砂体的含油饱和度为 58.7%，油气藏类型为构造岩性油气藏。高孔段砂体的含油饱和度为 55.0%，除构造岩性油气藏，还有构造油气藏。

中势区（II_2、IV_2）：中孔段砂体的平均含油饱和度为 55.0%，油藏类型为岩性和构造油气藏。特高孔段砂体的含油饱和度为 67.0%，油藏类型为构造岩性油气藏。

高势区（I_3、II_3）：低孔段砂体的平均含油饱和度为 60.5%，油藏类型主要为构造岩性油气藏和岩性油气藏。中孔段砂体的平均含油饱和度为 58.2%，油藏类型以构造岩性油气藏为主。

五、河流相砂岩的相—势控藏关系

东营凹陷河流相砂体的物性—流体势—含油饱和度关系如图 6-6 所示。

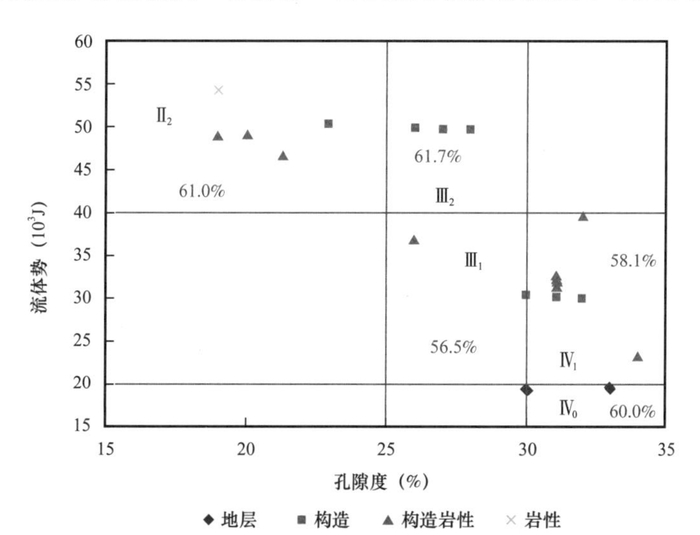

图 6-6　东营凹陷河流相砂岩油气藏相—势控藏关系

特低势区（$Ⅳ_0$）：特高孔砂体含油饱和度在60%左右，油藏类型以地层油气藏为主。

低势区（$Ⅲ_1$、$Ⅳ_1$）：高孔段砂体平均含油饱和度为56.5%，而特高孔段砂体含油饱和度为58.1%。这说明在低势区，特高孔段砂体的平均含油饱和度大于高孔段砂体的含油饱和度，即孔隙度越大，含油饱和度越大。两区段油藏类型都以构造和构造岩性油气藏为主。

中势区（$Ⅱ_2$、$Ⅲ_2$）：中孔段砂体平均含油饱和度为61.0%，油藏类型为构造、构造岩性和岩性油气藏。高孔段砂体平均含油饱和度为61.7%，油藏类型为构造油气藏。虽然不同孔段砂体油气藏类型存在不同，但整体上平均含油饱和度随孔隙度增大而增大。

第二节　东营凹陷相—势控藏定量模型

一、相—势控藏定量模型的建立

研究结果表明，孔隙度和流体势之间的相关关系远好于渗透率与流体势之间的关系，因此，在建立相—势耦合成藏定量模型时，以孔隙度和流体势为基础，探讨不同沉积相砂体油气成藏的相—势耦合关系，建立相—势耦合成藏定量模型。

建立相—势耦合成藏定量模型的过程主要包括：

（1）建立不同凹陷内的砂体各项属性数据体，主要包括孔隙度、流体势和含油饱和度等。

（2）数据整理，在同一凹陷内，按不同沉积相进行分类。

（3）选取凹陷内某一沉积相类型砂体进行孔隙度与流体势关系分析，建立其含油饱和度在孔隙度与流体势关系内的变化关系和趋势。

（4）在孔隙度和流体势坐标内，以含油饱和度变化趋势为基础，建立砂体孔隙度与流体势的耦合关系。由于含油饱和度为50%的数据比较多，因此，根据含油饱和度为50%的砂体孔隙度与流体势的数据，建立含油饱和度为50%的相—势耦合成藏定量模型。

（5）在含油饱和度为50%的相—势耦合成藏定量模型的基础上，结合含油饱和度低于40%的砂体孔隙度与流体势数据，建立含油饱和度为40%的相—势耦合成藏临界定量模型，确定不同沉积相砂体相—势耦合成藏临界条件。

二、不同沉积相砂体相—势控藏定量模型

东营凹陷发育的沉积相类型齐全，包括河流、滨浅湖滩坝、水下扇、三角洲和浊积扇等沉积类型，这些沉积相在各个构造部位都有分布。根据上述统计原则和分析过程，分别对东营凹陷不同沉积相砂体进行分析和研究。

1. 近岸水下扇砂体相—势控藏定量模型

东营凹陷扇三角洲及近岸水下扇油气藏主要分布在凹陷北部陡坡带的宁海油田、盐家油气田及北部西段滨县凸起的单家寺油田、利津油田。此外，牛庄油田的沙三段也发现该

类型油气藏，油气藏类型中，岩性油气藏占有一定比例。同样，根据类似方法，可以建立砂体含油饱和度分别为 50% 和 40% 时的相—势耦合成藏定量模型（图 6–7）。

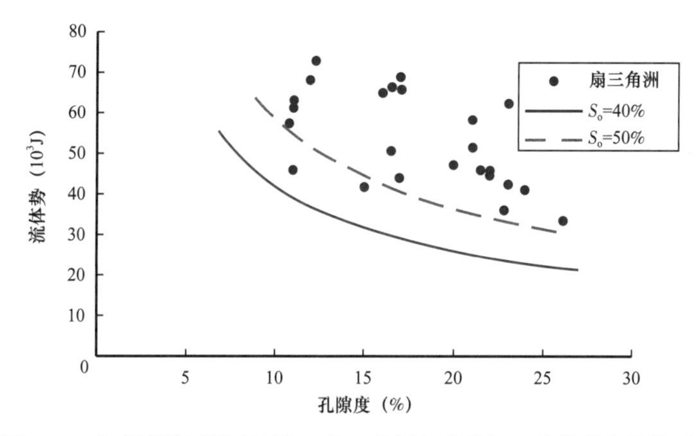

图 6–7　东营凹陷近岸水下扇—扇三角洲相砂体相—势控藏定量模型

含油饱和度为 50% 时，相—势耦合成藏定量模型为：

$$y = 278.87x^{-0.6791} \tag{6–1}$$

含油饱和度为 40% 时，相—势耦合成藏定量模型为：

$$y = 214.44x^{-0.7063} \tag{6–2}$$

式中　y——流体势，10^3J；

　　x——孔隙度，%。

2. 三角洲砂体相—势控藏定量模型

东营凹陷三角洲相主要分布在南部接近凹陷中心部位、靠近东段的东辛油田和中西部滨县凸起向盆地方向。东营三角洲相的微相类型以三角洲平原分流河道和三角洲前缘的席状砂及河口坝为主。油气藏类型以构造岩性油气藏为主，并且存在少量的构造和岩性油气藏。同样，根据类似方法，可以建立砂体含油饱和度分别为 50% 和 40% 时的相—势耦合成藏定量模型（图 6–8）。

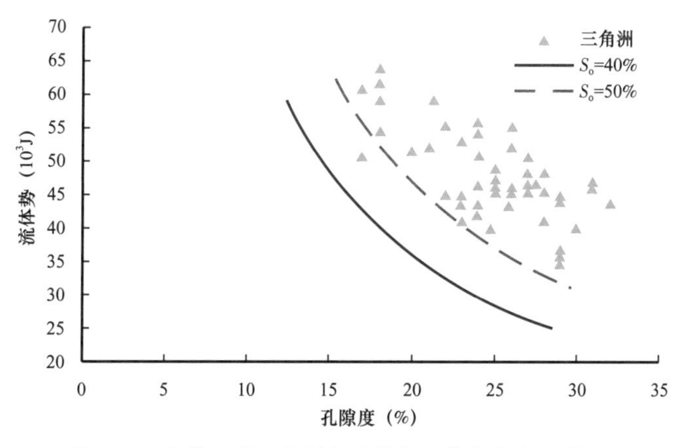

图 6–8　东营凹陷三角洲相砂体相—势控藏定量模型

含油饱和度为 50% 时，相—势耦合成藏定量模型为：

$$y = 1151.1x^{-1.0679} \tag{6-3}$$

含油饱和度为 40% 时，相—势耦合成藏定量模型为：

$$y = 812.42x^{-1.0394} \tag{6-4}$$

3. 浊积扇砂体相—势控藏定量模型

东营凹陷浊积扇砂体主要发育在洼陷带内或者周围，埋藏深，且以岩性油气藏居多。浊积扇砂体统计数据体较全，含油饱和度变化较大。从图 6-9 可知，含油饱和度大于或小于 40% 的点分布混乱，无法得到含油饱和度为 50% 和 40% 时的相—势耦合成藏定量模型。其原因很可能是由于浊积扇砂体主要为低渗透砂岩，石油运移主要表现为非达西渗流，其成藏规律很难用基于常规砂岩的达西渗流建立的相—势耦合成藏关系（表 6-2）。

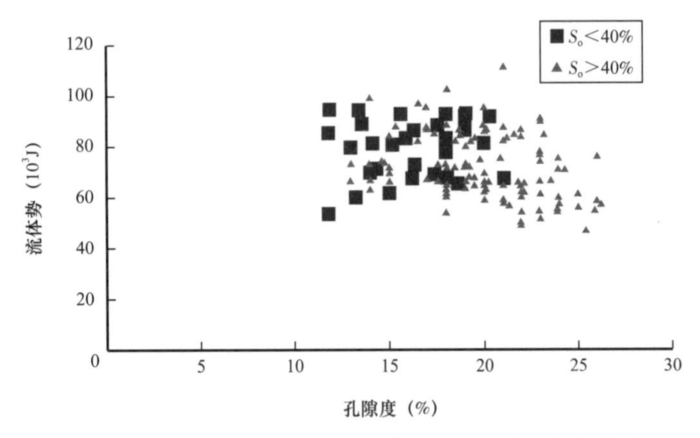

图 6-9　东营凹陷浊积砂岩的流体势与含油饱和度的关系

表 6-2　东营凹陷浊积砂体含油性的基本情况

砂体类型	砂体		S_o<40% 的砂体		S_o>40% 的砂体	
	个数	百分比（%）	个数	百分比（%）	个数	百分比（%）
低渗透砂体	119	68	23	0.77	94	0.65
常规渗透砂体	57	32	7	0.23	50	0.35

4. 滩坝砂体相—势控藏定量模型

东营凹陷在南斜坡和高青凸起周围发育滨浅湖滩坝砂和席状砂，油气藏类型以构造岩性油藏为主，其次为构造油藏。根据滨浅湖—滩坝相砂体成藏统计数据，可以得到滨浅湖—滩坝相砂体含油饱和度分别为 50% 和 40% 时的相—势耦合成藏定量模型（图 6-10）。

含油饱和度为 50% 时，相—势耦合成藏定量模型为：

$$y = 1291x^{-1.2156} \tag{6-5}$$

含油饱和度为40%时，相—势耦合成藏定量模型为：

$$y = 1174.9x^{-1.2924} \quad (6-6)$$

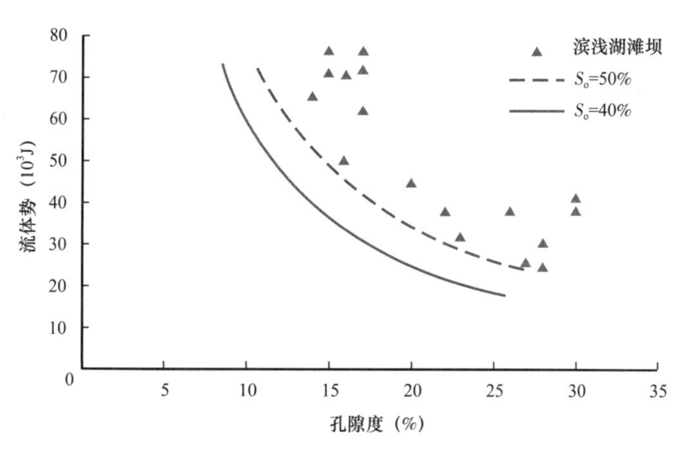

图6-10　东营凹陷滨浅湖—滩坝相砂体相—势控藏定量模型

滨浅湖—滩坝相砂体相—势耦合成藏定量模型为指数方程，其中含油饱和度为50%的相—势耦合成藏定量模型的幂指数大于含油饱和度为40%的相—势耦合成藏定量模型。

5. 河流砂体相—势控藏定量模型

东营凹陷在高青、郝家、东辛、单家寺、永安镇、王家岗和大芦湖等油田都已发现河流相砂体含油。构造分布上，河流相油气藏主要分布在南部缓坡带、北部陡坡带东段和凹陷西部滨县凸起周围，主要发育于坳陷晚期，油气藏类型以断层遮挡和构造岩性为主。同样，根据类似方法，可以建立砂体含油饱和度分别为50%和40%时的相—势耦合成藏定量模型（图6-11）。

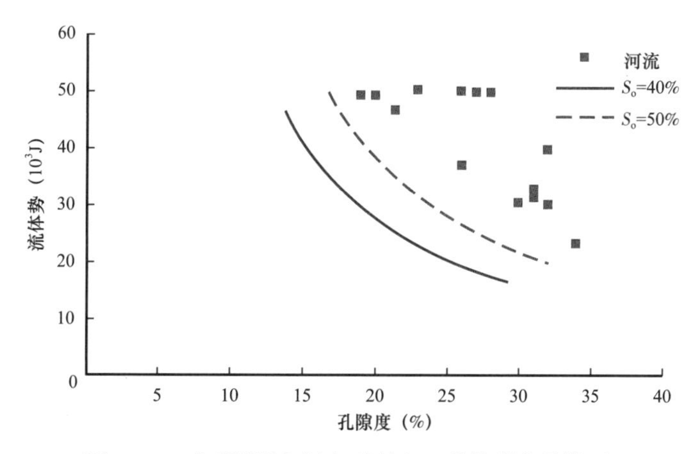

图6-11　东营凹陷河流相砂体相—势控藏定量模型

含油饱和度为50%时，相—势耦合成藏定量模型为：

$$y = 2685.6x^{-1.4194} \quad (6-7)$$

含油饱和度为40%时，相—势耦合成藏定量模型为：

$$y = 1849.1x^{-1.4045} \tag{6-8}$$

东营凹陷不同类型的沉积相砂体具有不同的特征，其岩性、结构和分选决定了孔隙度变化特征，而异常压力和埋深度决定了流体势变化趋势，这些差异性体现在相—势耦合成藏定量模型上（图 6–12）。

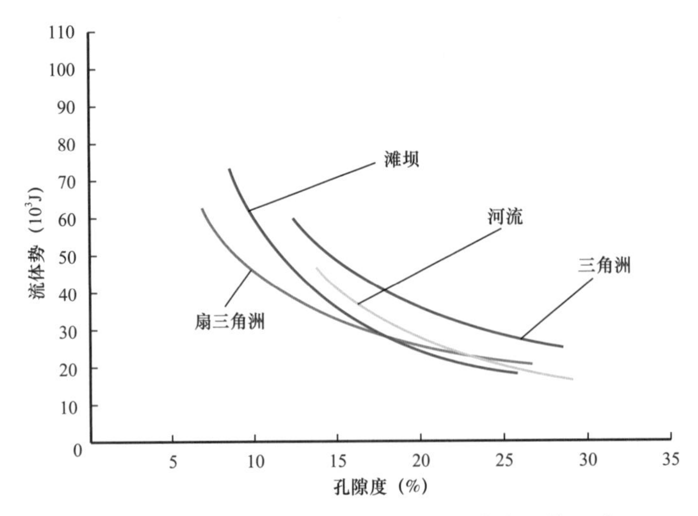

图 6–12　东营凹陷不同类型沉积相砂体相—势控藏定量模型（S_o = 40%）

第三节　相—势控藏有利勘探区预测

一、预测方法及步骤

1. 方法原理

相—势耦合是控制油气藏形成的重要因素，但是储层满足了优相、低势的条件后，还要满足其他条件的要求才能成藏，例如烃源灶的形成、输导体的存在、油气成藏期与圈闭形成期的匹配等。在众多要素中，源、相、势是三个至关重要的成藏要素，近源优相低势叠合区是有利勘探区。

优相低势耦合在动力学机制上是成藏动力克服成藏阻力使油气成藏的过程，反映了油气成藏的静态的周边地质条件和动态的动力学问题，但油气成藏的主角是烃类流体，因此，在预测有利勘探区时必须要考虑烃源灶对油气成藏的控制作用。

从东营凹陷大量已发现的油藏统计结果来看，目前在东营凹陷发现的油藏集中分布在距离烃源岩中心 0～15km 范围内，已发现油藏的储量及预测储量也均分布在这一范围内（图 6–13）。因此同源环境下的相—势耦合控藏必须同时考虑源、相、势在各种类型油气藏成藏中的作用。当储层满足近源、优相、低势三方面条件时，储层则具有高含油饱和度。当然，在运移通道和有效圈闭条件满足的情况下，油气从烃源岩出发可以经过较长的距离运移至优相、低势的储层内。

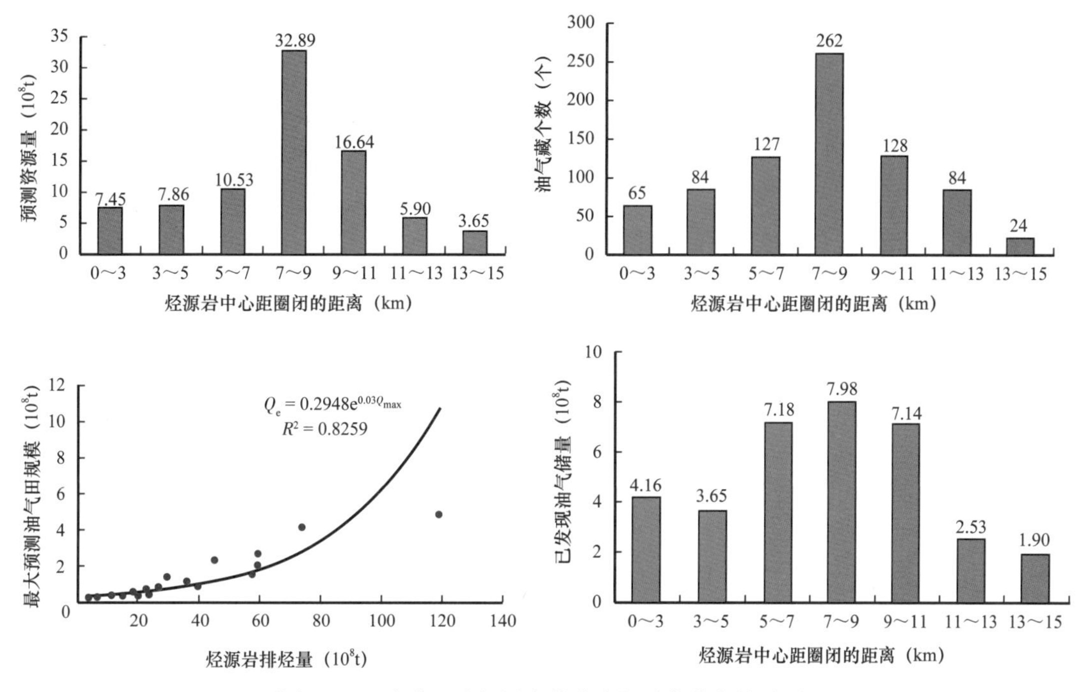

图 6-13　东营凹陷烃源岩的分布与油藏分布关系图

统计东营凹陷的地层油藏 37 个、构造油藏 95 个、岩性油藏 183 个，将三种油藏类型进行比较：地层油藏具有相对远源、优相、低势的特点，构造油藏具有近源、优相、相对较高势的特点，而岩性油藏则具有优相、低势、近源的特点。研究发现，油气藏的分布与烃源灶的排烃强度、油气藏与排烃中心距离和油气藏与排烃边界距离存在着相关性，一般随着与排烃中心距离的增加油气藏个数有减小的趋势，在排烃边界处油气藏呈现集中分布的特点，随着排烃强度的增加油气藏的数量呈指数增加（图 6-14）。

具体到某一个烃源灶所控制的油气成藏的最大范围和不同部位油气的成藏概率，可以根据夏庆龙等（2009）建立的我国东部含油气盆地油气成藏概率的定量模式进行预测：

$$F_e=0.046e^{0.12q_e}-0.16\ln L+0.65e^{-8.2357(l+0.1)^2}+0.1345,\ R^2=0.8825 \tag{6-9}$$

式中　F_e——油气成藏概率；

L——标准化的油藏至排烃中心的距离，km；

l——标准化的油藏至排烃边界的距离，km；

q_e——烃源岩最大排烃强度，10^6t/km^2。

为了消除盆地地质条件差别的影响，在分析以前，对不同盆地或凹陷的原始数据进行了标准化处理，然后再合并到一起，建立具有普遍意义的样本空间。处理方法如下：

$$L_{标准化}=L/L_0 \tag{6-10}$$

$$l_{标准化}=l/L_0 \tag{6-11}$$

式中　$L_{标准化}$——标准化后 L 值；

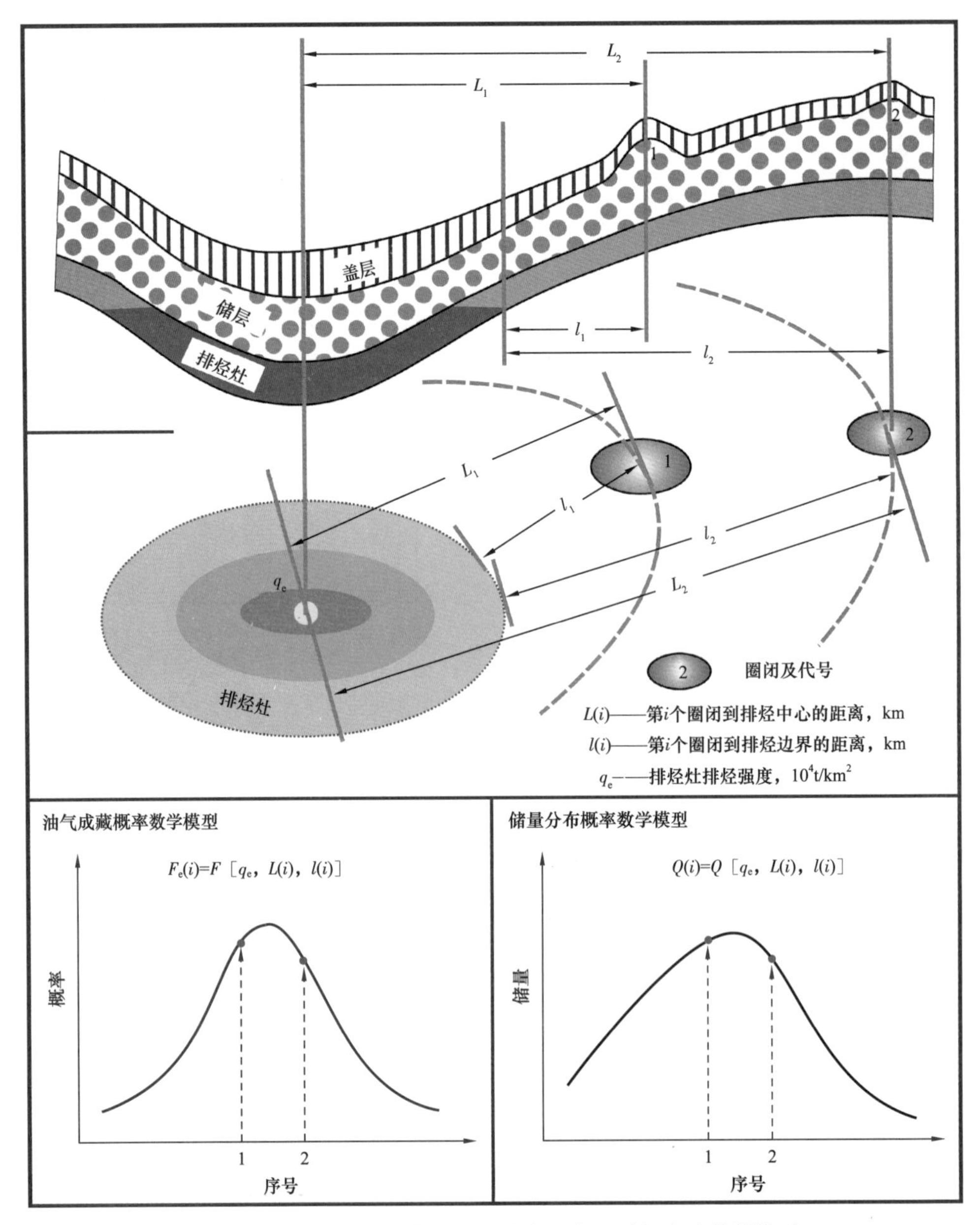

图 6–14　油气分布概率及储量分布丰度地质概念及数学模型

$l_{标准化}$——标准化后 l 值；

L——油气藏到排烃中心的实际距离，km；

l——油气藏到排烃边界的实际距离，km；

L_0——沿着 L 方向，排烃中心到排烃边界的距离，km。

2. 预测步骤

相—势控藏预测有利区的方法实际上是寻找可能的油气聚集区，应用近源优相低势控藏的概念时，更重要的是寻找不同目的层系、不同地质条件下相对的优相低势区，通过定性地将优相和低势区叠合的方法，并结合烃源灶控制的成藏范围，来预测有利的可能的油气藏分布区。近源优相低势叠合预测有利区的步骤如下：

（1）研究目的层的构造岩相、沉积相和沉积微相、岩石相及岩石物理相的展布，作出优相指数平面分布图，寻找优相分布，优选出优相区。

（2）研究目的层系的古流体势和现今流体势，主要包括成藏期流体势的大小，寻找相对低势区的分布，优选相对低势区，包括低位能区、低动能区、低界面能区和低压能区。

（3）将前两步优选的优相区和低势区叠合，定性地优选和评价有利区带；优相的区域（FI>0.5）分别与三个成藏期的低位能区（$PI_1<0.5$）、低弹性势能区（$PI_2<0.5$）、低界面能区（$PI_3<0.5$）和低动能区（$PI_4<0.5$）相叠合，分别为优相与局部构造高点预测背斜油气藏有利区，优相和泄压区重叠的区域与断裂相匹配预测断块油气藏的有利区，优相与低界面势区相叠合的区域预测岩性油藏有利区，优相与低动能区叠合的区域预测地层油藏有利区。

（4）利用烃源灶控制的油气成藏概率计算公式，在目的层图上圈出近源成藏概率分别为 50% 和 10% 的范围。

（5）在前几步优相低势叠合预测出有利区的基础上，看上述预测的有利区具体落在烃源灶控制的成藏概率区的哪个范围，并考虑不同类型油气藏与烃源灶的位置关系，对这些有利区进行分类。如果岩性油气藏发育的有利区落在排烃边界范围内，则为Ⅰ类有利区；落在近源成藏概率 50% 范围内，为Ⅱ类有利区；落在近源成藏概率 50% 范围之外，为Ⅲ类区。构造油气藏和地层油气藏发育的有利区如果落在近源成藏概率 50% 范围之内，为Ⅰ类有利区；落在近源成藏概率 50% 和 10% 范围之间，为Ⅱ类有利区；落在近源成藏概率 10% 范围之外，属于Ⅲ类区。

二、勘探有利区预测

按照前文介绍的原理和方法，将东营凹陷沙三段中亚段优相的区域分别与构造高点、泄压区、低界面能区和低动能区相叠合，预测构造油气藏有利区、岩性油藏有利区、地层油藏有利区。

1. 背斜油气藏有利区

采用地质平衡法分别恢复东营凹陷沙三段中亚段在东营组沉积末期与馆陶组沉积末期的古构造图，并绘制相对位能分布图。从盆地的构造演化特征可以看出，东营组沉积末期以后，沙三段中亚段的构造格局已经基本形成，各时期断裂分布及地层构造形态基本相同。以东营组沉积末期沙三段中亚段古构造等高线图及断裂的分布为依据，共划分出八处局部构造高点，分布在胜北断裂带南的坨 18、宁 1 井区，辛镇构造带的辛 45、东风 1 井区，王家岗断裂带的通 56 井区附近，纯化断裂带的樊 41、滨 169 井区等（图 6-15）。馆陶组沉积继东营组沉积时期构造格局变化不大，以馆陶组沉积末期沙三段中亚段古构造等高线图及断裂的分布为依据，也圈出八处局部构造高点，与东营组沉积末期略有不同，其中辛镇构造带的辛 45、东风 1 井区的构造高点范围扩大，涵盖了河 125 井区，并增加了胜北断裂带南部永 71 以南较大范围的局部构造高点（图 6-15）。从中可以看出，历史时期中央隆起带辛镇附近较大范围的局部构造高点范围继续扩大；陈家庄南部靠近陈家庄凸起零星分布3处构造高值区；盆地南斜坡发育一个北西走向的鼻状凸起；滨古1井区的构造高点也十分凸出。

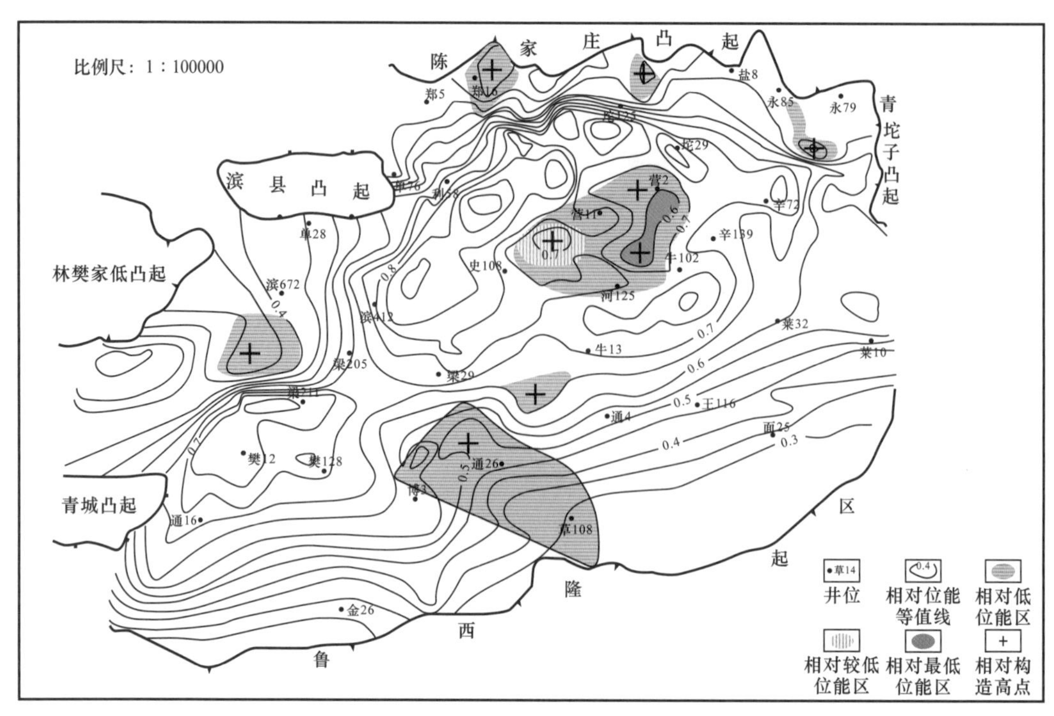

图6-15 东营凹陷沙三段中亚段构造高点低位能分布与已发现背斜油气藏分布区

三个时期发育的局部构造高点存在继承性，并且时代越新，构造高点的区域范围越大，有利于油气的持续汇聚。将三个成藏期的相对低位能区与优相分布区相叠合，可以预测以背斜为主要控制因素的构造油藏的有利分布区（图6-16）。图中用“+”标注的充填区，即预测的沙三段中亚段以背斜为主的构造油藏有利分布区，其中面积分布最大的区域位于梁家楼现河构造带北部中央隆起带河125—牛102—辛139—辛72—营2等井的区域，该有利区紧临生油洼陷—牛庄洼陷的西北部和利津洼陷的东部，区内断层发育，油源供给丰富，可以形成背斜或被断层复杂化的断块油藏。北部陡坡带的四个有利区分布范围相对较小，但由于胜北断裂带的沟通，可以接受来自利津洼陷的油气成为有利的成藏区。王家岗断裂带相邻的两个有利区范围不大，北部的有利区狭长分布位于断裂的下降盘，比南部的有利区易于聚集油气。南斜坡草108井区的有利成藏区是历史时期的继承性鼻状隆起，如果有油源条件，可以形成油气藏。

2. 断块油气藏有利区

古近纪早期地层快速沉降，伴随着沉积物的大量快速堆积、流体排泄不畅和油气的生成，使沙三段中亚段在东营组沉积时期存在弱超压，利津洼陷的压力系数可达1.2，牛庄洼陷的压力系数最高达1.15，博兴洼陷的压力系数最高为1.18。主要的相对低压区范围较小，仅在中央隆起带有小范围分布。该时期沉积后盆地隆升，进入生烃门限的烃源岩大部分变浅，从而中断了大量油气的生成，因此该时期的泄压和相对低弹性势能区对油气成藏所起的作用甚微。

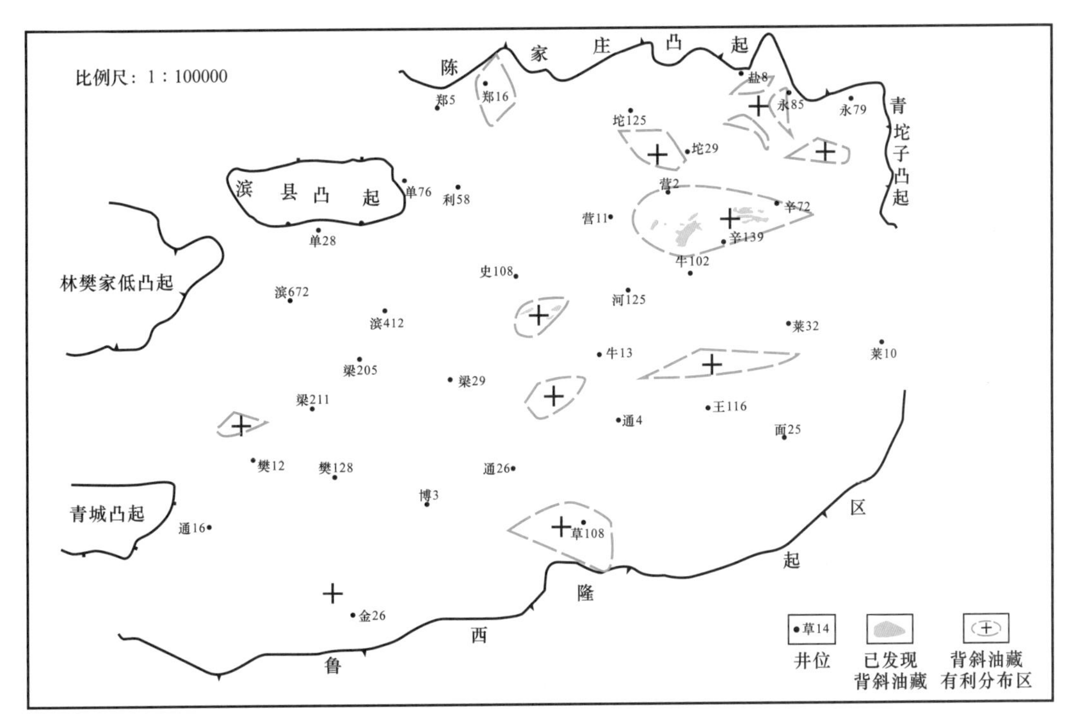

图 6-16　东营凹陷沙三段中亚段背斜油气藏有利分布区与已发现背斜油气藏分布区

中新世晚期，东营凹陷重新开始加速沉降，接受馆陶组和明化镇组沉积，沙四段和沙三段烃源岩埋深增大，绝大部分进入生油门限，形成了生烃高峰，油气大量运移和聚集，该时期为成藏的关键时刻。馆陶组主要的相对低压区分布范围比东营组沉积期末广，共有三处主要的相对低压区，分别是中央背斜带史 6—史 4—新河 80 井区的闭合区域、河 125 井附近的区域和南斜坡高 23—高 26 井区。

在东营凹陷沙三段中亚段现今的压力分布图（图 6-17）上，相对低压区比馆陶组沉积期末范围增大，且低压区分布在深部断裂附近，在通源断层的作用下，沙四段及沙三段下亚段油气可以沿断层向浅部地层运移，在合适的圈闭区聚集成藏，包括中央背斜带的营 2 井及附近地区、史 108 以北井区、牛庄洼陷西斜坡的牛 102 井以南地区、梁 29 井东北地区、博兴洼陷南斜坡的樊 12 井区等。

将东营组沉积末期、馆陶组沉积末期和现今的相对低压区与断裂、优相图叠合，可以预测以断块油藏为主的构造油藏有利发育区（图 6-18）。有利区围绕沙三段中亚段发育的深大断裂分布，主要以梁家楼现河庄断裂带以南和王家岗断裂带的有利区为主，包括中央背斜带的牛 102—河 125 井区、史 108 井区、梁家楼地区和王 116—通 4 井区。这些区域处于自东向西发育的东营三角洲前缘，浊积砂体发育，在平面上连片分布，在断层的作用下会形成断块油藏。在胜—永断裂带的西端也发育有利区，即利 58 井所在位置，博兴洼陷的樊 12 井区也有小面积有利区分布，这些有利区的分布与二级断层密不可分。

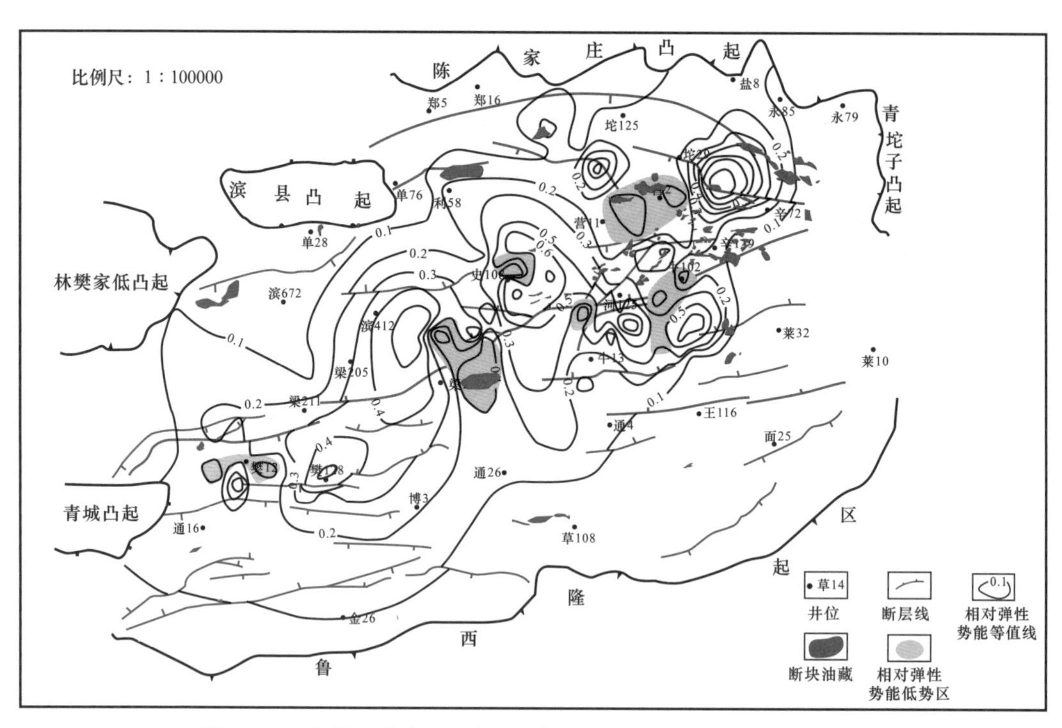

图 6-17　东营凹陷沙三段中亚段低压能分布与断块油气藏分布图

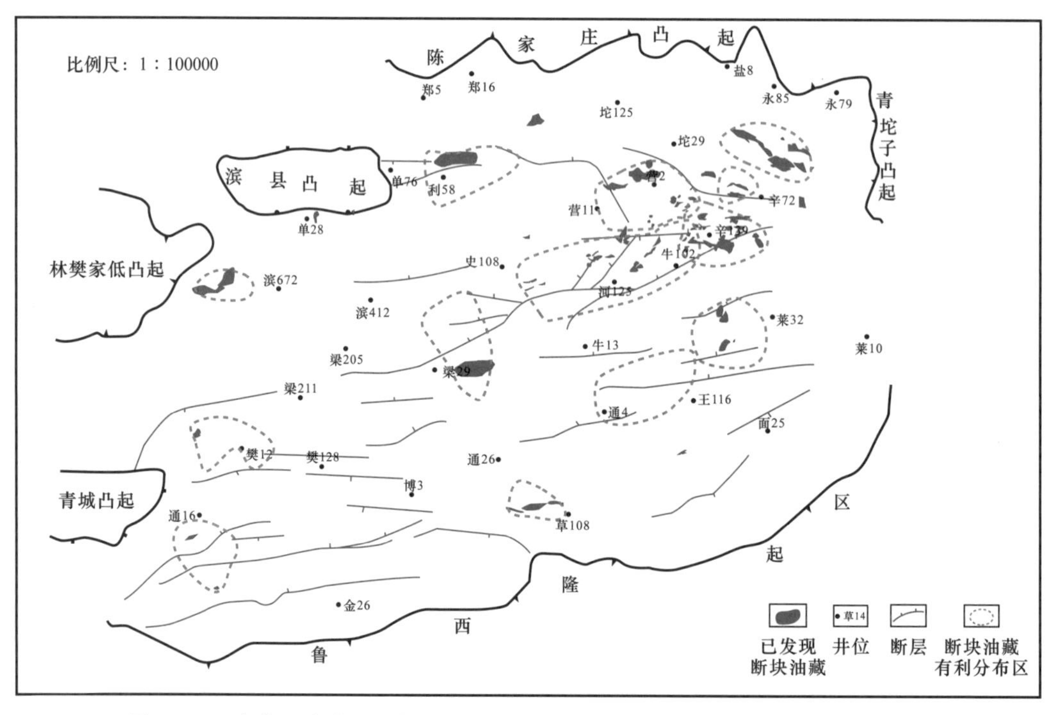

图 6-18　东营凹陷沙三段中亚段断块油气藏有利区与已发现断块油气藏分布图

3. 岩性油气藏有利区

东营凹陷沙三段中亚段沉积时期砂体在北部、南部、中央断裂带和洼陷带均有分布，砂体的相对界面势能除与储层的孔喉结构有关外，还与周边泥岩的埋深深度有关。由于界面势能的变化主要依赖于砂岩、泥岩孔喉半径的差异，孔喉半径又是孔隙度、渗透率和深度三个变量的函数。一般情况下，地层中孔隙度与渗透率的变化主要是随着时间和埋深的变化呈继承性变化。在沙三段中亚段现今相对低界面势能的分布图上（图 6–19），低界面能区域主要分布区在牛庄洼陷和中央背斜带的大片区域内，主要为由浊积砂体组成的低界面能区，包括营 2—梁 49—通 4—王 116—辛 3 等井围限的区域，其中辛斜 146、梁 49、河 125、史 108、牛庄洼陷等井区的相对值更低；北部陡坡带也有零星分布，包括坨 26 井区、盐 8 井区附近、永 9 井区东部、利 22—利 982 井区；博兴洼陷的樊 12—通 16—通 14 等井区，以及南斜坡的通 9 井南部、草 14 井南部的充填区。

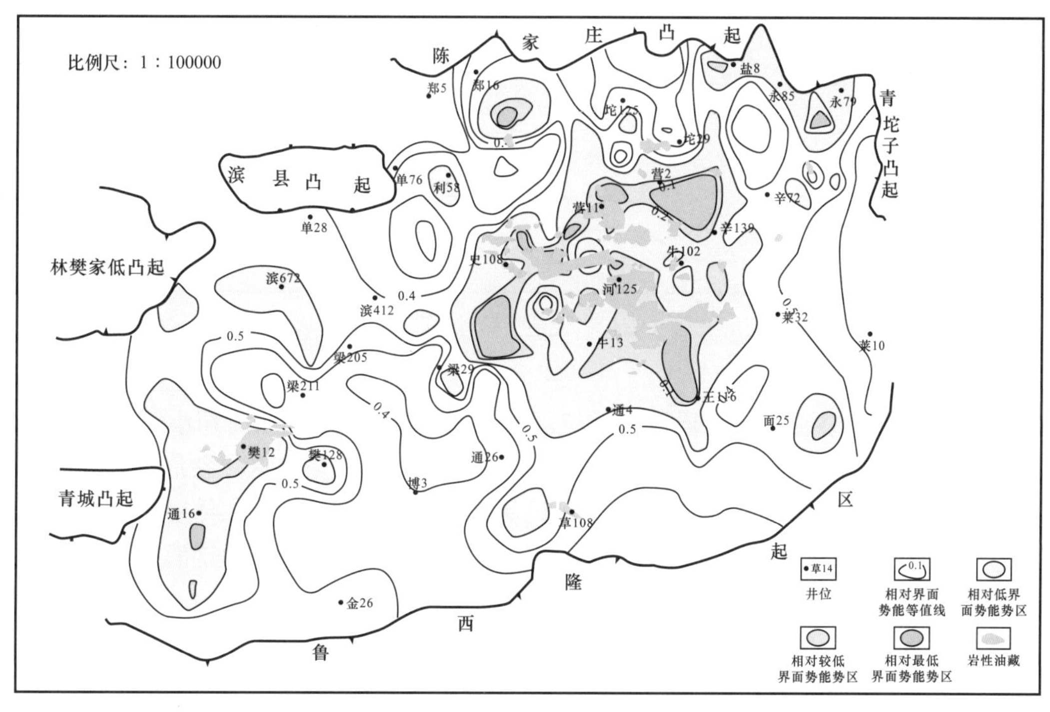

图 6–19　东营凹陷沙三段中亚段界面势能与已发现岩性油气藏分布图

东营凹陷沙三段中亚段相对低界面能分布的区域范围较大，与优相叠合预测出有利于岩性油藏发育的区域（图 6–20）。总的来看，岩性油藏有利区集中分布在牛庄洼陷、中央背斜带和博兴洼陷，北部陡坡带有零星有利区。东营凹陷沙三段中亚段排烃条件相对其他凹陷较好，在利津洼陷和牛庄洼陷排烃范围较大，两洼陷中心及中央低背斜带分布的浊积体被有效烃源岩包裹，为有利的岩性油藏发育区；其他浊积体在排烃有效范围的边缘，接触有效烃源岩，可以成为较有利的岩性油藏发育区；东营凹陷北部水下扇和扇三角洲前缘、牛庄洼陷南部斜坡带发育的东营三角洲前缘离烃源岩排烃范围有一定的距离，有断层的构造作用，排出的烃可以通过断层作为输导，也可能形成有利的构造—岩性油藏。东营凹陷沙三段中已发现了大量的岩性油气藏，潜在的有利区包括：利津洼陷北部的利 22—利 982 井区，博兴洼陷大芦湖油田的樊 124 井区，牛庄洼陷西南部牛 13 井以南至通 4 井区一带；梁家楼油田的梁 29 井区一带还可以勘探构造—岩性油气藏；北部陡坡带也有零星分布，包括坨 26 井区、盐 8 井区附近、永 9 井区东部等。

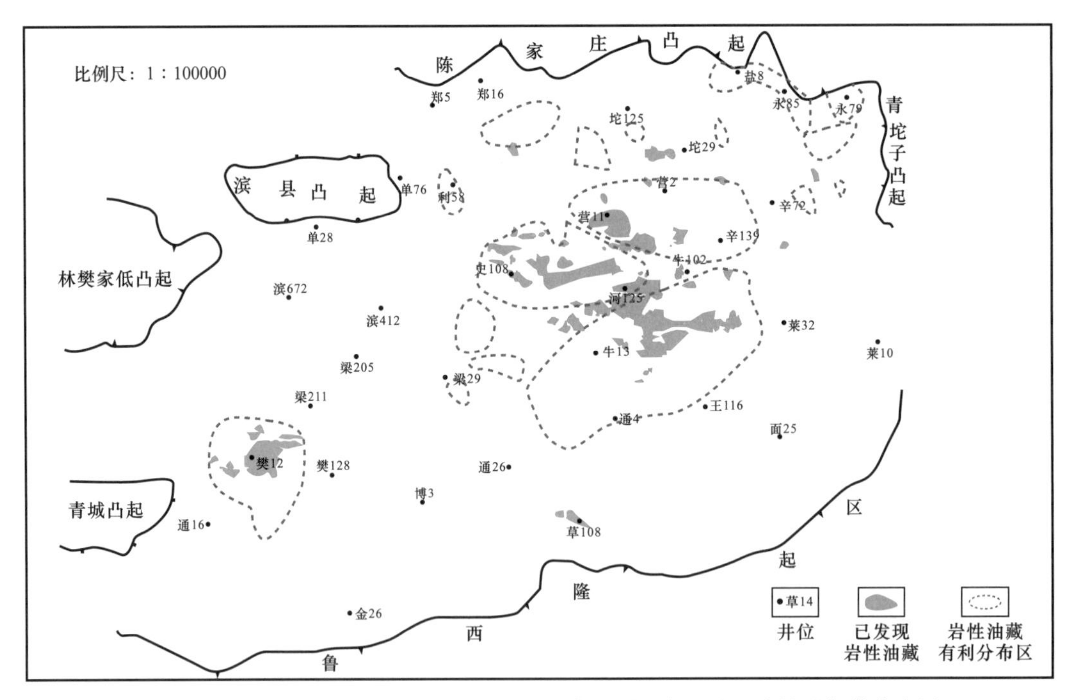

图 6–20 东营凹陷沙三段中亚段岩性油气藏有利区与已发现岩性油气藏分布图

4. 地层油气藏有利区

馆陶组沉积期沙三段中亚段被进一步压实，排液强度较前几个时期小，排液强度最大值分布在永 922 井区。此外在此阶段存在六个局部高排液强度区，它们分布在牛 84、牛 105、樊 109 和滨 119 等井区。排液强度区从高值区向南部缓坡带、林樊家凸起东侧的滨 53 井区和北部陡坡带的坨 8 井区逐渐减小，盆地边缘充填区域即为排液强度为 0 的相对低动能区（图 6–21）。

相对低位能区与优相区重叠的区域即为沙三段中亚段地层油藏的有利发育区，其范围较小，集中在南部缓坡带的扇体处，在林樊家凸起的东侧扇体处也有分布。其中金家三角洲所在的金家油田、草桥三角洲所在的草桥油田都是东营凹陷典型的以地层油藏为主要类型的油田。但地层油藏的发育要与不整合面相匹配，因此沙三段中亚段预测的有利区在东营凹陷各目的层段中不是最有利的地层油藏发育区（图 6–22）。

三、勘探有利区圈定

在优相低势叠合预测出不同类型油气藏有利区的基础上，结合利用烃源灶控制的油气成藏概率计算公式，圈出近源成藏概率分别为 50% 和 10% 的范围。考虑不同类型油气藏与烃源灶的位置关系，对这些有利区进行分类。总的说来，除南部缓坡带金家地区和八面河地区南部外，东营凹陷沙三段中亚段油气藏和预测的有利区绝大部分位于烃源灶控制的成藏概率 50% 的范围内，因此，优相低势叠合的范围即是有利勘探区的范围。综合考虑四种油气藏的分布特点和已发现油气藏的分布特点，认为东营凹陷沙三段中亚段进一步勘探的有利区主要包括北部陡坡带盐家—永安镇地区，以寻找构造—岩性油气藏为主，属于Ⅱ类区。北部陡坡带胜坨断裂带一线以寻找岩性油气藏为主，局部地区有背斜的背景，有利地区包括坨 125、坨 29、利 982 等井区，属于Ⅰ类有利区。利津洼陷南部（史南油田）以南至梁家楼地区，是断块—岩性油气藏的下步勘探区，属于Ⅰ类有利区。牛庄洼陷以南—王家岗断裂带可以寻找断层—岩性油气藏，有的圈闭有背斜的背景，属于Ⅰ类有利区。博兴洼陷仍然有下一步岩性油气藏的勘探前景，属于Ⅰ类区。东营南坡金家地区尽管烃源灶控制的成藏概率较低，南端小于0.5，但也可能会成藏地层油气藏勘探的潜在区，属于Ⅲ类地区。

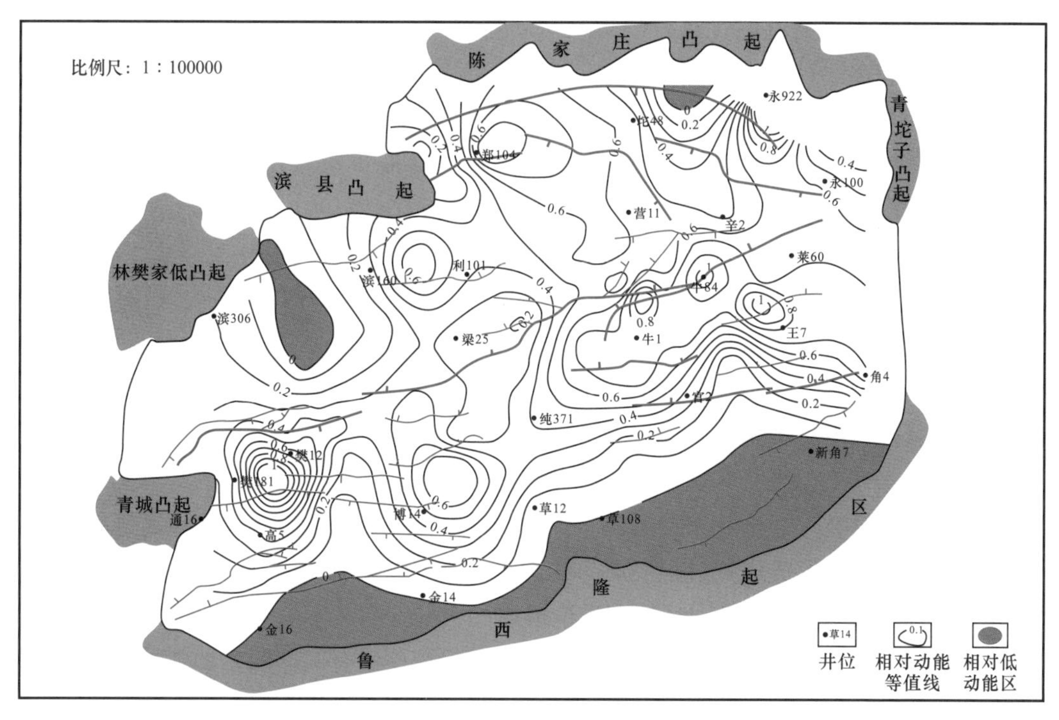

图6-21　东营凹陷沙三段中亚段低动能分布区与已发现地层油气藏分布图

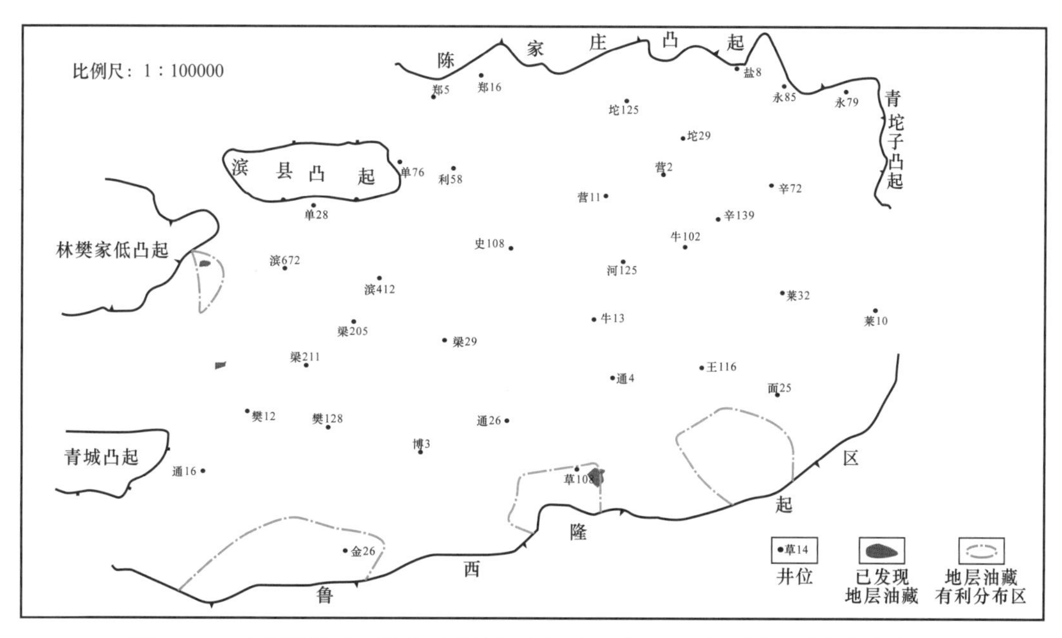

图6-22　东营凹陷沙三段中亚段地层油气藏有利区与已发现地层油气藏分布图

结 束 语

本书在以下五个方面取得了创新性的成果和认识：

（1）统计各种类型储层物性垂向演化特征，同时结合模拟实验开展储层物性演化过程的恢复，建立储层物性演化过程的正反演恢复方法，形成主要类型储层物性演化成果图版。

（2）确定东营凹陷三个油气充注时期，第一期为34—24Ma，第二期为13.8—8.0Ma，第三期为8.0Ma至今，并存在一个成藏间歇期（24—13.8Ma）；通过古流体势恢复，完成主要成藏期的古温压场、古流体势场参数，建立东营凹陷沙三段中亚段古温压场和古水势与古油势分布。

（3）开展油藏统计与油气运聚模拟实验，研究不同类型沉积相砂体、不同地质层次相—势耦合成藏（含油饱和度大于40%）特征，通过高温高压真实岩心油气相—势成藏实验，确定低渗透砂岩中油的运移表现为非达西流的特点，建立相—势之间的定量关系，建立不同地质层次的相—势耦合成藏定量模型和图版。

（4）建立相—势控藏及其耦合作用地质模式，指出相—势控藏作用的基本特征，从而明确四种流体能量类型、作用方式及相—势均一量化表示形式，完善油气成藏过程相—势耦合控藏作用机制。形成成藏过程表征与评价的量化预测技术（FPI），探索基于流体能量类型与分布规律的断陷盆地相—势控藏理论模式。

（5）建立一套依据优相和低势耦合控藏机制评价及预测有效储层、油气藏成藏概率和含油气性的技术，形成相—势耦合有利成藏区预测的思路和流程，以东营凹陷典型区带和类型为例，说明相—势控藏模式的应用效果，有力指导了勘探部署。

参考文献

白国平，张善文 .2004. 东营凹陷沙三段浊流砂体沉积模式和成藏特征［J］. 石油科学(英文版)，1，(2)：105–110.

查明，陈发景，张一伟 .1996. 压实流盆地流体势场与油气运聚关系［J］. 现代地质，(1)：104–108.

陈冬霞，庞雄奇，邱楠生，等 .2005. 东营凹陷隐蔽油气藏的成藏模式［J］. 天然气工业，25(12)：12–16.

陈冬霞，庞雄奇，翁庆萍，等 .2003. 岩性油藏三元成因模式及初步应用［J］. 石油与天然气地质，24(3)：228–333.

陈红汉，董伟良，张树林，等 .2002. 流体包裹体在古压力模拟研究中的应用［J］. 石油与天然气地质，23(3)：207–211.

陈红汉 .2007. 油气成藏年代学研究进展［J］. 石油与天然气地质，28(2)：143–150.

陈中红，查明 .2005. 东营凹陷烃源岩排烃的地质地球化学特征［J］. 地球化学，34(1)：79–87.

付广，薛永超，付晓飞，等 .2001. 油气输导系统及其对成藏的控制［J］. 新疆石油地质，22(1)：24–26.

郝石生 .1990. 天然气运聚动平衡及其勘探实践［J］. 地球科学进展，(2)：48–49+47.

胡见义，黄第藩 .1991. 中国陆相石油地质理论基础［M］. 北京：石油工业出版社 .

姜秀芳，宗国洪，郭玉新，等 .2002. 断裂坡折带低位扇成因及成藏模式［J］. 石油与天然气地质，23(2)：143–155.

解习农，李思田，刘晓峰 .2006. 异常压力盆地流体动力学［M］. 武汉：中国地质大学出版社 .

解习农 .2006. 盆地流体动力学及其研究进展［M］. 北京：石油工业出版社 .

康永尚，王捷 .1999. 流体动力系统与油气成藏作用［J］. 石油学报，(1)：3–5.

李明诚 .1987. 石油与天然气运移［M］. 北京：石油工业出版社 .

李明诚 .1994. 油气运移研究的现状与发展［J］. 石油勘探与开发，21(2)：1–6.

李丕龙，张善文，宋国奇，等 .2004. 断陷盆地隐蔽油气藏形成机制：以渤海湾盆地济阳坳陷为例 . 石油实验地质，26(1)：3–10.

林畅松，潘元林，肖建新，等 .2000. “构造坡折带”：断陷盆地层序分析和油气预测的重要概念［J］. 地球科学—中国地质大学学报，25(3)：260–266.

刘震，戴立昌，赵阳，等 .2005. 济阳坳陷地温—地压系统特征及其对油气藏分布的控制作用［J］. 地质科学，40(1)：1–15.

楼章华，金爱民，田炜卓 .2005. 论陆相含油气沉积盆地地下水动力场与油气运移、聚集［J］. 地质科学，40(3)：305–318.

马中良，曾溅辉，王洪玉 .2007. 砂岩透镜体“相—势”控藏实验模拟［J］. 天然气地球科学，18(6)：347–350.

米敬奎，肖贤明，刘德汉，等 .2003. 利用储层流体包裹体的 PVT 特征模拟计算天然气藏形成古压力：以鄂尔多斯盆地上古生界深盆气藏为例［J］. 中国科学(D 辑)，7：679–685.

邱楠生，金之钧，胡文喧 .2000. 东营凹陷油气充注历史的流体包裹体分析［J］. 石油大学学报(自然科学版)，24(4)：95–97.

汤良杰，金之钧，庞雄奇.2000.多期叠合盆地油气运聚模式[J].石油大学学报（自然科学版），24（4）：67–70.

万晓龙，邱楠生，张善文.2004.东营凹陷岩性油气藏动态成藏过程[J].石油与天然气地质，25（4）：448–451.

王秉海，钱凯.1992.胜利油区地质研究与勘探实践[M].东营：石油大学出版社.

王居峰，郑和荣，苏法卿.2004.东营凹陷中带沙河街组三段浊积体储层特征类型与成因[J].石油与天然气地质，25（5）：528–532.

王居峰.2004.济阳坳陷东营凹陷古近系沙河街组沉积相[J].古地理学报，6（4）：45–57.

王英民，金武弟，刘书会.2003.断陷湖盆多级坡折带的成因类型、展布及其勘探意义[J].石油与天然气地质，24（3）：199–202.

王永诗，金强，朱光有，等.2003.济阳坳陷沙河街组有效烃源岩特征与评价[J].石油勘探与开发，30（3）：53–55.

王永诗，刘惠民，高永进，等.2012.断陷湖盆滩坝砂体成因与成藏：以东营凹陷沙四上亚段为例[J].地学前缘，19（1）：100–107.

王永诗，庞雄奇，刘惠民，等.2013.低势控藏特征与动力学机制及在油气勘探中的作用[J].地球科学，38（1）：165–172.

王永诗，邱贻博.2017.济阳坳陷超压结构差异性及其控制因素[J].石油与天然气地质，38（3）：430–437.

王永诗，王勇，郝雪峰，等.2016.深层复杂储集体优质储层形成机理与油气成藏：以济阳坳陷东营凹陷古近系为例[J].石油与天然气地质，37（4）：490–498.

王永诗，王勇，朱德顺，等.2016.东营凹陷北部陡坡带砂砾岩优质储层成因[J].中国石油勘探，21（2）：28–36.

王永诗，鲜本忠.2006.车镇凹陷北部陡坡带断裂结构及其对沉积和成藏的控制[J].油气地质与采收率，13（6）：5–8.

王永诗.2007.油气成藏“相–势”耦合作用探讨：以渤海湾盆地济阳坳陷为例[J].石油实验地质，29（5）：472–476.

吴胜和，曾溅辉，林双运，等.2003.层间干扰与油气差异充注[J].石油实验地质，25（3）：285–289.

夏庆龙，庞雄奇，姜福杰，等.2009.渤海海域渤中凹陷源控油气作用及有利勘探区域预测[J].石油与天然气地质，30（04）:398–404.

薛叔浩，刘雯林，薛良清，等.2002.湖盆沉积地质与油气勘探[M].北京：石油工业出版社.

鄢继华，陈世悦，姜在兴.2005.东营凹陷北部陡坡带近岸水下扇沉积特征[J].石油大学学报（自然科学版），29（1）：12–16，21.

曾溅辉，王洪玉.2000.层间非均质砂层石油运移和聚集的模拟实验研究[J].石油大学学报（自然科学版），24（4）：108–111.

曾溅辉，王洪玉.2001.反韵律砂层石油运移模拟实验研究[J].沉积学报，19（4）：592–597.

张厚福.1999.石油地质学[M].北京：石油工业出版社.

张厚福.1994.油气运移研究论文集[M].东营：中国石油大学出版社.

张厚福 .1998. 石油地质学新进展［M］. 北京：石油工业出版社 .
张琴，朱筱敏，钟大康，等 .2004. 山东东营凹陷古近系碎屑岩储层特征及控制因素［J］. 古地理学报，6（4）: 494–504.
张善文，曾溅辉，肖焕钦，等 .2004. 济阳坳陷岩性油气藏充满度大小及分布特征［J］, 地质论评,50（4）: 365–369.
张善文，曾溅辉，肖焕钦，等 .2004. 济阳坳陷岩性油气藏充满度大小及分布特征［J］. 地质论评，50（4）:365–369.
张善文 .2006. 济阳坳陷第三系隐蔽油气藏勘探理论与实践，石油与天然气地质，27（6）: 731–740.
赵文智，邹才能，谷志东，等 .2007. 砂岩透镜体油气成藏机理初探［J］. 石油勘探与开发，34（3）: 273–284.
朱光有，金强，张水昌，等 .2005. 济阳坳陷东营凹陷古近系沙河街组深湖相油页岩的特征及成因［J］. 古地理学报，7（1）: 59–69.
宗国洪，施央申 .1999. 济阳坳陷构造演化及其大地构造意义［J］. 高校地质学报，5（3）:275–282.
Bethke C M .1985.A numerical model of compaction–driven groundwater flow and heat transfer and its application to the paleohydrology of intracratonic sedimentary basins［J］.Journal of Geophysical Research: Solid Earth，90（3）:308–321.
Bonar–Law Richard P，Anthony P Davis，Brian J Dorgan.1993.Cholic acid as an architectural component in biomimetic/molecular recognition chemistry; Synthesis of “cholaphanes” with facial differentiation of functionality.［J］.Tetrahedron.
Cubitt J M，England W A .1995.The Geochemistry of Reservoirs［J］.Geological Society Special Publication，86: 185–201.
Dahlberg E C.1982.Applied hydrodynamics in petroleum exploration［M］.New York：Springer–Verlag.
Emery D，Myers K.1996.Sequence Stratigraphy［M］.London：Black well Science Ltd.
England D A.1987.The movement entrapment of petroleum fluid in the subsurface［J］.Journal of Geological Society，114: 327–347.
England W A，Mackenzie A S，Mann D M，et al.1986.The movement and entrapment of petroleum fluids in the surface［J］.Journal of Geological Society，144: 327–347.
England W A，Muggoridge A H，Clifford P J，et al.1995.Modelling density driven mixing rates in petroleum reservoirs on geological time–scales，with application to the detection of barriers in the Forties Fied（UKCS）［J］.Geological Society London Special Publications，86（1）:185–201.
Fillippone W R.1979.On the prediction of abnormally pressured sedimentary rocks from date［J］.PTC 3662: 2667–2679.
Gibson T G.1994.Fault zone seals in silicicalstic strata of the Columbus Basin，offshore Trimidad［J］.AAPG Bulletin，78: 1372–1385.
Hu Wen xuan，Jin Zhi jun，Qiu Nan sheng，et al.1999.Boiling process of low temperature formation water in petroleum system，Qaidam Basin［J］.Chinese Science Bulletin，44（S）: 77–81.
Hubbert M K.1953.Entrapment of petroleum under hydrodynamic condition［J］.AAPG Bulletin，37（8）:

1954–2026.

Hubbert M K.1953.Entrapment of petroleum under hydrodynamic condition［J］.AAPG Bulletin，37（8）：1954–2026.

Hunt J M.1990.Generation and migration of petroleum from abnormally pressured fluid compartments［J］. AAPG Bulletin，74(1)：1–12.

Ingrid Anne Munz.2001.Petroleum inclusions in sedimentary basins: systematics，analytical methods and applications［J］.Lithos，55（1）:195–212.

Krumbein W C，Sloss L L .1963.Stratigraphy and sedimentation［J］.Soil Science，71（5）:401–409.

Lionel Catalan，Fu Xiaowen，Ioannis Chatzis，et al.1992.An experimental study of secondary oil migration［J］. AAPG Bulletin.

Selle，O.M，Jensen，J.I，Sylta，Øyvind，et al.1993.Experimental verification of low–dip，low rate two–phase (secondary) migration by means of γ–ray absorbtion［C］// "geofluids 93" Contributions to An International Conference on Fluid Evolution.

Swarbrick R E，Osborne M J，Yardley G S，et al.1999.Bean Field – Integrated study of an overpressured central North Sea oil/gas field［M］// Overpressures in Petroleum Exploration:Bulletin Centre Recherche Elf Production Memoir 22.

Swarbrick R E，Osbone M J.1998.A review of mechanisms for generating overpressure in sedimentary basins［J］.AAPG Memoir 70.

Teichert C.1958.Some biostratigraphical concepts［J］.GSA Bulletin，69（1）: 99–120.

Toth J.1980.Cross–formational gravity flow groundwater : a mechanics of transport and accumulation of petroleum，problems of petroleum migration［J］.AAPG Studies in Geology，10：121–167.